高等院校数字媒体技术系列教材

Cinema 4D＋Octane＋Photoshop

案例教程

张　凡◆编著

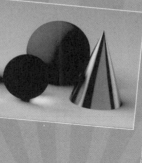

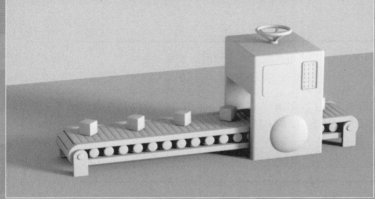

中国铁道出版社有限公司
CHINA RAILWAY PUBLISHING HOUSE CO., LTD.

内 容 简 介

本书分为基础入门和实例演练两个部分，共 8 章，包括认识 Cinema 4D 和 Octane 渲染器、Cinema 4D R21 基础知识、Octane 渲染器基础知识、矿泉水展示场景、电动牙刷展示场景、化妆刷展示场景、消毒喷枪展示场景、投影仪展示场景。本书将艺术设计理念和计算机制作技术结合在一起，系统全面地介绍了 Cinema 4D R21 和 Octane 渲染器的使用方法和技巧，展示了 Cinema 4D R21 和 Octane 渲染器的无穷魅力，旨在帮助读者用较短的时间掌握这两个软件。

本书既可作为本、专科院校数字媒体类相关专业或社会培训班的教材，也可作为平面设计和三维制作爱好者的自学参考书。

图书在版编目（CIP）数据

Cinema 4D+Octane+Photoshop 案例教程 / 张凡编著 .— 北京：中国铁道出版社有限公司，2023.5

高等院校数字媒体技术系列教材

ISBN 978-7-113-30131-6

Ⅰ.①C… Ⅱ.①张… Ⅲ.①三维动画软件 - 高等学校 - 教材 ②图像处理软件 - 高等学校 - 教材 Ⅳ.①TP391.41

中国国家版本馆 CIP 数据核字 (2023) 第 067736 号

书　　　名：**Cinema 4D+Octane+Photoshop 案例教程**

作　　　者：张　凡

策　　　划：汪　敏　　　　　　　　　编辑部电话：(010) 51873628

责任编辑：汪　敏

封面设计：崔　欣

封面制作：刘　颖

责任校对：苗　丹

责任印制：樊启鹏

出版发行：中国铁道出版社有限公司 (100054，北京市西城区右安门西街 8 号)

网　　　址：http://www.tdpress.com/51eds/

印　　　刷：河北京平诚乾印刷有限公司

版　　　次：2023 年 5 月第 1 版　2023 年 5 月第 1 次印刷

开　　　本：787 mm×1 092 mm　1/16　印张：19.5　字数：560 千

书　　　号：ISBN 978-7-113-30131-6

定　　　价：49.80 元

前　言

　　Cinema 4D 简称 C4D，它是由德国 MAXON 开发的一款三维设计软件，有着强大的功能和兼容性。近几年越来越多的国际知名品牌都使用 C4D 制作产品平面和视频广告。Octane 渲染器是 Otoy 公司开发的一款渲染器，该渲染器作为一款 GPU 物理渲染器，与 Cinema 4D 默认的 CPU 渲染器相比，有着渲染速度快（可以提升 10 ～ 50 倍的渲染速度）、使用 Photoshop 对 Octane 渲染输出后的作品进行最终色彩和清晰度的调整更是给作品起到了画龙点睛的作用、完全实现交互等优点。

　　本书通过 5 个完整的产品展示场景的案例，全面讲述了使用 Cinema 4D R21 创建场景模型，然后通过 Octane 渲染器添加灯光、材质，并进行最终渲染输出来完成产品展示场景的方法。

　　本书最大的亮点是全书 5 个产品展示案例完全是按照真正设计流程来完成的，实用性强。另外，为了便于读者学习，全部案例均配有多媒体教学视频，读者可扫描二维码学习，为了便于院校教学，本书配有电子课件，下载网址为 http://www.tdpress.com/5leds/。

　　本书属于实例教程类图书，基础知识部分和案例教学紧密衔接，旨在帮助读者用较短的时间掌握 Cinema 4D R21 软件和 Octane 渲染器的使用。本书分为两部分，共 8 章，主要内容如下：第 1 章认识 Cinema 4D 和 Octane 渲染器，主要讲解了 Cinema 4D 和 Octane 渲染器的特点；第 2 章 Cinema 4D R21 基础知识，主要讲解了 Cinema 4D R21 软件操作方面的基础知识；第 3 章 Octane 渲染器基础知识，主要讲解了 Octane 渲染器的基础知识，第 4 ～ 8 章通过实例讲解了矿泉水展示场景、电动牙刷展示场景、化妆刷展示场景、消毒喷枪展示场景、投影仪展示场景的制作方法。每章均有"本章重点"和"课后练习"，以便读者学习该章内容，并进行相应的操作练习。

　　本书内容丰富，结构清晰，实例典型，讲解详尽，富有启发性。书中的实例是由多所高校（北京电影学院、北京师范大学、中央美术学院、中国传媒大学、北京工商大学传播与艺术学院、首都师范大学、首都经济贸易大学、天津美术学院、天津师范大学艺术学院等）具有丰富教学经验的优秀教师和有丰富实践经验的一线制作人员从多年的教学和实际工作中总结出来的。

　　由于编者水平有限，书中难免有不妥与疏漏之处，敬请读者批评指正。

编　者

2023 年 2 月

目　录

认识Cinema 4D 和Octane渲染器　第1章

**本章重点**

  Cinema 4D 作为一款优秀的三维设计软件，目前在设计行业中使用非常广泛。Octane 渲染器是一款 GPU 物理渲染器，通常是在 Cinema 4D 中制作出场景模型，然后在 Octane 渲染器添加摄像机、灯光和材质后进行最终渲染输出。学习本章，读者应了解利用 Cinema 4D 和 Octane 渲染器制作产品展示效果的主要应用领域。

1.1　Cinema 4D 和 Octane 渲染器概述

  Cinema 4D 简称 C4D，它是由德国 MAXON 公司开发的一款三维设计软件。Cinema 4D 有着强大的功能和兼容性，可以使用 Octane、RedShift 渲染器进行渲染，也可以与 After Effects 软件实现文件互导等。Cinema 4D 的应用领域也很广泛，比如平面设计、电商广告设计、视觉设计等，以电商广告设计为例，2020 和 2021 年猫头品牌联合海报设计几乎全部实现"3D 化"。使用 C4D 制作的页面比普通素材的点击转化率高出 7 倍。图 1-1 为 C4D 制作的猫头品牌海报。此外，Cinema 4D 在栏目包装、影视动画、游戏和建筑设计等领域的使用也日益广泛。

图 1-1　C4D 制作的猫头品牌海报

  Octane 渲染器是 Otoy 公司开发的一款渲染器，该渲染器作为一款 GPU 物理渲染器，与 Cinema 4D 默认的 CPU 渲染器相比，有着渲染速度快（可以提升 10～50 倍的渲染速度）、可以完全实现交互等优点。

Cinema 4D+Octane+Photoshop 案例教程

1.2　Cinema 4D 的特点

Cinema 4D 之所以在近几年能够快速流行起来，主要有以下特点：

1．简单易学

Cinema 4D 的界面布局与用户常用的三维设计软件（如 3ds Max）的界面布局类似，如图 1-2 所示，使用户打开软件界面就有一种熟悉感。

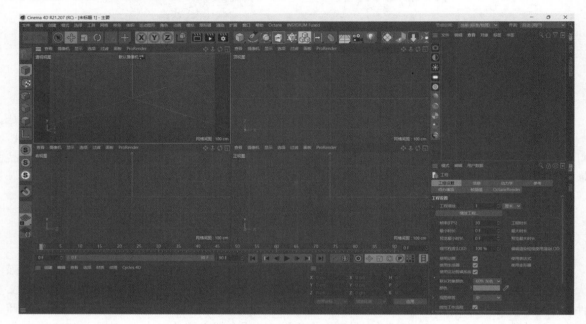

图 1-2　Cinema 4D R21 软件界面布局

Cinema 4D 整个界面布局简洁，每个命令都对应有生动的图标。此外，不同类型的命令显示为不同的颜色，比如生成器显示颜色为绿色，变形器为紫色，使用户一目了然，便于记住相应的命令。相对于 3ds Max 和 Maya，Cinema 4D 学习更快捷。

2．人性化

Cinema 4D 自带有多种基础模型，用户只需要调节基础模型相应的参数就可以创建出各种复杂模型。另外，Cinema 4D 自带的运动图形、动力学、布料和毛发系统也十分强大，用户不需要复杂操作，只需要调节参数就可以模拟出真实世界中的各种效果（如柔软的布料、物体碰撞等）。

3．兼容性好

Cinema 4D 兼容性极强，用户除了可以使用 Cinema 4D 自带渲染器进行渲染外，还可以使用外部插件如 Octane、RedShift 渲染器进行渲染。另外，在 Cinema 4D 中可以将文件输出保存为 After Effects 软件能够打开的 .aec 方案文件和序列文件，在 After Effects 中打开制作特效和动画。

4．动画功能强大

Cinema 4D 动画功能十分强大，包含粒子、效果器、动力学等专门制作动画的模块。目前动态内容设计逐渐成为设计的主流，近两年淘宝、天猫平台主图视频基本都是使用 Cinema 4D 制作完成的。目前市面上约 90% 的设计师仅掌握静态技能，因此学习 Cinema 4D 制作产品视频动画已经成为一个趋势。

1.3　Octane 渲染器的特点

Octane 渲染器在设计领域之所以普遍应用，主要有以下特点：

1. 渲染速度快

Octane 渲染器是一款 GPU 物理渲染器，与 Cinema 4D 默认的 CPU 渲染器相比，有着渲染速度快（可以提升 10 ～ 50 倍的渲染速度）、渲染效果真实自然的特点。图 1-3 为使用 Octane 渲染器渲染的效果。

图 1-3　Octane 渲染器渲染的效果

2. 交互性好

Octane 渲染器有着自身一整套完善的摄像机、灯光和材质系统，当对场景添加了 Octane 摄像机、灯光、材质后，用户可以实时获得渲染结果，从而实现完全交互，如图 1-4 所示。

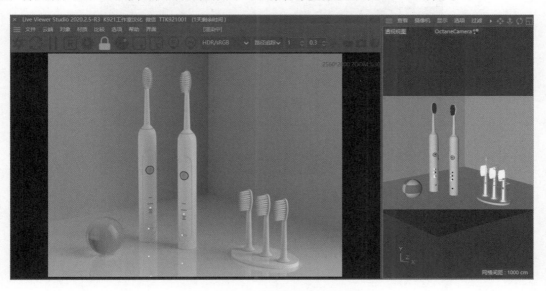

图 1-4　实时获得渲染结果

3．节点编辑器使材质编辑更加清晰

Octane 渲染器的节点编辑器，如图 1-5 所示，它相对于图 1-6 所示的传统的层级编辑器而言，在操作性和逻辑性上都更加清晰和强大，从而大大提高材质制作的效率。

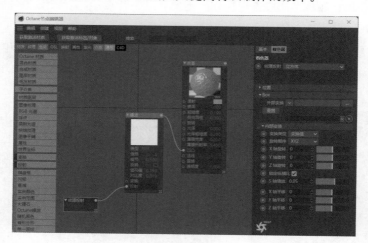

图 1-5　Octane 渲染器的节点编辑器

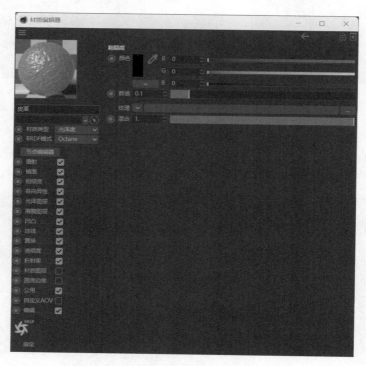

图 1-6　传统的层级编辑器

课 后 练 习

简述 Cinema 4D 和 Octane 渲染器的特点。

Cinema 4D R21 基础知识　第2章

本章重点

学习本章，读者应掌握 Cinema 4D R21 的操作界面、建模、生成器、变形器等方面的相关知识。

2.1　认识操作界面

启动 Cinema 4D R21，首先会出现图 2-1 所示的启动界面，当软件完全启动后就会进入操作界面，如图 2-2 所示。

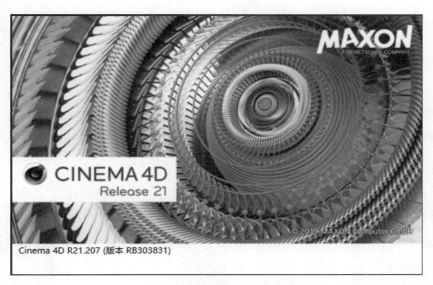

Cinema 4D R21.207 (版本 RB303831)

图 2-1　Cinema 4D R21 的启动界面

Cinema 4D R21 的操作界面主要包括标题栏、菜单栏、工具栏、编辑模式工具栏、视图区、对象面板、属性面板、材质栏、变换栏和动画栏十个部分。

1. 标题栏

标题栏显示了当前使用的 Cinema 4D R21 软件的版本和当前文件的名称。这里需要说明的是当文件名称后带有"*"号，如图 2-3 所示，表示当前文件没有保存。当执行菜单中的"文件 | 保存"命令后，当前文件名称后的"*"号就会消失，表示当前文件已经被保存了。

标题栏　　　　　菜单栏　　　　　工具栏　　　　对象面板

编辑模式
工具栏

视图区

动画栏

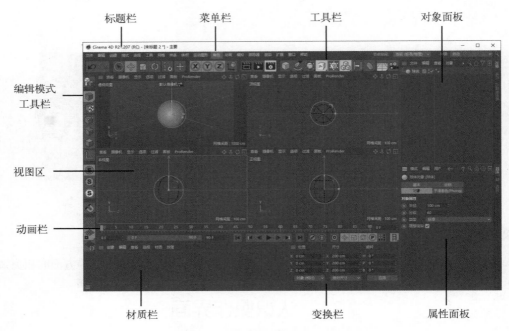

材质栏　　　　　　　变换栏　　　　属性面板

图 2-2　Cinema 4D R21 的用户操作界面

Cinema 4D R21.207 (RC) - [未标题 1*] - 主要

图 2-3　当文件名称后带有"*"号

2．菜单栏

菜单栏位于标题栏的下方，默认包括"文件"、"编辑"、"创建"、"模式"、"选择"、"工具"、"网格"、"样条"、"体积"、"运动图形"、"角色"、"动画"、"模拟"、"跟踪器"、"渲染"、"扩展"、"窗口"和"帮助" 18 个菜单。通过这些菜单中的相关命令可以完成对 Cinema 4D R21 的所有操作。这里需要说明的是对于一些常用的菜单命令，为了便于操作，可以将其独立出来。方法：单击相关菜单上方的双虚线，如图 2-4 所示，即可将其独立出来，成为浮动面板，如图 2-5 所示，此时在浮动面板中单击相应的命令，即可完成相应的操作。

在菜单栏的右侧有一个"界面"列表框，如图 2-6 所示，默认选择的是"启动"界面，此外还可以根据需要选择不同的界面布局，比如 BP-UV Edit。

图 2-4　单击菜单中上方的双虚线　　　图 2-5　浮动面板　　　图 2-6　"界面"列表框

3．工具栏

工具栏位于菜单栏的下方，如图 2-7 所示。它将一些常用的命令以图标的方式显示在工具栏中，当单击相应的图标，就可以执行相应的命令。有些图标右下角有三角形标记，表示当前工具中包含隐藏工具，当在该工具图标上按住鼠标左键，就会显示出隐藏的工具，如图 2-8 所示。

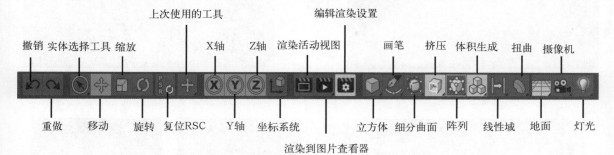

图 2-7　工具栏

4．编辑模式工具栏

编辑模式工具栏位于操作界面的左侧，如图 2-9 所示，用于对转为可编辑对象的模型的点、边、多边形、纹理等进行编辑。

5．视图区

视图区位于操作界面的中间区域，用于编辑与观察模型。默认有"透视视图"、"顶视图"、"右视图"和"正视图"四个视图，而每个视图又包括视图菜单栏和视图两部分，如图 2-10 所示。其中视图菜单栏用于设置视图中对象的显示模式、视图切换以及对视图进行移动、旋转、缩放；视图用于显示创建的相关对象。需要说明的是在哪个视图中单击鼠标中键可以将该视图单独显示在视图区中，如图 2-11 所示，再次单击鼠标中键，又可以恢复四视图的显示。

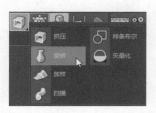

图 2-8　显示出隐藏的工具

图 2-9　编辑模式工具栏

提　示

分别按键盘上的【F1】、【F2】、【F3】、【F4】键，可以分别将透视视图、顶视图、右视图和正视图单独显示在视图区中；按键盘上的【F5】键，可以恢复到四视图的显示，这和单击鼠标中键的效果是一样的。

6．"对象"面板

"对象"面板位于操作界面的右侧，该面板用于显示在视图中创建的所有对象以及层级关系。需要说明的是，利用"对象"面板可以控制对象在编辑器（视图）和渲染器中是否可见。在 Cinema 4D R21 中默认创建的对象在编辑器（视图）和渲染器中均可见。以创建的球体为例，如果要在编辑器（视图）取消球体的显示，可以单击图 2-12 所示的上方的小点使之变为红色，此时在编辑器（视图）中就不会显示球体，而在渲染时依然会渲染球体，如图 2-13 所示；如果要在编辑器（视图）显

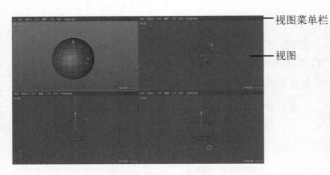

视图菜单栏

视图

图 2-10　视图区

图 2-11　将该视图单独显示在视图区中

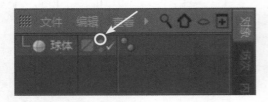

图 2-12　上方的灰色小点变为红色

 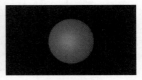

（a）编辑器（视图）　　　（b）渲染器

图 2-13　编辑器（视图）不显示，而在渲染器中显示

示球体，而在渲染器中不渲染球体，可以单击图 2-14 所示的下方的小点使之变为红色，此时在编辑器（视图）中会显示球体，但渲染时不会渲染球体，如图 2-15 所示；如果要在编辑器（视图）和渲染器中均不显示球体，则可以单击上下的灰色小点，使它们全部变为红色即可，如图 2-16 所示。

图 2-14　下方的灰色小点变为红色

（a）编辑器（视图）　　　（b）渲染器

图 2-15　编辑器（视图）显示，而在渲染器中不显示

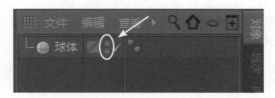

图 2-16　灰色小点全部变为红色

提示

　　在属性面板"基本"选项卡中也可以控制对象是否在"编辑器可见"或"渲染器可见"，如图 2-17 所示。

此外，单击☑按钮，如图 2-18 所示，会切换为☒按钮，如图 2-19 所示，此时可以看到取消"膨胀"变形器的效果，如图 2-20 所示。通过这两种模式的切换可以快速查看给对象添加"膨胀"变形器效果前后的对比。

图 2-17　"编辑器可见"或"渲染器可见"

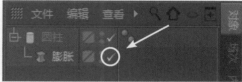

图 2-18　单击☑

图 2-19　切换为☒

图 2-20　取消"膨胀"变形器的效果

7. 属性面板

该面板位于"对象"面板下方，当在"对象"面板中选择某个对象后，属性面板中会显示其相关参数，此时可以通过调整相关参数来改变对象的属性。这里需要说明的是，当通过按钮调整参数数值时，默认每次增减的数值是 1，如图 2-21 所示；如果按住【Shift】键，单击按钮，则每次增减的数值为 10，如图 2-22 所示；如果按住【Alt】键，单击按钮，则每次增减的数值为 0.1，如图 2-23 所示。

（a）调整参数前　　（b）调整参数后

图 2-21　通过按钮调整参数数值时默认每次增加的数值是 1

图 2-22　每次增加的数值为 10

图 2-23　每次增加的数值为 0.1

8．材质栏

材质栏用于创建和管理材质，在材质栏中双击，就可以创建一个材质球，如图 2−24 所示，然后双击材质球，在弹出的图 2−25 所示的"材质编辑器"窗口中可以设置材质的各种属性。

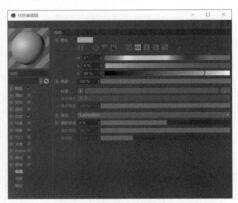

图 2−24　创建一个材质球　　　　　　　　图 2−25　"材质编辑器"窗口

9．变换栏

变换栏如图 2−26 所示，用于设置选择对象的坐标、尺寸和旋转参数。

图 2−26　变换栏

10．动画栏

动画栏如图 2−27 所示，用于设置动画关键帧、动画长度等动画属性。

图 2−27　动画栏

2.2　常用插件和外部模型库的安装

本节将具体讲解常用插件、模型库的安装。

2.2.1　常用插件的安装

本书用到了 Drop2Floor（对齐到地面）、L-Object（地面背景）等几个插件，它们的安装方法是一样的，下面就以安装 Drop2Floor（对齐到地面）插件为例，来讲解插件的安装方法。安装 Drop2Floor（对齐到地面）插件的具体操作步骤如下：

①找到配套资源中的"插件＼地面对齐插件＼Drop2Floor"文件夹，如图 2−28 所示，按【Ctrl+C】组合键进行复制。

②进入 Cinema 4D R21 的安装目录（默认安装目录为 c：/Program Files/MAXON/Cinema 4D R21），新建一个名称为"plugins"的文件夹，双击进入该文件夹，按【Ctrl＋V】组合键进行粘贴，如图 2−29 所示。

图 2−28　复制 Drop2Floor 文件夹　　　　图 2−29　在 plugins 文件夹中进行粘贴

③重新启动 Cinema 4D R21，在"插件"菜单中即可看到安装好的 Drop2Floor 插件，如图 2−30 所示。

图 2−30　安装好的 Drop2Floor 插件

2.2.2　C4D 外部模型库的安装

通过调用模型库中的相关模型可以大大提高工作效率。本节将具体讲解安装 Cinema 4D R21 常用模型库的方法。具体操作步骤如下：

①选择配套资源中的"插件＼模型库"相关模型库文件，如图 2−31 所示，按【Ctrl＋C】组合键进行复制。

②单击 Cinema 4D R21 的安装目录下 browser 文件夹（默认位置为 c：/Program Files/MAXON/Cinema 4D R21/library/browser），最后按【Ctrl＋V】组合键，进行粘贴即可完成模型库的安装，粘贴后的效果如图 2−32 所示。

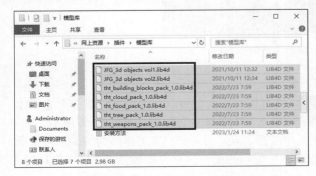
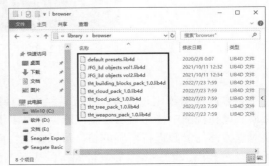

图 2−31　复制模型库文件　　　　　　　　图 2−32　粘贴模型库的效果

③重新启动 Cinema 4D R21，然后按【Shift+F8】组合键，弹出"内容浏览器"窗口，从中就可以看到安装后的模型库了，如图 2-33 所示。此时在右侧双击相应的模型或者将其拖入视图区，就可以将其导入到视图中，如图 2-34 所示。

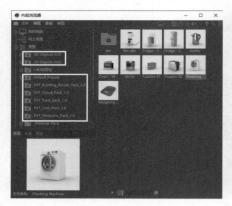

图 2-33　安装后的模型库

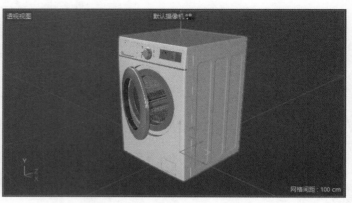

图 2-34　将模型导入到视图中

2.3　基础建模

Cinema 4D R21 内置了多种三维参数化几何体和二维样条，通过这些工具可以快速创建出简单三维参数化几何体和二维样条。本节具体讲解常用的三维几何体和二维样条的参数。

2.3.1　简单三维参数化几何体的创建

在工具栏 （立方体）工具上按住鼠标左键，会弹出三维参数化几何体面板，如图 2-35 所示，从中选择相应的工具，就可以在视图中创建一个相应的三维参数几何体。下面以常用的立方体、圆柱和球体为例讲解三维几何体的参数。

图 2-35　三维参数化几何体面板

1. 立方体

立方体是参数化几何体，在工具栏中选择 （立方体）工具，可以在视图中创建一个立方体，然后通过在视图中移动黄色控制点的位置可以粗略调整立方体的长、宽和高，如图 2-36 所示。如果要对立方体的参数进行精确调整，可以在属性面板中进行设置。另外，将立方体转为可编辑对象后，还可以对其点、边、多边形进行编辑，从而制作出各种复杂的模型。立方体属性面板的参数比较简单，如图 2-37 所示，主要参数含义如下：

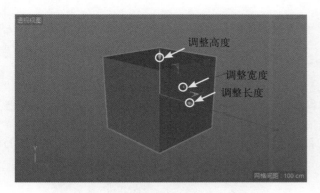

图 2-36 在视图中创建一个立方体

图 2-37 立方体属性面板

● 尺寸.X/尺寸.Y/尺寸.Z：用于设置立方体的长度/宽度/高度数值。

● 分段X/分段Y/分段Z：用于设置立方体的长度分段/宽度分段/高度分段。

● 圆角：勾选该复选框，将激活"圆角半径"和"圆角细分"参数，从而使立方体产生圆角效果，如图2-38所示。

● 圆角半径：用于设置立方体的圆角半径数值。

● 圆角细分：用于设置立方体圆角的圆滑程度。

图 2-38 产生圆角效果的立方体

提 示

在调整了相关参数后，如果要重新恢复原有的默认参数，可以右击参数后的■按钮，即可恢复默认参数。

2. 圆柱

圆柱也是 Cinema 4D R21 中经常用到的参数化几何体，在工具栏■（立方体）工具上按住鼠标左键，从弹出的隐藏工具中选择■（圆柱体）工具，可以在视图中创建一个圆柱体。然后通过在视图中移动黄色控制点的位置可以粗略调整圆柱体的高度和半径，如图2-39所示。圆柱体的属性面板如图2-40所示，用于精确设置圆柱体的相关属性，主要参数含义如下：

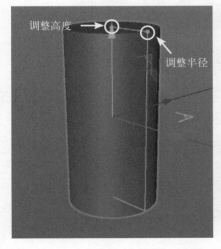

图 2-39 在视图中创建一个圆柱体

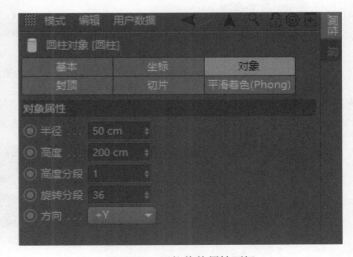

图 2-40 圆柱体的属性面板

● 半径：用于设置圆柱体的半径数值。

● 高度：用于设置圆柱体的高度数值。

● 旋转分段：用于设置圆柱体曲面的分段数，数值越大，圆柱体越圆滑。

3．球体

球体也是常用的参数化几何体，在工具栏 （立方体）工具上按住鼠标左键，从弹出的隐藏工具中选择（球体）工具，即可在视图中创建一个球体。然后通过在视图中移动黄色控制点的位置可以粗略调整球体半径，如图 2-41 所示。球体的属性面板如图 2-42 所示，用于精确设置球体的相关属性，主要参数含义如下：

图 2-41　在视图中创建一个球体　　　　图 2-42　球体的属性面板

● 半径：用于设置球体的半径数值。

● 分段：用于设置球体的分段数值。图 2-43 为设置了不同"分段"数值的效果比较。

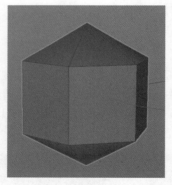

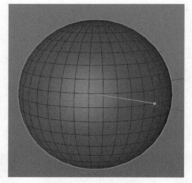

（a）"分段"为 6　　　　　　　　（b）"分段"为 36

图 2-43　设置了不同"分段"数值的效果比较

● 类型：用于设置球体的类型，在右侧下拉列表中有"标准"、"四面体"、"六面体"、"八面体"、"二十面体"和"半球体"六种类型可供选择。图 2-44 为选择不同类型的效果比较。

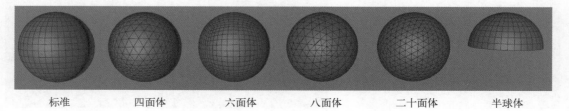

标准　　　　　四面体　　　　　六面体　　　　　八面体　　　　二十面体　　　　半球体

图 2-44　选择不同类型的效果比较

2.3.2　简单二维样条的创建

在工具栏 ✐（画笔）工具上按住鼠标左键，会弹出二维样条面板，如图 2-45 所示，从中选择相应的工具，就可以在视图中创建一个相应的二维样条。下面以常用的画笔、圆环、矩形和文本为例讲解二维样条的参数。

图 2-45　二维样条面板

1. 画笔

利用 ✐（画笔）工具可以绘制出任意形状的样条线，如图 2-46 所示。在工具栏中选择 ✐（画笔）工具，即可在图 2-47 所示的画笔工具属性面板中设置相关参数。画笔工具属性面板的参数含义如下：

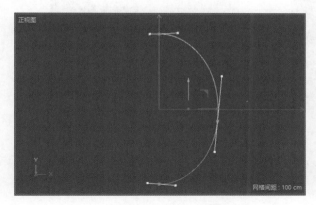

图 2-46　利用画笔工具绘制样条线

图 2-47　画笔工具属性面板

● 类型：在右侧有线性、立方、AKima、B-样条和贝塞尔五种类型可供选择。

● 编辑切线模式：在绘制过程中，勾选该复选框，将只可以对当前顶点切线方向和手柄长度进行调整，而不进行继续绘制。在调整好顶点切线方向后，再取消选中该复选框，即可继续进行曲线绘制。

● 锁定切线旋转：勾选该复选框，将只可以对顶点手柄长度进行调整，而不能调整切线方向。

● 锁定切线长度：勾选该复选框，将只可以对顶点手柄方向进行调整，而不能调整切线长度。

● 创建新样条：在视图中已经存在样条线的情况下，在工具栏中选择 ✐（画笔）工具，然后选中该复选框，将绘制一条新的样条线；而未选中该复选框，将在原来曲线基础上继续绘制样条线。

2. 圆环

利用 ◯（圆环）工具可以绘制出各种形状的圆形或圆环形状。在工具栏 ✐（画笔）工具上按住鼠标左键，从弹出的隐藏工具中选择 ◯（圆环）工具，即可在视图中创建一个圆环，如图 2-48 所示。圆环的属性面板如图 2-49 所示，主要参数含义如下：

图 2-48　在视图中创建一个圆环

图 2-49　圆环的属性面板

- 椭圆：选中该复选框，可以设置下方两个半径的数值，从而制作出椭圆，如图 2-50 所示。
- 环状：选中该复选框，可以制作出同心圆，如图 2-51 所示。

图 2-50　制作出椭圆

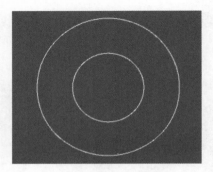

图 2-51　制作出同心圆

- 半径：用于设置圆形的半径数值。
- 内部半径：用于设置同心圆内部圆形的半径数值。该项在选中"环状"复选框后才可以使用。

3．矩形

利用 ▢（矩形）工具可以绘制出矩形形状。在工具栏 ✐（画笔）工具上按住鼠标左键，从弹出的隐藏工具中选择 ▢（矩形）工具，即可在视图中创建一个矩形，如图 2-52 所示。矩形的属性面板如图 2-53 所示，主要参数含义如下：

图 2-52　在视图中创建一个矩形

图 2-53　矩形的属性面板

- 宽度/高度：用于设置矩形的宽度/高度数值。
- 圆角：选中该复选框，将会使矩形产生圆角效果。
- 半径：用于设置圆角的大小。

4. 文本

利用 T（文本）工具可以创建二维的文本样条线。在工具栏 ✐（画笔）工具上按住鼠标左键，从弹出的隐藏工具中选择 T（文本）工具，即可在视图中创建一个文本，如图2-54所示。文本的属性面板如图2-55所示，主要参数含义如下：

图2-54　在视图中创建一个文本　　　图2-55　文本的属性面板

- 文本：用于输入文字内容。如果要输入多行文本，可以按【Enter】键切换到下一行。
- 字体：用于设置文本使用的字体。
- 对齐：用于设置文本对齐的方式。在右侧下拉列表框中有"左"、"中对齐"和"右"三个选项可供选择。
- 高度：用于设置文本的尺寸。
- 水平间距：用于设置文本字符间的间距。图2-56为设置不同"水平间距"后的效果比较。

(a)"水平间距"为0　　　　　　　　　(b)"水平间距"为50

图2-56　设置不同"水平间距"数值的效果比较

- 垂直间距：用于设置多行文本的行距。图2-57为设置不同"垂直间距"后的效果比较。
- 显示3D界面：选中该复选框，展开"字距"选项，如图2-58所示，可以调整文本字符"水平缩放"、"垂直缩放"和"基线偏移"等参数。图2-59为将数字"4"的"基线偏移"设置为300%的效果。

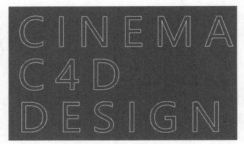

(a)"垂直间距"为 0   (b)"垂直间距"为 50

图 2-57   设置不同"垂直间距"数值的效果比较

图 2-58   选中"显示 3D 界面"复选框,展开"字距"选项   图 2-59   将"基线偏移"设置为 300% 的效果

提示

如果要创建三维文本有以下两种方法:一是先创建二维文本,再给它添加一个"挤压"生成器,从而生成三维文本;二是执行菜单中的"运动图形|文本"命令,直接创建三维文本。

2.4   生成器、造型器和变形器

通过给对象添加不同的生成器、造型器和变形器,可以制作出各种效果。本节将具体讲解生成器、造型器和变形器的使用方法。

2.4.1   生成器

Cinema 4D R21 的生成器位于工具栏 (细分曲面)和 (挤压)中,如图 2-60 所示。两者的区别在于 (细分曲面)中的生成器是针对三维模型的生成器;而 (挤压)中的生成器是针对二维样条的生成器。

(a)   (细分曲面)中的生成器   (b)   (挤压)中的生成器

图 2-60   工具栏   (细分曲面)和   (挤压)中的生成器

生成器通常作为对象的父级，给对象添加生成器有以下两种方法：一是在给场景添加了相应的生成器后，在"对象"面板中将要使用该生成器的对象拖入生成器成为子集，如图 2-61 所示；二是选择要添加生成器的对象，按住键盘上的【Alt】键，在工具栏 （细分曲面）工具上按住鼠标左键，从弹出的隐藏工具中选择相应的生成器，从而直接给对象添加一个生成器的父级。

下面具体讲解常用的八种生成器的相关参数。

1. 细分曲面

（细分曲面）生成器是使用最多的一种生成器，用于对表面粗糙的模型进行平滑处理，使之变得更精细。（细分曲面）生成器的属性面板如图 2-62 所示，主要参数含义如下：

图 2-61　将要使用该生成器的对象拖入生成器成为子集　　图 2-62　（细分曲面）生成器的属性面板

● 类型：用于设置细分曲面的类型，在右侧下拉列表中有 Catmull-Clark、Catmull-Clark（N-Gons）、OpenSubdiv Catmull-Clark、OpenSubdiv Catmull-Clark（自适应）、OpenSubdiv Loop 和 OpenSubdiv Bilinear 六种类型可供选择。

● 编辑器细分：用于设置模型在视图中显示的细分级别，数值越大，模型越精细。图 2-63 为设置不同的"编辑器细分"数值的效果比较。

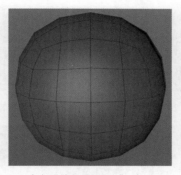
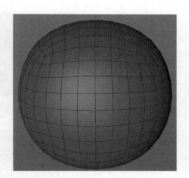

（a）"编辑器细分"为 0　　　　（b）"编辑器细分"为 2　　　　（c）"编辑器细分"为 3

图 2-63　设置不同的"编辑器细分"数值的效果比较

● 渲染器细分：用于设置模型在渲染器中显示的细分级别，数值越大，模型越精细。为了保持模型在渲染器和编辑器中显示的一致性，通常我们在"渲染器细分"和"编辑器细分"中设置的数值是一致的。

● 细分 UV：用于设置细分 UV 的方式，在右侧下拉列表中有"标准"、"边界"和"边"三种方式可供选择。

2. 挤压

（挤压）生成器用于将二维样条挤压为三维模型。（挤压）生成器的属性面板主要包括"对象"和"封顶"两个选项卡，如图 2-64 所示，主要参数含义如下：

● 移动：用于控制样条在 X/Y/Z 轴上的挤出厚度。

● 细分数：用于控制挤出的分段数。图 2-65 为设置不同的"细分数"数值的效果比较。

(a) "细分数" 为 1

(b) "细分数" 为 10

图 2-65　设置不同的 "细分数" 数值的效果比较

图 2-64　（挤压）生成器的属性面板

● 层级：当 "挤压" 生成器下存在多个子集时，如图 2-66 所示，如果未选中 "层级" 复选框，则 "挤压" 生成器只对顶层的子集起作用，如图 2-67 所示；而选中 "层级" 复选框，则 "挤压" 生成器对所有的子集均起作用，如图 2-68 所示。

图 2-66　（挤压）生成器下存在多个子集

● 顶端 / 末端：用于设置挤出后模型顶端 / 末端是否封口，在右侧下拉列表中有 "无"、"封顶"、"圆角" 和 "圆角封顶" 四个选项可供选择。图 2-69 为选择不同选项的效果比较。

图 2-67　未选中 "层级" 复选框的效果

图 2-68　选中 "层级" 复选框的效果

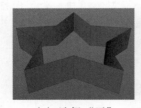

(a) 选择 "无"

(b) 选择 "封顶"

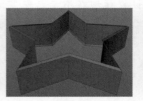

(c) 选择 "圆角"

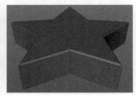

(d) 选择 "圆角封顶"

图 2-69　选择不同选项的效果比较

● 步幅：当在 "顶端 / 末端" 右侧下拉列表中选择 "圆角" 或 "圆角封顶" 时，才可以使用。该项用于设置模型倒角的分段数，最小数值为 1。图 2-70 为选择不同 "步幅" 数值的效果比较。

 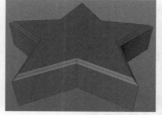 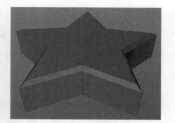

(a)"步幅"为 1　　　　　(b)"步幅"为 2　　　　　(c)"步幅"为 5

图 2-70　选择不同"步幅"数值的效果比较

● 圆角类型：当在"顶端／末端"右侧下拉列表中选择"圆角"或"圆角封顶"时，才可以使用。该项用于设置模型倒角的类型，在右侧下拉列表中有"线性"、"凸起"、"凹陷"、"半圆"、"1 步幅"、"2 步幅"和"雕刻"七个选项可供选择。图 2-71 为选择不同"圆角类型"的效果比较。

 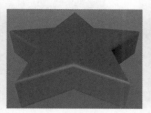  

(a)选择"线性"　　(b)选择"凸起"　　(c)选择"凹陷"　　(d)选择"半圆"

 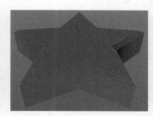 

(e)选择"1 步幅"　　　(f)选择"2 步幅"　　　(g)选择"雕刻"

图 2-71　选择不同"圆角类型"的效果比较

● 类型：用于设置组成封顶的多边形类型，在右侧下拉列表中有"三角形"、"四边形"和"N-Gons"三个选项可供选择。图 2-72 为选择不同类型的效果比较。

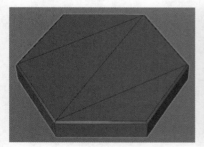 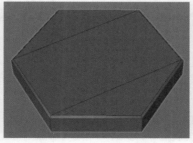 

(a)选择"三角形"　　　　(b)选择"四边形"　　　　(c)选择"N-Gons"

图 2-72　选择不同类型的效果比较

3. 旋转

【（旋转）生成器用于将绘制的样条按照指定轴向进行旋转，从而生成三维模型。图 2-73 为创建样条线后利用【（旋转）生成器制作出的花瓶模型。【（旋转）生成器的属性面板如图 2-74 所示，主要参数含义如下：

样条线 ——

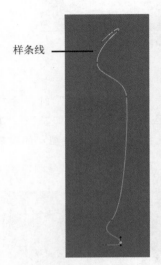

图 2-73　利用【（旋转）生成器制作出的花瓶模型

图 2-74　【（旋转）生成器的属性面板

● 角度：用于设置旋转的角度，默认是 360°。

● 细分数：用于设置模型在旋转轴向上的细分数，数值越大模型越平滑。图 2-75 为设置不同"细分数"数值的效果比较。

● 移动：用于设置模型起始位置和终点位置的纵向效果。

● 比例：用于设置模型一端的缩放。数值小于 100%，是收缩；数值大于 100%，是放大。图 2-76 为设置不同"比例"数值的效果比较。

（a）"细分数"为 4　　（b）"细分数"为 32　　（a）"比例"为 60%　　（b）"比例"为 120%

图 2-75　设置不同"细分数"数值的效果比较　　图 2-76　设置不同"比例"数值的效果比较

4. 放样

（放样）生成器用于将两个或更多的样条连接起来，从而生成三维模型。图 2-77 为创建圆环和八边形样条线后利用（放样）生成器制作出的饮料瓶模型。（放样）生成器的属性面板主要包括"对象"和"封顶"两个选项卡，如图 2-78 所示，主要参数含义如下：

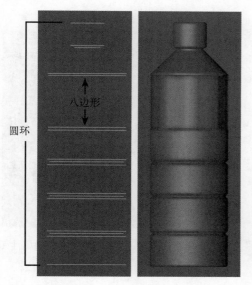

图 2-77 利用 （放样）生成器制作出的饮料瓶模型　　　图 2-78　（放样）生成器的属性面板

- 网格细分 U/V：用于设置放样后模型的 U/V 向的分段数。
- 顶端/末端：用于设置放样后模型顶端/末端是否封口，在右侧下拉列表中有"无"、"封顶"、"圆角"和"圆角封顶"四个选项可供选择。
- 约束：用于设置对封顶进行约束。图 2-79 为勾选"约束"复选框前后的效果比较。

（a）选中"约束"复选框前　（b）选中"约束"复选框后

图 2-79　选中"约束"复选框前后的效果比较

5. 扫描

（扫描）生成器用于将一个样条作为扫描图形，另一个样条作为扫描路径，扫描生成三维模型。图 2-80 为创建文本和圆环样条线后利用（扫描）生成器制作出的立体镂空文字模型。（扫描）生成器的属性面板如图 2-81 所示，主要参数含义如下：

圆环　　　　　　　　　文本

图 2-80　利用 （扫描）生成器制作出的立体镂空文字模型

图 2-81　（扫描）生成器的属性面板

● 网格细分：用于设置三维模型的细分数。

● 终点缩放：用于设置模型在终点处的缩放效果。图 2-82 为设置不同"终点数值"的效果比较。

（a）"终点数值"为 100%　　　　　　　　　（b）"终点数值"为 30%

图 2-82　设置不同"终点数值"的效果比较

● 结束旋转：用于设置生成模型在终点处的旋转效果。

● 开始生长：用于设置模型从开始处消失的效果，默认为 0%，表示不消失。图 2-83 为设置不同"开始生长"数值的效果比较。

（a）"开始生长"为 0%　　　　　　　　　（b）"开始生长"为 10%

图 2-83　设置不同"开始生长"的效果比较

● 结束生长：用于设置模型从结束处消失的效果，默认为 100%，表示不消失。图 2-84 为设置不同"结束生长"数值的效果比较。

(a)"结束生长"为 100%　　　　　　　　(b)"结束生长"为 90%

图 2-84　设置不同"结束生长"的效果比较

6. 阵列

　　 (阵列)造型器用于以阵列的方式复制模型,比如创建手串模型,如图 2-85 所示。选择要添加"阵列"造型器的对象(此时选择的是球体),然后按住【Alt】键,在工具栏 (细分曲面)工具上按住鼠标左键,从弹出的隐藏工具中选择 (阵列)工具,即可给它添加一个 (阵列)父集。 (阵列)造型器的属性面板如图 2-86 所示,主要参数含义如下:

图 2-85　利用阵列工具创建的手串模型

图 2-86　 (阵列)造型器的属性面板

● 半径:用于设置阵列的半径数值。

● 副本:用于设置阵列的个数。

● 振幅:用于设置阵列后模型产生的振幅。图 2-87 为设置不同"振幅"数值的效果比较。

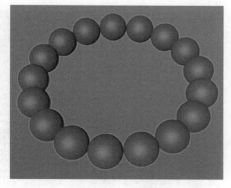
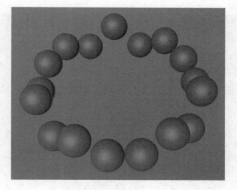

(a)"振幅"为 0 cm　　　　　　　　　(b)"振幅"为 30 cm

图 2-87　设置不同"振幅"数值的效果比较

● 频率：用于设置阵列模型上下起伏的频率。数值越大，起伏的频率越快。

● 阵列频率：用于设置阵列摆动的频率。数值越大，阵列模型摆动过渡越平滑；数值越小，阵列模型摆动过渡越生硬。图2-88为设置不同"阵列频率"数值后的效果比较。

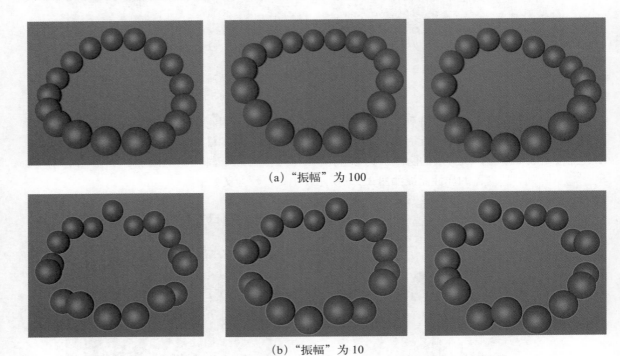

（a）"振幅"为100

（b）"振幅"为10

图2-88 设置不同"阵列频率"数值后的效果比较

7. 布尔

（布尔）造型器用于将两个三维模型进行"相加"、"相减"、"交集"或"补集"操作。图2-89为使用（布尔）造型器制作的烟灰缸模型。选择要添加"布尔"造型器的对象，然后按住【Ctrl+Alt】键，在工具栏（细分曲面）工具上按住鼠标左键，从弹出的隐藏工具中选择（布尔），即可给它们添加一个（布尔）造型器的父级。（布尔）造型器的属性面板如图2-90所示，主要参数含义如下：

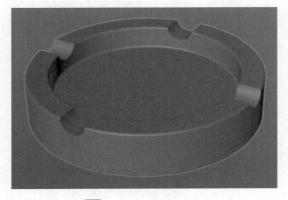

图2-89 使用（布尔）造型器制作的烟灰缸模型　　图2-90 （布尔）造型器的属性面板

● 布尔类型：用于设置布尔运算的方式，在右侧下拉列表中有"A减B"、"A加B"、"AB交集"和"AB补集"四个选项可供选择。图2-91为选择不同类型的效果比较。

| (a) 选择"A加B" | (b) 选择"A减B" | (c) 选择"AB交集" | (b) 选择"AB补集" |

图2-91　选择不同类型的效果比较

● 高质量：选中该复选框，则布尔后的模型分段分布会更合理。图2-92为选中该复选框前后的效果比较。

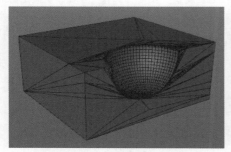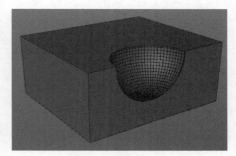

（a）未选中"高质量"复选框　　　　　　　（b）选中"高质量"复选框

图2-92　选中"高质量"复选框前后的效果比较

● 隐藏新的边：选中该复选框，可以将布尔运算得到的模型中新的边进行隐藏。图2-93为选中该复选框前后的效果比较。

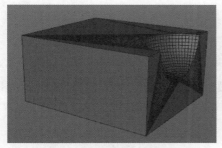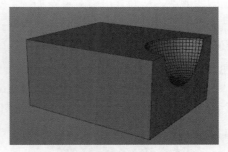

（a）未选中"隐藏新的边"复选框　　　　　（b）选中"隐藏新的边"复选框

图2-93　选中"隐藏新的边"复选框前后的效果比较

8．对称

（对称）造型器用于按照指定轴向镜像复制模型。图2-94为使用（对称）造型器制作出的闹钟另一侧的闹铃和支腿模型。选择要添加"对称"造型器的对象，然后按住【Alt】键，在工具栏（细分曲面）工具上按住鼠标左键，从弹出的隐藏工具中选择（对称），即可给它添加一个（对称）造型器的父级。（对称）造型器的属性面板如图2-95所示，主要参数含义如下：

图 2-94 使用（对称）造型器制作出的另一侧的闹铃和支架模型　图 2-95　（对称）造型器的属性面板

- 镜像平面：用于设置对称对象的镜像轴，在右侧下拉列表中有ZY、XY、XZ三个轴向可供选择。
- 焊接点：默认选中该复选框，可以对"公差"范围内对称的顶点进行焊接。
- 公差：用于设置公差的数值。
- 对称：选中该复选框，粘连处的结构布线会更对称。

2.4.2　变形器

Cinema 4D R21 变形器位于工具栏（扭曲）中，如图 2-96 所示。

变形器通常作为对象的子级，给对象添加变形器有以下两种方法：一是给场景添加了相应的变形器后，在"对象"面板中将该变形器拖给要使用变形器的对象成为子级；二是选择要添加生成器的对象，按住键盘上的【Shift】键，在工具栏（扭曲）工具上按住鼠标左键，从弹出的隐藏工具中选择相应的变形器，从而直接给对象添加一个变形器的子级。

下面具体讲解常用的七种变形器的相关参数。

1. 扭曲

（扭曲）变形器可以对模型进行任意角度的弯曲，从而制作出拐杖、水龙头弯管等效果。选择要添加"扭曲"变形器的对象，然后按住【Shift】键，在工具栏中单击（扭曲）工具，即可给它添加一个（扭曲）子集。（扭曲）变形器的属性面板如图 2-97 所示，主要参数含义如下：

图 2-96　工具栏（扭曲）中的变形器　　　图 2-97　（扭曲）变形器的属性面板

● 尺寸：用于设置扭曲变形器的框架大小。

● 模式：用于设置扭曲的类型，在右侧下拉列表中有"限制"、"框内"和"无限"三个选项可供选择。

● 强度：用于设置弯曲的强度。图 2-98 为设置不同"强度"数值的效果比较。

● 角度：用于设置扭曲的角度。通过设置这个数值可以制作出自由旋转的水龙头效果，如图 2-99 所示。

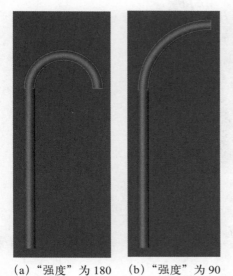

(a)"强度"为 180　(b)"强度"为 90

图 2-98　设置不同"强度"数值的效果比较

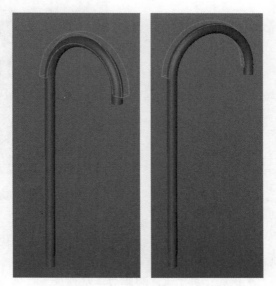

图 2-99　制作出自由旋转的水龙头效果

● 保持纵轴长度：选中该复选框，将保持纵轴的高度不变。

● 匹配到父级：单击该按钮，变形器的框架将自动匹配模型的大小。图 2-100 为单击该按钮前后的效果比较。

(a) 未单击"匹配到父级"按钮　　　　(b) 单击"匹配到父级"按钮

图 2-100　单击"匹配到父级"按钮前后的效果比较

2. 膨胀

[图标]（膨胀）变形器可以对模型进行局部放大或缩小，从而制作出石凳、喇叭、葫芦等效果。选择要添加"膨胀"变形器的对象，然后按住【Shift】键，在工具栏[图标]（扭曲）工具上按住鼠标左键，从弹出的隐藏工具中选择[图标]（膨胀），即可给它添加一个[图标]（膨胀）子集。[图标]（膨胀）变形器的属性面板如图 2-101 所示，主要参数含义如下：

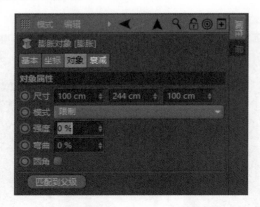

图 2-101　[图标]（膨胀）变形器的属性面板

● 尺寸：用于设置膨胀变形器的框架大小。

● 模式：用于设置膨胀的类型，在右侧下拉列表中有"限制"、"框内"和"无限"三个选项可供选择。

● 强度：用于设置膨胀的强度数值。数值大于 0，模型向外膨胀；数值小于 0，膨胀向内收缩。图 2-102 为设置不同"强度"数值的效果比较。

● 弯曲：用于设置模型的弯曲程度。数值越小，模型中间越尖锐；数值越大，模型上下分为两部分向外扩散越明显。图 2-103 为设置不同"弯曲"数值的效果比较。

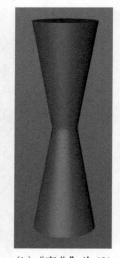

（a）"强度"为 100%　　（b）"强度"为 -60%　　　（a）"弯曲"为 300%　　（b）"弯曲"为 0%

图 2-102　设置不同"强度"数值的效果比较　　　图 2-103　设置不同"弯曲"数值的效果比较

● 圆角：选中该复选框，模型将呈现圆角效果。图 2-104 为选中"圆角"复选框前后的效果比较。

(a) 未选中"圆角"复选框　　(b) 选中"圆角"复选框

图 2-104　选中"圆角"复选框前后的效果比较

3. 螺旋

■（螺旋）变形器可以对模型进行扭曲旋转，从而制作出钻头、冰激凌等效果。选择要添加
"螺旋"变形器的对象，然后按住【Shift】键，在工具栏■（扭曲）工具上按住鼠标左键，从弹出的
隐藏工具中选择■（螺旋），即可给它添加一个■（螺旋）子集。■（螺旋）变形器的属性面板如
图 2-105 所示，主要参数含义如下：

- 尺寸：用于设置螺旋变形器的尺寸。
- 角度：用于设置螺旋扭曲变形的强度。图 2-106 为设置不同"角度"数值的效果比较。

图 2-105　■（螺旋）变形器的属性面板

(a) "角度"为 200°　　(b) "角度"为 500°

图 2-106　设置不同"角度"数值的效果比较

4. FFD

■（FFD）变形器可以通过调整控制点来制作出各种形状，比如石头，如图 2-107 所示。选择
要添加 FFD 变形器的对象，然后按住【Shift】键，在工具栏■（扭曲）工具上按住鼠标左键，从弹

出的隐藏工具中选择，即可给它添加一个![icon]（FFD）子集。![icon]（FFD）变形器的属性面板如图 2-108 所示，主要参数含义如下：

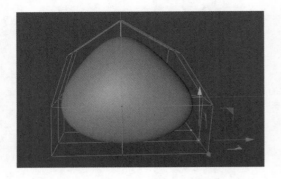

图 2-107　调整出石头形状

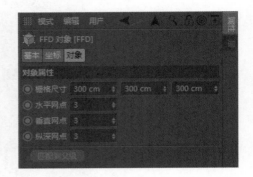

图 2-108　![icon]（FFD）变形器的属性面板

- 栅格尺寸：用于设置 FFD 变形器的尺寸。
- 水平网点／垂直网点／纵深网点：用于设置水平方向／垂直方向／纵深方向的控制点数量。

5. 收缩包裹

![icon]（收缩包裹）变形器可以将一个模型依照另一个模型的形状附着到上面。图 2-109 就是使用![icon]（收缩包裹）变形器将贴纸模型包裹到陶罐模型上。选择要添加"收缩包裹"变形器的对象，然后按住【Shift】键，在工具栏![icon]（扭曲）工具上按住鼠标左键，从弹出的隐藏工具中选择![icon]（收缩包裹），即可给它添加一个![icon]（收缩包裹）子集。![icon]（收缩包裹）变形器的属性面板如图 2-110 所示，主要参数含义如下：

图 2-109　将贴纸模型包裹到陶罐模型上

图 2-110　![icon]（收缩包裹）变形器的属性面板

- 目标对象：用于设置被包裹的对象。在"对象"面板中将要被包裹的对象拖入右侧空白框，或者单击右侧的![icon]按钮，在"对象"面板中拾取要被包裹的对象，即可将其设置为目标对象。
- 模式：用于设置收缩包裹的方式，在右侧下拉列表中有"沿着法线"、"目标轴"和"来源轴"三个选项可供选择。如果选择"沿着法线"，则模型法线指向物体方向的面会被收缩包裹；如果选择"目标轴"，则模型全部会贴到被包裹模型表面；如果选择"来源轴"，则模型与被收缩包裹模型的轴心进行匹配。
- 强度：用于设置收缩的强度。数值越大，模型与被包裹模型的形状越匹配。图 2-111 为设置不同"强度"数值的效果比较。
- 最大距离：用于设置模型是否被收缩包裹的距离。在"最大距离"数值内的模型会被收缩包裹，而不在"最大距离"数值内的模型不会被收缩包裹。

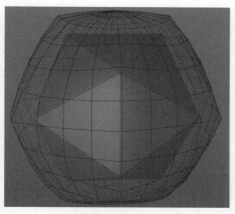 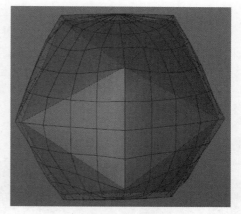

（a）"强度"为80%　　　　　　　　（b）"强度"为95%

图 2-111　设置不同"强度"数值的效果比较

6. 样条约束

（样条约束）变形器可以使三维模型沿二维样条进行分布，再以样条控制旋转，从而生成新的模型。选择要添加"样条约束"变形器的对象，然后按住【Shift】键，在工具栏 （扭曲）工具上按住鼠标左键，从弹出的隐藏工具中选择 （样条约束），即可给它添加一个 （样条约束）子集。 （样条约束）变形器的属性面板如图 2-112 所示，主要参数含义如下：

● 样条：用于设置约束三维模型的样条。

● 导轨：用于新建一个样条来控制旋转角度。

● 轴向：用于设置样条约束的轴向。

● 强度：用于设置样条约束的强度。

● 偏移：用于设置样条偏移位置。

● 起点/终点：用于设置样条约束的起点/终点位置。图2-113为利用文本线条来约束圆柱体，并通过设置不同起点关键帧数值制作出的动画效果。

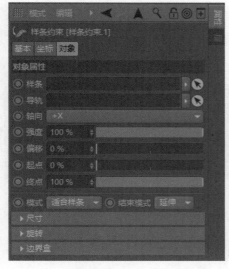

图 2-112　 （样条约束）变形器的
　　　　　　属性面板

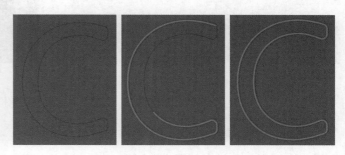

图 2-113　圆柱体沿文字运动动画

7. 置换

（置换）变形器可以通过贴图使模型产生凹凸起伏变化，从而制作出类似于涟漪的水面、布料等效果。选择要添加"置换"变形器的对象，然后按住【Shift】键，在工具栏 （扭曲）工具上按住鼠标左键，从弹出的隐藏工具中选择 （置换）工具，即可给它添加一个 （置换）子集。 （置换）变形器的属性面板主要包括"对象"、"着色"、"衰减"和"刷新"四个选项卡，如图 2−114 所示，主要参数含义如下：

图 2−114　（置换）变形器的属性面板

● 强度：用于设置置换变形的强度。图 2−115 为将"着色器"类型设置为"噪波"后设置不同"强度"数值的效果比较。

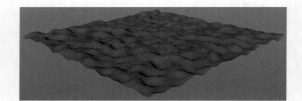

（a）"强度"为 20 %　　　　　　　　　　　（b）"强度"为 100 %

图 2−115　设置不同"强度"数值的效果比较

● 高度：用于设置置换挤出的高度。图 2−116 为将"着色器"类型设置为"噪波"后设置不同"高度"数值的效果比较。

（a）"高度"为 10 cm　　　　　　　　　　　（b）"高度"为 50 cm

图 2−116　设置不同"高度"数值的效果比较

● 类型：用于设置置换的类型，在右侧下拉列表中有"强度（中心）"、"强度"、"红色/绿色"、"RGB（XYZ Tangent）"、"RGB（XYZ Object）"和"RGB（XYZ 全局）"六个选项可供选择。
● 着色器：用于设置置换贴图的类型。

2.5   可编辑对象建模

本节讲解将二维样条或三维模型转换为可编辑对象后再进行编辑的方法。

2.5.1   可编辑样条

选择创建的二维样条，在编辑模式工具栏中单击 （转为可编辑对象）按钮（快捷键是【C】），将其转为可编辑对象。然后在 （点模式）下选择相应的顶点并右击，从弹出的快捷菜单中选择相应的命令，即可对其进行相应的编辑，如图 2-117 所示。下面就来讲解快捷菜单中常用的命令。

- 刚性插值：用于将选中的顶点设置为不带控制柄的锐利的角点。
- 柔性插值：用于将选中的顶点设置为带有控制柄的贝塞尔角点。
- 相等切线长度：用于设置角点控制柄的长度相等。
- 相等切线方向：用于设置角点控制柄方向一致。
- 合并分段：用于合并样条的点。
- 断开分段：用于断开当前所选样条的点，从而形成两个独立的点。
- 设置起点：用于将选中的顶点设置为起点。
- 创建点：用于在样条上添加新的顶点。
- 倒角：用于对选中的顶点进行倒角处理。在属性面板中未选中"平直"复选框，则倒出的是圆角，如图 2-118 所示；选中"平直"复选框，则倒出的是斜角，如图 2-119 所示。
- 创建轮廓：用于创建样条的内轮廓或外轮廓。图 2-120 为创建轮廓前后的效果比较。

图 2-117   顶点右击快捷菜单

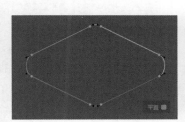

图 2-118   圆角效果

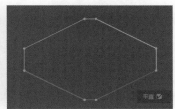

图 2-119   斜角效果

（a）创建轮廓前

（b）创建轮廓后

图 2-120   创建轮廓前后的效果比较

2.5.2　可编辑对象

选择创建的三维模型，在编辑模式工具栏中单击 （转为可编辑对象）按钮，将其转为可编辑对象。然后可以在 （点模式）、 （边模式）和 （多边形模式）下选择相应的点、边、多边形，右击，从弹出的快捷菜单中选择相应的命令，即可对其进行相应的编辑。下面就来讲解在不同模式下常用的编辑命令。

1. 点模式

进入 （点模式），右击，从弹出的图 2-121 所示的快捷菜单中选择相应的命令，即可对相应的顶点进行编辑。下面就来讲解在 （点模式）下常用的编辑命令。

- 创建点：用于在模型任意位置添加新的顶点。
- 桥接：用于在两个顶点之间添加一条新的边。使用该命令必须将一个顶点拖到另一个顶点上。图 2-122 为使用"桥接"命令将两个顶点桥接前后的效果比较。

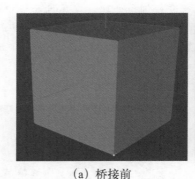 

(a) 桥接前　　　　　　(b) 桥接后

图 2-121　 （点模式）下的快捷菜单　　图 2-122　使用"桥接"命令将两个顶点桥接前后的效果比较

- 封闭多边形孔洞：用于封闭多边形孔洞。图 2-123 为"封闭多边形孔洞"前后的效果比较。

(a)"封闭多边形孔洞"前　　　　　　　　(b)"封闭多边形孔洞"后

图 2-123　"封闭多边形孔洞"前后的效果比较

- 连接点/边：用于连接选中的两个顶点/边。
- 多边形画笔：用于连接任意的顶点、边和多边形。
- 线性切割：用于在多边形上切割出新的边。
- 循环/路径切割：用于沿着多边形的一圈点或边添加新的边。
- 滑动：用于在基本不改变模型外观的情况下移动点的位置。图2-124为使用"滑动"命令滑动相关顶点位置前后的效果比较。

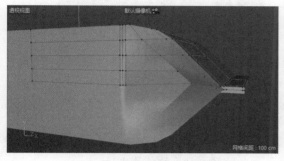

(a) 滑动相关顶点位置前　　　　　　　　　(b) 滑动相关顶点位置后

图 2-124　使用"滑动"命令滑动相关顶点位置前后的效果比较

- 焊接：用于将选中的多个顶点焊接成一个顶点。
- 倒角：用于对选中的顶点进行倒角处理。
- 优化：当倒角出现错误时，可以选择该命令先优化模型，然后再进行倒角。

2．边模式

进入 ▦（边模式），右击，从弹出的快捷菜单中选择相应的命令，即可对相应的边进行编辑。▦（边模式）和 ▦（点模式）下的编辑命令是相同的，这里主要讲解常用的对边进行编辑的命令。

- 桥接：用于将两条断开的边连接起来，从而生成一个新的多边形。图2-125为使用"桥接"命令将两条边桥接前后的效果比较。

(a)"桥接"前　　　　　　　　　　(b)"桥接"后

图 2-125　使用"桥接"命令将两条边桥接前后的效果比较

- 消除：用于移除选择的边，在"消除"边之后，边缘的顶点也会被移除，因此整个模型的外观会发生变化。图2-126为使用"消除"命令消除边前后的效果比较。

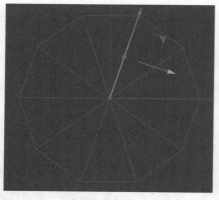
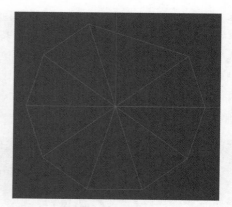

(a)"消除"前

(b)"消除"后

图2-126 使用"消除"命令消除边前后的效果比较

● 融解：与"消除"命令相比，"融解"命令可以在移除边的同时，不移除边缘的顶点，因此整个模型的外观不会发生变化。图2-127为使用"融解"命令融解边前后的效果比较。

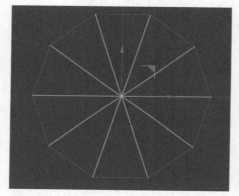

(a)"融解"前

(b)"融解"后

图2-127 使用"融解"命令融解边前后的效果比较

● 滑动：用于在基本不改变模型外观的情况下移动边的位置。按住【Ctrl】键，可以滑动复制一圈边。图2-128为使用"滑动"命令向外滑动复制出一圈边前后的效果比较。

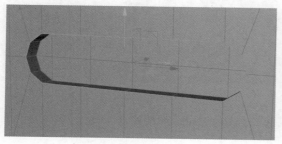
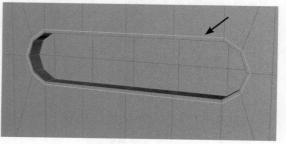

(a)"滑动"复制前

(b)"滑动"复制后

图2-128 使用"滑动"命令向外滑动复制出一圈边前后的效果比较

● 缝合：用于对断开的边之间进行缝合处理。图 2-129 为使用"缝合"命令缝合前后的效果比较。在缝合的同时按住键盘上的【Shift】键，可以在断开边之间生成新的多边形来缝合断开边之间的区域，效果如图 2-130 所示。

(a)"缝合"前   (b)"缝合"后

图 2-129 使用"缝合"命令缝合前后的效果比较

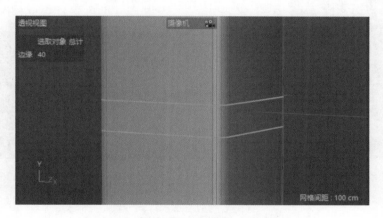

图 2-130 按住【Shift】键的"缝合"命令

3. 多边形模式

进入 （多边形模式），右击，从弹出的图 2-131 所示的快捷菜单中选择相应的命令，即可对相应的多边形进行编辑。（多边形模式）的命令大多数与（边模式）和（点模式）相同。下面讲解在（多边形模式）下常用的编辑命令。

● 挤压：用于将选中的多边形向内或向外挤压，如图 2-132 所示。

提示

按快捷键【D】，或按住【Ctrl】键移动选中的多边形，也可以挤压出多边形。

● 内部挤压：用于在多边形内部挤压出多边形，如图 2-133 所示。
● 矩阵挤压：用于在挤压的同时缩放和旋转挤压出的多边形。图 2-134 为利用矩阵挤压制作出的杯柄模型。
● 三角化：用于将选中的四边形变为三角形，如图 2-135 所示。
● 反三角化：用于将选中的三角形变为四边形，如图 2-136 所示。

图 2-132　向内或向外挤压多边形

图 2-133　内部挤压出多边形　　图 2-134　利用矩阵挤压制作出的杯柄模型

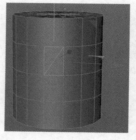

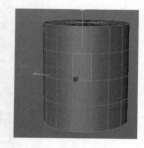

图 2-131 （多边形模式）下的快捷菜单　　图 2-135　三角化效果　　图 2-136　反三角化效果

2.6　毛发

毛发系统是 Cinema 4D R21 一个重要模块，用于创建动物的毛发、羽毛、绒毛等效果。本节将讲解添加和编辑毛发，以及设置毛发材质的方法。

1. 添加毛发

添加和编辑毛发的具体操作步骤如下：

①选择要添加毛发的对象，然后执行菜单中的"模拟|毛发对象|添加毛发"命令，即可为对象添加毛发，如图 2-137 所示。

②在毛发属性面板的"引导线"选项卡中可以设置毛发引导线的相关参数。

● 链接：用于设置毛发的对象。

● 数量：用于设置引导线在视图中显示的数量。

● 分段：用于设置引导线的分段。

● 长度：用于设置真实毛发实际的长度。

● 发根：用于设置发根生长的位置。

③在毛发属性面板的"毛发"选项卡中可以设置毛发的相关参数，如图 2-138 所示。

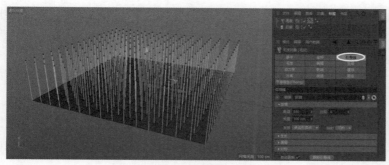
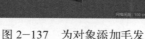

图 2-137　为对象添加毛发　　　　　　　图 2-138　"毛发"选项卡

- 数量：用于设置毛发的数量。
- 分段：用于设置毛发的分段，数值越大，产生的毛发越精细。

2. 编辑毛发

当给对象添加毛发后，材质栏中会自动产生一个"毛发材质"，如图 2-139 所示。双击"毛发材质"，进入图 2-140 所示的"材质编辑器"窗口，可以对毛发材质的""粗细"、"卷发"、"纠结"和"弯曲"等参数进行具体设置。

提示

对于设置毛发的颜色可以通过指定给毛发对象一个Octane材质来完成，具体操作可参见本书"5.3.3 赋予牙刷毛材质"。

图 2-139　材质栏中的"毛发材质"　　　图 2-140　"毛发材质"的材质编辑器

2.7　文件打包

当 C4D 模型、灯光和材质制作完成后，为了便于后面继续编辑，而不会出现打开文件时提示贴图丢失需要重新指定贴图的情况，一定要对制作好的 C4D 文件进行打包。打包 C4D 文件的具体操作步骤如下：

①执行菜单中的"文件 | 保存工程（包含资源）"命令，然后在弹出的"保存文件"对话框中指定文件要保存的位置和名称，如图 2-141 所示，单击 保存(S) 按钮。

图 2-141　指定打包文件要保存的位置和名称

②当文件打包好后，就可以看到打包好的文件夹，如图 2-142 所示。打开这个文件夹就可以看到其中包含 1 个子文件夹和 1 个 C4D 工程文件，如图 2-143 所示。其中"tex"文件夹用于存放 C4D 文件中使用的所有贴图。

图 2-142　打包的文件夹

图 2-143　打包文件夹中包含 2 个子文件夹和 1 个 C4D 工程文件

课 后 练 习

1. 填空题

（1）生成器通常作为＿＿级使用，变形器通常作为＿＿级使用。

（2）＿＿＿＿＿变形器可以对模型进行任意角度的弯曲，从而制作出拐杖、水龙头弯管等效果。

2. 选择题

（1）给创建二维文本添加（　）可以制作出三维文本。

　　A."挤压"生成器　B."对称"生成器　C."置换"生成器　D."锥化"生成器

（2）下列（　）用于对表面粗糙的模型进行平滑处理，使之变得更精细。

　　A."细分曲面"生成器　B."放样"生成器　C."扫描"生成器　D."挤压"生成器

3. 问答题

（1）简述给对象添加毛发的方法。

（2）简述打包文件的方法。

Octane渲染器基础知识 第3章

本章重点

Octane（简称OC）渲染器是一款GPU物理渲染器，Octane渲染不仅快速，而且可以完全实现交互，例如，当对场景的灯光、材质、摄像机进行调整后，用户可以实时获得渲染结果。学习本章，读者应掌握Octane渲染器的使用方法。

3.1 计算机参考配置

安装Octane渲染器之前首先要知道Octane渲染器对计算机配置有哪些要求，尤其是显卡的要求，如果计算机配置无法满足安装Octane渲染器的最低配置要求，是无法使用Octane渲染器的。下面就以在Cinema 4D R21中安装Octane 4.0渲染器为例，来讲解Octane渲染器对计算机配置有哪些要求。

● GPU（显卡）：必须是英伟达（NVDIA）显卡（包括GTX10、20、30系列显卡和RTX10、20、30系列显卡）

● 内存：8G以上

● 操作系统：Windows10、Windows11

在计算机中查看显卡型号的方法为：在桌面右击▇（此电脑）图标，从弹出的快捷菜单中选择"属性"命令，然后在弹出的界面中单击"设备管理器"，接着在弹出的界面中展开"显示适配器"，此时就可以看到当前计算机的显卡类型了，如图3-1所示。

图3-1　在计算机中查看显卡型号

3.2　Octane 渲染器的安装

在 Cinema 4D R21 中安装 Octane 渲染器和安装其余插件的方法是一样的，下面以在 Cinema 4D R21 中安装 Octane 水印学习版为例，来讲解 Octane 渲染器的安装方法，具体操作步骤如下：

①找到配套资源中的"插件 \C4D R21 通用的 OC　2020.1.5R4　中文汉化【水印学习版】\c4doctane"文件夹，如图 3-2 所示，按【Ctrl+C】组合键进行复制。

图 3-2　找到"c4doctane"文件夹

②进入 Cinema 4D R21 的安装目录（默认安装目录为 c：/Program Files/MAXON/Cinema 4D R21），然后找到"plugins"文件夹（如果没有该文件夹，可以新建一个名称为"plugins"的文件夹），再双击进入该文件夹，按【Ctrl+V】组合键进行粘贴，如图 3-3 所示。

图 3-3　在 plugins 文件夹中进行粘贴

③重新启动 Cinema 4D R21，即可在菜单栏中看到 Octane 菜单，如图 3-4 所示。

图 3-4　Octane 菜单

提示

Octane 水印学习版是官方提供的免费版，利用这个版本进行渲染时画面上会有水印，而且渲染尺寸只能是 1 000*600 像素的，不能渲染输出更大尺寸的高质量的图像。

3.3　自定义 Octane 用户界面

通常我们会将常用的 Octane 命令自定义为一个面板，从而提高工作效率。另外对于设置好的 Octane 面板，我们还可以将其保存为启动界面。

3.3.1　自定义 Octane 面板

①执行菜单中的"窗口 | 自定义布局 | 自定义命令"（【Shift+F12】组合键）命令，调出"自定义命令"对话框，如图 3-5 所示。

②单击 新建面板... 按钮，新建一个面板，然后在新建面板中左上方单击▉，如图 3-6 所示，再将其拖到"对象"面板左侧，此时会出现一条白色的竖线，如图 3-7 所示。接着松开鼠标，即可将新建面板停靠到"对象"面板左侧，如图 3-8 所示。

提示

如果要将停靠在"对象"面板中的新建面板提取出来，可以在新建面板中右击，从弹出的快捷菜单中选择"解锁"命令，即可将停靠在"对象"面板左侧的面板提取出来，如图 3-9 所示。

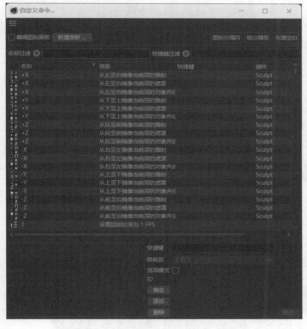

图 3-5　调出"自定义命令"对话框

图 3-6　在新建面板中左上方单击▉

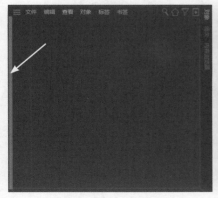

图 3-7　此时会出现一条白色的竖线

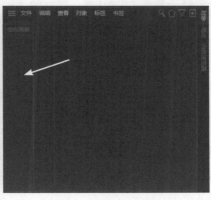

图 3-8　将新建面板停靠到"对象"
面板左侧

图 3-9　将停靠在"对象"
面板左侧的面板提取出来

③将常用的 Octane 命令放置到新建面板中。方法：在"自定义命令"对话框的"名称对象"右侧输入"oc"，此时会显示出所有与 oc 相关的命令，接着选择"Octane 摄像机"命令，如图 3-10 所示，再将其拖入新建面板中，如图 3-11 所示。

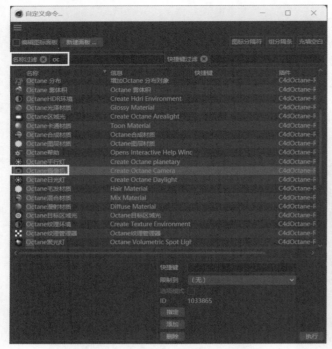

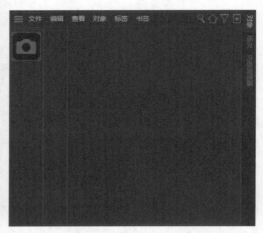

图 3-10　选择"Octane 摄像机"命令　　　　图 3-11　将"Octane 摄像机"命令拖入
新建面板中

④此时"Octane 摄像机"图标显示比例过大，在新建面板中右击，从弹出的快捷菜单中选择"图标尺寸 | 中图标"命令，如图 3-12 所示，此时新建面板中的"Octane 摄像机"图标显示比例就变小了，如图 3-13 所示。

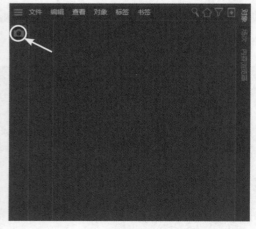

图 3-12　选择"图标尺寸 | 中图标"命令　　　图 3-13　"Octane 摄像机"图标显示比例变小

⑤同理，将"自定义面板"中的"OctaneHDR 环境"、"Octane 日光灯"、"Octane 区域光"、"Octane 目标区域光"、"Octane 漫射材质"、"Octane 光泽材质"、"Octane 透明材质"、"Octane 金属材质"、"Octane

混合材质"拖入新建面板中，如图 3-14 所示。

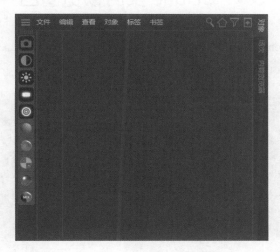

图 3-14　将常用 OC 命令拖入新建面板中

3.3.2　保存自定义 Octane 面板

此时自定义 Octane 面板后的界面在每次启动 Cinema 4D R21 后都要进行重新设置，很不方便，下面将自定义 Octane 面板后的界面保存起来，这样就不用每次启动 Cinema 4D R21 后重新设置了。保存自定义 Octane 面板后的界面有"另存布局为"和"保存为启动界面"两种方法。

1．将自定义 Octane 面板后的界面另存为一个布局

①执行菜单中的"窗口｜自定义布局｜另存布局为"命令，然后在弹出的"保存界面布局"对话框中将"文件名"设置为"OC"，如图 3-15 所示，单击"保存"按钮。

②在菜单栏右侧单击"界面"下拉列表，从中选择"OC（用户）"，即可将当前布局切换为"OC"布局，如图 3-16 所示。

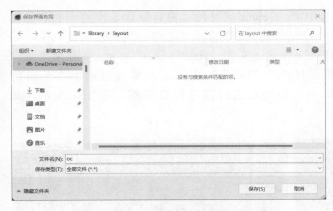

图 3-15　将"文件名"设置为"OC"

图 3-16　将"界面"设置为"OC（用户）"

2．将自定义 Octane 面板后的界面保存为启动界面

如果要将每次启动 Cinema 4D R21 后的界面显示为自定义 Octane 面板后的界面，可以将自定义 Octane 面板后的界面保存为启动界面。方法：执行菜单中的"窗口｜自定义布局｜保存为启动界面"命令，即可将自定义 Octane 面板后的界面保存为启动界面。

3.4　Octane 实时预览窗口

在图 3-17 所示的 Cinema 4D R21 工作界面中，执行菜单中的"Octane|Octane 实时预览窗口"命令，打开 Octane 实时预览窗口，如图 3-18 所示。

图 3-17　Cinema 4D R21 工作界面　　　　　　　　　图 3-18　Octane 实时预览窗口

Octane 实时预览窗口分为菜单栏、工具栏、预览区和状态栏四个部分。

1．菜单栏

菜单栏包括"文件"、"云端"、"对象"、"材质"、"比较"、"选项"、"帮助"和"界面"八个菜单，如图 3-19 所示。通过这些菜单中的相关命令可以完成对 Octane 渲染器（包括 Octane 摄像机、灯光、材质）的所有操作。

图 3-19　Octane 实时预览窗口的菜单栏

需要特别说明的是菜单栏左侧▤按钮的作用。Octane 实时预览窗口默认是作为一个单独窗口进行显示的，而为了便于同一工作界面中对视图进行操作的同时能够看到实时预览效果，需要将 Octane 实时预览窗口停靠在 Cinema 4D R21 视图区左侧。此时可以在 Octane 实时预览窗口左上方▤上按住鼠标左键，将其拖动到视图区的左侧，此时视图区左侧会显示出一条白色竖线，如图 3-20 所示。然后松开鼠标，即可将 Octane 实时预览窗口停靠在视图区左侧，如图 3-21 所示。

图 3-20　视图区左侧会显示出一条白色竖线　　　图 3-21　将 Octane 实时预览窗口停靠在视图区左侧

2．工具栏

工具栏位于菜单栏的下方，如图 3-22 所示。它将一些常用的命令以图标的方式显示在工具栏中，单击相应的图标，就可以执行相应的命令。

图 3-22 "Octane 实时预览窗口"工具栏

下面具体讲解常用工具的作用。

● ✿（发送场景并重新启动新渲染）：激活该按钮，可以开始渲染。

● ⟳（重新启动新渲染）：当场景比较复杂，"Octane 实时预览窗口"刷新出现延迟的时候，可以激活该按钮，可重新启动新渲染。

● ⏸（暂停渲染）：激活该按钮，将暂停渲染，此时状态栏中的渲染进度条会处于停止状态，如图 3-23 所示；取消激活该按钮，将继续进行渲染。

● ⓡ（停止并重置渲染数据）：当视图出现卡顿的情况，可以单击该按钮，释放显存。此时状态栏中的渲染进度条会消失，如图 3-24 所示。

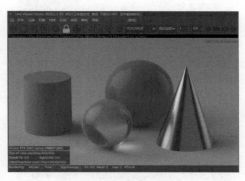

图 3-23 状态栏中的渲染进度条会处于停止状态　　图 3-24 状态栏中的渲染进度条消失的状态

● ✿（设置）：单击该按钮，会打开"Octane 设置"对话框。"Octane 设置"对话框的具体参数设置请参见"3.5.1 Octane 设置面板的相关参数"。

● ▦（锁定分辨率）：激活该按钮，切换为🔒状态，此时 Octane 实时预览窗口中将按输出尺寸的大小进行显示，通常状态下要激活该按钮。

● ◉（粘土模式）：激活该按钮，切换为黑色◉状态，此时 Octane 实时预览窗口中将显示黑白效果，如图 3-25 所示；再次单击黑色◉按钮，切换为灰色◉状态，此时 Octane 实时预览窗口中将显示彩色效果，但不显示反射和折射效果，如图 3-26 所示；再次单击灰色◉按钮，切换为◉状态，此时 Octane 实时预览窗口中将显示出带有反射和折射信息的彩色效果，如图 3-27 所示。

图 3-25 切换为黑色◉状态的　　图 3-26 切换为灰色◉状态的　　图 3-27 切换为黑色◉状态的
　　　　　 渲染效果　　　　　　　　　　 渲染效果　　　　　　　　　　 渲染效果

● ⊞（渲染区域）：激活该按钮，然后在预览区中拖拉出一个区域，即可只对该区域进行重新渲染，而对渲染区域以外的部分不进行重新渲染，效果如图3-28所示。通过这种渲染方式可以只渲染局部区域，从而加快渲染速度。

● ▣（胶片区域）：激活该按钮，然后在预览区中拖拉出一个区域，即可只对该区域进行重新渲染，而渲染区域以外的区域显示为黑色，效果如图3-29所示。

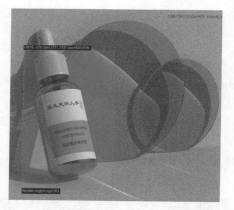

图3-28　激活 ⊞（渲染区域）进行渲染的效果　　　图3-29　激活 ▣（胶片区域）进行渲染的效果

● ⊙（焦点景深）：当在OctaneCamera属性面板中取消选中"自动对焦"复选框，并将"光圈"数值加大（此时设置为100），如图3-30所示，此时Octane实时预览窗口显示效果如图3-31所示。这时候激活 ⊙（焦点景深）按钮，然后在Octane实时预览窗口预览区圆锥上单击，即可以圆锥作为聚焦点，效果如图3-32所示。

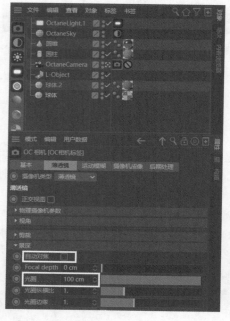

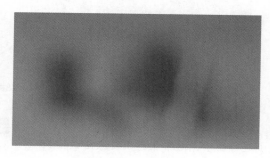

图3-31　显示效果

图3-30　设置 OctaneCamera 的参数　　　图3-32　以圆锥作为聚焦点的显示效果

● ▣（选择材质）：激活该按钮，然后在Octane实时预览窗口中单击要选择材质的物体（此时选择的是红色的球体），即可在材质栏中选择该材质，如图3-33所示。

● （渲染通道）：用于设置渲染通道。该下拉列表中有"直接照明"、"路径追踪"、"PMC"、"颜色"、"Alpha"、"Z深度"、"材质ID"、"UV"、"法线"和"线框"十种渲染通道可供选择，如图 3-34 所示，通常选择的是"路径追踪"。此外如果要使场景产生线框效果，则可以选择"线框"渲染通道，渲染效果如图 3-35 所示。

图 3-33　在材质栏中选择该材质　　　图 3-34　十种渲染方式　　图 3-35　选择"线框"渲染方式
的渲染效果

● （渲染精度和显示比例）：前面的数值框用于控制当前渲染图的渲染精度，通常将这个数值设置为 1；后面的数值框用于控制当前渲染图的缩放显示，在实际工作中通过调整这个参数来控制渲染图的缩放显示。

3．预览区

预览区位于工具栏的下方，用于实时预览。

4．状态栏

状态栏位于 Octane 实时预览窗口的底部，用于显示当前的渲染进度、渲染时间等参数，如图 3-36 所示。

Rendering: 12.267%　Ms/sec: 24.321　Time: 小时：分钟：秒/小时：分钟：秒　Spp/maxspp: 368/3000　Tri: 0/8k　Mesh: 6　Hair: 0　RTX:off

图 3-36　"Octane 实时预览窗口"状态栏

3.5　Octane 设置面板

本节分为 Octane 设置面板的相关参数和保存设置好的 OC 参数两部分进行讲解。

3.5.1　Octane 设置面板的相关参数

在 Octane 实时预览窗口工具栏中单击 ■（设置）按钮，打开"Octane 设置"对话框，如图 3-37 所示。"Octane 设置"对话框中包括"核心"、"摄像机成像"、"后期"和"设置"四个选项卡。

1．"核心"选项卡

"核心"选项卡如图 3-37 所示，主要参数含义如下：

● 渲染方式：包括"直接照明"、"信息通道"、"路径追踪"和"PMC"四个选项可供选择，常用的有"直接照明"和"路径追踪"两种渲染方式。其中"直接照明"是默认的渲染方式，该渲染方式用于快速渲染，但不会产生真实感的反射和折射效果；而"路径追踪"与"直接照明"相比，渲染时间会比较长，但可以产生真实的反射和折射效果，从而使用户获得具有物理准确性的逼真图像，因此通常选择的是"路径追踪"。图3-38为分别选择两种渲染方式的效果比较。

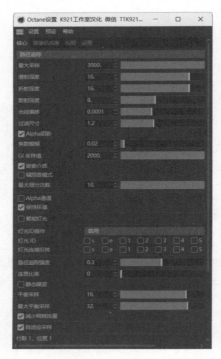

图 3-37 "Octane 设置"对话框

(a) 选择"直接照明"

(b) 选择"路径追踪"

图 3-38 选择不同渲染方式的效果比较

📖 提 示

下面是以选择"路径追踪"渲染方式为例，来讲解其余参数。

● 最大采样：用于设置渲染精度。数值越小，渲染速度越快，但渲染精度越低，产生的噪点也越多；数值越大，渲染速度越慢，渲染精度越高，产生的噪点越少。通常在预览时为了加快渲染速度，将"最大采样"的数值设置为500～800，而在最终渲染输出时，为了保证渲染精度，将"最大采样"的数值设置为2 500～3 000。图3-39为设置不同"最大采样"数值的效果比较。

(a) "最大采样"的"数值"为50

(b) "最大采样"的"数值"为3 000

图 3-39 设置不同"最大采样"数值的效果比较

● 漫射精度：用于设置光线在物体表面反射的次数。数值越大，光线反射次数越多，产生的效果越自然；数值越小，光线反射次数越少，产生的效果越生硬。图 3-40 为设置不同"漫射精度"数值的效果比较。

　　　(a)"漫射精度"的"数值"为 1　　　　　　　　(b)"漫射精度"的"数值"为 16

图 3-40　设置不同"漫射精度"数值的效果比较

● 折射精度：用于设置光线在透明物体内部折射的次数。数值越大，折射的次数越多；数值越小，折射的次数越少。图 3-41 为设置不同"折射精度"数值的效果比较。

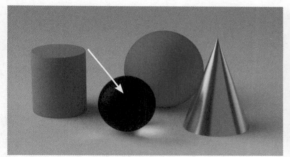

　　　(a)"折射精度"的"数值"为 1　　　　　　　　(b)"折射精度"的"数值"为 16

图 3-41　设置不同"折射精度"数值的效果比较

● 焦散模糊：用于制作焦散的模糊效果，通常将这个数值设置为 0.5。

● GI 采样值：用于去除折射产生的白色光点，通常将这个数值设置为 5。

● 自适应采样：选中该复选框，则渲染时只会重新渲染更新的区域，而没有更新的区域不会被重新渲染，从而会加快整体渲染速度。通常情况要选中该复选框。

2. "摄像机成像"选项卡

"摄像机成像"选项卡如图 3-42 所示，其中主要参数含义如下：

● 曝光：用于设置场景的曝光度。图 3-43 为设置不同"曝光"数值的效果比较。

● 滤镜：用于设置滤镜类型。图 3-44 为分别选择"Linear"和"DSCS315_2"两种滤镜的效果比较。

● 伽马值：用于按幂函数对亮度值重新分布，伽马就是指数。当"伽马值"大于 1 时，亮的更亮暗的更暗，可以抹掉一些弱信号；当"伽马值"小于 1 时，则相反，可以让较弱信号显示出来。通常将"滤镜"类型设置为"Linear"时，对应的要将"曝光"设置为 1，"伽马值"设置为 2.2。图 3-45 为将"滤镜"类型设置为"Linear"，将"曝光"设置为 1 后设置不同"伽马值"的效果比较。

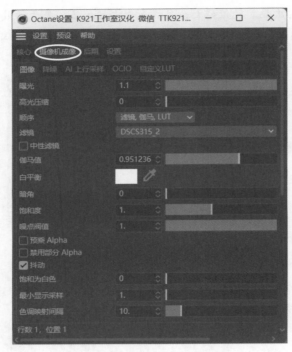

图 3-42 "摄像机成像"选项卡

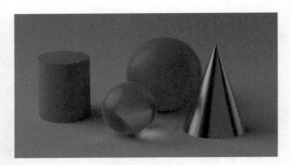

(a)"曝光"为 0.5

(b)"曝光"为 1.2

图 3-43 设置不同"曝光"数值的效果比较

(a)选择"Linear"滤镜

(b)选择"DSCS315_2"滤镜

图 3-44 设置不同滤镜的效果比较

(a)"伽马值"为 1

(b)"伽马值"为 2.2

图 3-45 不同"伽马值"的效果比较

3. "后期"选项卡

"后期"选项卡如图 3-46 所示。其中主要参数含义如下：

● 启用：选中该复选框后，在该选项卡中调整参数才会起作用。

● 辉光强度：用于设置发光强度。图 3-47 为设置不同"辉光强度"数值的效果比较。

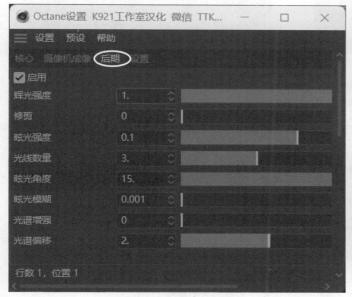

图 3-46 "后期"选项卡

(a) "辉光强度"为 1

(b) "辉光强度"为 10

图 3-47 设置不同"辉光强度"数值的
效果比较

● 眩光强度：用于设置类似于相机拍摄时产生的眩光效果，数值越大，产生的眩光效果越明显。图 3-48 为设置不同"眩光强度"的效果比较。

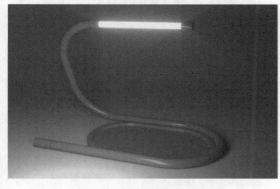

(a) "眩光强度"为 3

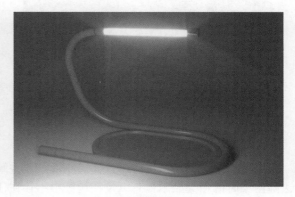

(b) "眩光强度"为 6

图 3-48 设置不同"眩光强度"数值的效果比较

● 光线数量：用于设置眩光的数量，数值越大，产生的眩光越多。图 3-49 为设置不同"光线数量"的效果比较。

● 眩光角度：用于设置产生的眩光的角度。图 3-50 为设置不同"眩光角度"的效果比较。

● 光谱增强：用于设置眩光产生彩色效果，取值范围在 0 ～1 之间。图 3-51 为设置不同"光谱增强"数值的效果比较。

　　　　　(a)"光线数量"为 3　　　　　　　　　　　(b)"光线数量"为 6

图 3-49　设置不同"光线数量"数值的效果比较

　　　　　(a)"眩光角度"为 0　　　　　　　　　　　(b)"眩光角度"为 30

图 3-50　设置不同"眩光角度"数值的效果比较

 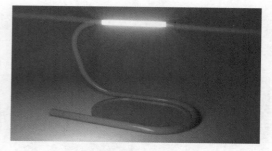

　　　　　(a)"光谱增强"为 0　　　　　　　　　　　(b)"光谱增强"为 1

图 3-51　设置不同"光谱增强"数值的效果比较

4."设置"选项卡

　　"设置"选项卡如图 3-52 所示,下面主要讲解去除渲染时的相关显示信息以及在场景中不存在任何光源和 HDR 的情况下,改变 Octane 默认渲染背景颜色的方法。

　　(1)去除渲染时的相关显示信息

　　Octane 渲染器渲染时会在左下方显示出显卡、渲染进度等信息,如图 3-53 所示。如果要在渲染时去除这些显示信息,可以在"设置"选项卡的"其他"子选项卡中取消选中"纹理状态"、"渲染

图 3-52　"设置"选项卡

信息"和"Gpu 状态"复选框,如图 3-54 所示,此时 Octane 渲染器渲染时就不会在左下方显示出相关信息了,如图 3-55 所示。

图 3-53 显示出显卡、渲染进度等信息

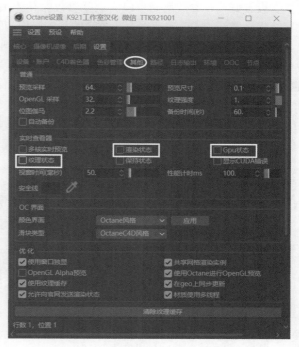

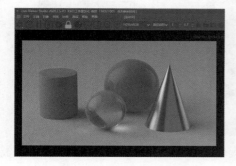

图 3-55 去除相关渲染信息的显示

图 3-54 取消选中"纹理状态"、"渲染信息"和"Gpu 状态"复选框

(2) 在场景中不存在任何光源和 HDR 的情况下,改变 Octane 默认渲染背景颜色

在"设置"选项卡的"环境"子选项卡中单击颜色块,然后设置一种背景颜色,如图 3-56 所示,此时 Octane 渲染时的背景颜色就被显示为设置好的颜色了,如图 3-57 所示。

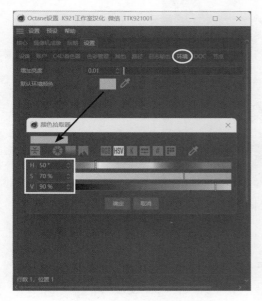

图 3-56 设置一种背景颜色

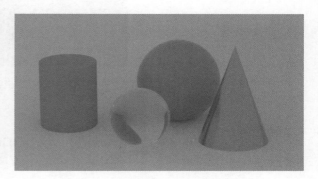

图 3-57 背景显示为设置好的颜色

3.5.2 将设置好的 Octane 参数保存为预设

当设置好 OC 参数后，可以将这些参数保存为预设，以便以后直接调用，而不用每次进行重新设置。将设置好的 OC 参数保存为预设的具体操作步骤如下：

①在"Octane 设置"对话框中执行菜单中的"预设|添加新的预设"命令，如图 3-58 所示。然后在弹出的对话框中输入要保存的预设名称（此时输入的是"oc 预览"），如图 3-59 所示，再单击 [添加预设] 按钮，即可将当前设置好的 OC 参数保存为预设，如图 3-60 所示。

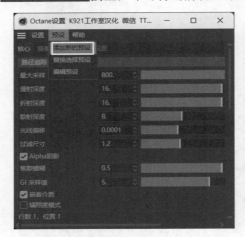

图 3-58 执行"预设|添加新的预设"命令　图 3-59 输入要保存的　图 3-60 保存好的 OC 预设参数
预设名称

②在"Octane 设置"对话框中执行菜单中的"预设|oc 预览"命令，如图 3-61 所示，即可调出"oc 预览"预设的相关参数。

图 3-61 执行"预设|oc 预览"命令

3.6 Octane 摄像机

本节分为在场景中创建 Octane 摄像机和调整 Octane 摄像机两部分。

3.6.1　在场景中创建 Octane 摄像机

在 Octane 实时预览窗口中执行菜单中的"对象|Octane 摄像机"命令，或者在设置好的 Octane 面板中单击 （Octane 摄像机）按钮，如图 3-62 所示，即可在场景中创建一个 Octane 摄像机，如图 3-63 所示。

图 3-62　单击 ■（Octane 摄像机）按钮

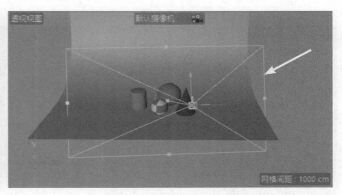

图 3-63　在场景中创建一个 Octane 摄像机

3.6.2　调整 Octane 摄像机

在"对象"面板中单击 OctaneCamera 后面的 ■ 按钮，切换为 ● 状态，如图 3-64 所示，从而进入摄像机视角，此时 OctaneCamera 属性面板如图 3-65 所示，视图显示如图 3-66 所示。

图 3-64　进入摄像机视角

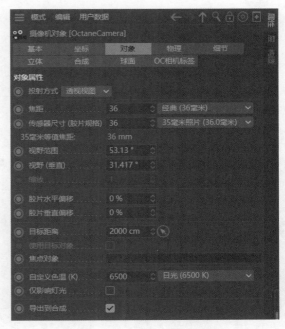

图 3-65　OctaneCamera 属性面板

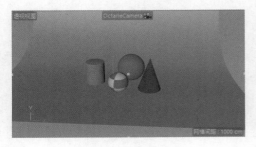

图 3-66　视图显示

提示

只有进入摄像机视角，设置的摄像机才会起作用。

下面介绍常用的设置摄像机焦距和利用参考线对齐场景中对象的方法。

1. 设置摄像机焦距

在"对象"面板中选择 OctaneCamera，然后进入属性面板的"对象"选项卡，再单击"焦距"右侧下拉列表框，从中选择一种焦距，通常选择的是"电视（135 毫米）"，如图 3-67 所示。图 3-68 为将"焦距"设置为"电视（135 毫米）"的视图显示效果。

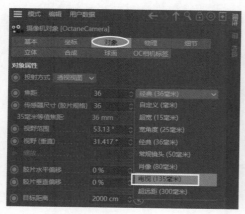

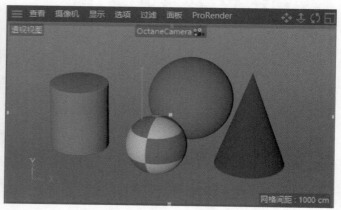

图 3-67　选择的是"电视（135 毫米）"　　　图 3-68　将"焦距"设置为"电视（135 毫米）"的视图显示
效果

提示

"焦距"数值越大，透视越小。

2. 利用参考线对齐场景中对象

在"对象"面板中选择 OctaneCamera，然后进入属性面板的"合成"选项卡，选中"网格"和"对角线"复选框，如图 3-69 所示，此时视图中会出现网格"和"对角线"辅助线。接着在视图中按住键盘上的【Alt】键＋鼠标左键来调整视图，使场景中的对象位于视图区的中央，如图 3-70 所示。

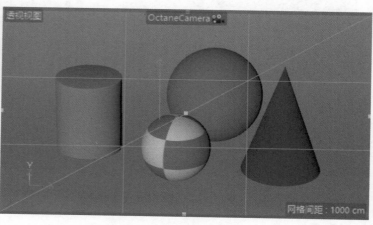

图 3-69　选中"网格"和"对角线"　　　　图 3-70　使场景中的对象位于视图区的中央
复选框

在调整好 Octane 摄像机后，为了防止对当前视图进行旋转、移动等误操作，通常要给 Octane 摄像机添加一个"保护"标签。方法：在"对象"面板中右击 OctaneCamera，从弹出的快捷菜单中选择"装配标签|保护"命令即可。

3.7　Octane 灯光

Octane 灯光系统是 Octane 的重要组成部分。本节将讲解常用的 Octane 日光灯、Octane HDR 环境、Octane 区域光和 Octane 目标区域光。

3.7.1　Octane 日光灯

Octane 日光灯可以模拟出自然界中不同时间的太阳光，如清晨、中午、傍晚的光线，因此适合室外渲染。此外 Octane 还可以与 HDR 结合使用。

下面通过一个小案例来讲解 Octane 日光灯的使用方法。

①执行菜单中的"文件|打开"命令，打开配套资源中的"源文件\第 3 章 Octane 渲染器基础知识\传送带\传送带 .c4d"文件，然后在"Octane 实时预览窗口"中执行菜单中的"对象|灯光|Octane 日光灯"命令，或者在设置好的 Octane 面板中单击 ❄ （Octane 日光灯）按钮，如图 3-71 所示，即可给场景中添加一个"Octane 日光灯"，如图 3-72 所示，此时"Octane 实时预览窗口"的渲染效果如图 3-73 所示。

②此时日光效果并不理想，下面利用 ◎ （旋转工具）将视图中的"Octane 日光灯"X 轴和 Y 轴旋转一定角度，渲染效果如图 3-74 所示。

图 3-71　单击 ❄ （Octane 日光灯）按钮

图 3-72　给场景中添加一个"Octane 日光灯"

图 3-73　渲染效果

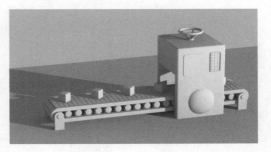

图 3-74　将视图中的"Octane 日光灯"旋转一定角度后的渲染效果

📖 **提 示**

旋转X的数值为负值，表示太阳升起。

当在"对象"面板中选择"OctaneDayLight"后面的 ▨（日光标签），如图3-75所示，此时就可以在属性面板中对"Octane日光灯"的相关参数进行设置了。"Octane日光灯"属性面板中主要参数含义如下：

● 天空浑浊度：用于调整太阳光的浑浊度，默认数值为2.2。当数值低于2.2时，会产生类似于晴天产生的清晰的阴影效果；当数值高于2.2时，会产生类似于雾霾天产生的模糊的阴影效果。图3-76为设置不同"天空浑浊度"数值的效果比较。

图3-75 "Octane日光灯"属性面板

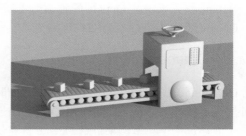

(a)"天空浑浊度"数值为2

(b)"天空浑浊度"数值为5

图3-76 设置不同"天空浑浊度"数值的效果比较

● 功率：用于设置太阳光的亮度。

● 太阳强度：用于设置天空颜色和太阳颜色的混合程度。

● 向北偏移：用于调整太阳光在水平方向上的角度，产生效果与在视图中沿Y轴旋转"Octane日光灯"一样。

● 太阳大小：用于调整太阳的大小。该数值越高，产生的阴影越模糊；数值越低，产生的阴影越清晰。图3-77为设置不同"太阳大小"数值的效果比较。

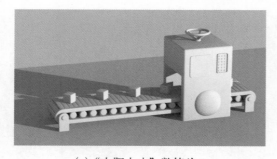

(a)"太阳大小"数值为1

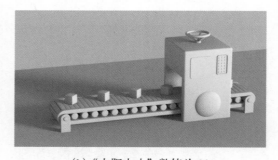

(b)"太阳大小"数值为30

图3-77 设置不同"太阳大小"数值的效果比较

- 天空颜色：用于设置天空的颜色。
- 太阳颜色：用于设置太阳光的颜色。
- 混合天空纹理：在场景中同时存在 Octane 日光灯与 Octane HDR 环境的情况下，选中该复选框，可以使 Octane 日光灯与 Octane HDR 环境对场景均起作用。而未选中该复选框，则只有 Octane 日光灯对场景起作用。

提示

在添加 Octane 日光灯后默认产生的阴影都会很清晰，此时可以通过适当增大"太阳大小"的数值使产生的阴影变得更自然。

3.7.2　Octane HDR 环境

Octane HDR 环境是利用 HDR 贴图模拟出自然界中真实的光照效果。

下面通过一个小案例讲解 Octane HDR 环境的使用方法。

①执行菜单中的"文件 | 打开"命令，打开配套资源中的"源文件 \ 第 3 章 Octane 渲染器基础知识 \ 茶杯 \ 茶杯（添加 HDR 前）.c4d"文件。

②在"Octane 实时预览窗口"中执行菜单中的"对象 | 灯光 | Octane HDR 环境"命令，或者在设置好的 Octane 面板中单击■（Octane HDR 环境）按钮，如图 3-78 所示，即可给场景中添加一个"Octane HDR 环境"。此时由于场景中没有任何光源，因此"Octane 实时预览窗口"的渲染效果是纯黑的。

③指定 HDR 环境贴图来模拟自然界真实的光照效果。方法：在 OctaneSky 属性面板中单击■按钮，进入驾驶舱，如图 3-79 所示，然后按【Shift+F8】组合键，在弹出的"内容浏览器"中选择"HDR 预设"文件夹中的"真实室内模拟 .hdr"贴图，再将其拖到属性面板的■中，如图 3-80 所示，即可将"真实室内模拟 .hdr"贴图指定给场景，此时渲染效果如图 3-81 所示。

图 3-78　单击■（OctaneHDR 环境）按钮

图 3-79　进入驾驶舱

提示1

内容浏览器中"HDR 预设"的安装方法为：选择配套资源中的"插件 \HDR 预设 \HDR.lib4d"文件，然后按【Ctrl+C】组合键进行复制，再打开 Cinema 4D R21 安装目录下的 browser 文件夹（默认位置为 C:/Program Files/Cinema 4D R21/library/browser），按【Ctrl+V】组合键进行粘贴，接着重新启动 Cinema 4D R21，即可在内容浏览器中看到 "HDR 预设" 文件夹。

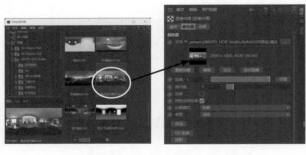

图 3-80　指定 "真实室内模拟 .hdr" 贴图　　　　　　图 3-81　渲染效果

提示2

指定 HDR 环境贴图必须进入驾驶舱，在 "着色器" 选项卡中进行指定，而不能在 "主要" 选项卡中指定。

提示3

除了可以在 "内容浏览器" 中指定 HDR 环境贴图外，还可以在 "着色器" 选项卡中单击▦▦按钮，在弹出的图 3-82 所示的 "打开" 对话框中选择一张 HDR 环境贴图，单击 "打开" 按钮，从而将其指定给场景。

图 3-82　选择一张 HDR 环境贴图

④此时从渲染效果可以看出，整个场景带有 "真实室内模拟 .hdr" 贴图中的黄色，这是错误的，下面就来去除黄色。方法：在属性面板中将 "类型" 由 "法线" 改为 "数值"，如图 3-83 所示，此时 "真实室内模拟 .hdr" 中的黄色就被去除了，渲染效果如图 3-84 所示。

图 3-83　将 "类型" 由 "法线" 改为 "数值"　　　　　　图 3-84　渲染效果

⑤改变 HDR 环境贴图的光照方向。方法：单击属性面板上方的■按钮，回到上一级，然后调整"旋转 X"的数值，如图 3-85 所示，使 HDR 环境贴图的光照方向在水平方向上发生旋转，渲染效果如图 3-86 所示。

图 3-85　调整"旋转 X"的数值

图 3-86　渲染效果

提示

"功率"用于调整 HDR 环境的亮度；"旋转 X"用于调整 HDR 环境贴图在 X 轴上的旋转；"旋转 Y"用于调整 HDR 环境贴图在 Y 轴上的旋转。

3.7.3　Octane 区域光

Octane 区域光通常作为补光来弥补 HDR 环境贴图无法照亮场景中某些局部的问题，从而增强整个场景的光感。下面通过一个小案例来讲解一下区域光的使用方法。

①执行菜单中的"文件|打开"命令，打开配套资源中的"源文件\第 3 章 Octane 渲染器基础知识\幸运球\幸运球（添加区域光前）.c4d"文件，此时场景中使用的是 HDR 环境贴图来模拟真实环境中的光照效果，渲染效果如图 3-87 所示。

图 3-87　渲染效果

②从渲染效果可以看出整个场景，但此时整个场景的光感不是很强，下面通过在场景中添加 Octane 区域光来解决这个问题。方法：在 Octane 实时预览窗口中执行菜单中的"对象|灯光|Octane 区域光"命令，或者在设置好的 Octane 面板中单击■（Octane 区域光）按钮，如图 3-88 所示，即可给场景中添加一个"Octane 区域光"，如图 3-89 所示。

图 3-88　单击 ▣（Octane 区域光）按钮

图 3-89　给场景中添加一个"Octane 区域光"

③利用 ✛（移动工具）将场景中的"Octane 区域光"向右侧移动到不可见的位置，此时渲染效果如图 3-90 所示。

图 3-90　将场景中的"Octane 区域光"向右侧移动到不可见的位置

④此时从渲染效果可以看出整个场景的光线发青，下面就来解决这个问题。方法：在属性面板的"主要"选项卡中将"类型"由"黑体"改为"纹理"，如图 3-91 所示，此时光线就正常了，渲染效果如图 3-92 所示。

图 3-91　将"类型"由"黑体"改为"纹理"

图 3-92　渲染效果

⑤此时区域光的亮度过强，下面在属性面板的"灯光设置"选项卡中将"功率"由 100 减小为 15，如图 3-93 所示，此时整个场景的光线就自然了，渲染效果如图 3-94 所示。

图 3-93　将 "功率" 由 100 减小为 15

图 3-94　渲染效果

3.8　Octane 材质

Octane 渲染器拥有自己独立的材质系统，Octane 材质系统与 Cinema 4D 自带的材质并不兼容，如果要使用 Octane 渲染器进行渲染，必须使用 Octane 的材质，而不能使用 Cinema 4D 的材质。本节将介绍几种常用的 Octane 材质和 Octane 节点编辑器。

3.8.1　Octane 常用材质

在 "Octane 实时预览窗口" 中执行菜单中的 "材质 | 创建" 下的相关命令，如图 3-95 所示，可以创建出 "Octane 漫射材质"、"Octane 光泽材质"、"Octane 透明材质"、"Octane 金属材质"、"Octane 通用材质"、"Octane 毛发材质"、"Octane 卡通材质"、"Octane 混合材质"、"Octane 合成材质"、"Octane 图层材质" 和 "Octane 门户材质" 十一种材质。下面就来介绍 "Octane 漫射材质"、"Octane 光泽材质"、"Octane 透明材质"、"Octane 金属材质" 和 "Octane 混合材质" 这五种常用的 Octane 材质。

1．Octane 漫射材质

（1）创建 Octane 漫射材质

执行菜单中的 "材质 | 创建 | Octane 漫射材质" 命令，或者在设置好的 Octane 面板中单击 （Octane 漫射材质）按钮，即可在材质栏中创建一个 "Octane 漫射材质"，如图 3-96 所示。

图 3-95　"材质 | 创建" 下的相关命令

图 3-96　创建一个 "Octane 漫射材质"

（2）将"Octane 漫射材质"指定给对象

将"Octane 漫射材质"指定给对象有以下三种方法。

● 将"Octane 漫射材质"拖给"Octane 实时预览窗口"中的相应模型，如图3-97所示。

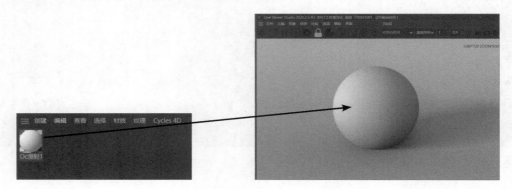

图3-97　将"Octane 漫射材质"拖给"Octane 实时预览窗口"中的相应模型

● 将"Octane 漫射材质"拖给视图区的相应模型，如图3-98所示。

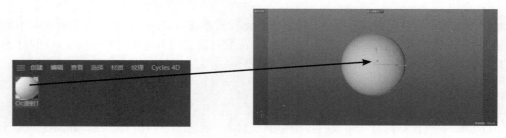

图3-98　将"Octane 漫射材质"拖给视图区的相应模型

● 将"Octane 漫射材质"拖给"对象"面板中的相应对象，如图3-99所示。

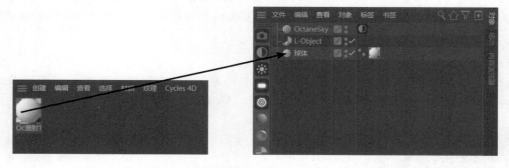

图3-99　将"Octane 漫射材质"拖给"对象"面板中的相应对象

（3）编辑"Octane 漫射材质"

编辑"Octane 漫射材质"有以下两种方法：

● 在材质栏中选择创建的"Octane 漫射材质"，然后在右侧图3-100所示的属性面板中对其参数进行编辑。

● 在材质栏中双击"Octane 漫射材质"，然后在弹出的图3-101所示的"材质编辑器"窗口中对其参数进行编辑。

下面以"材质编辑器"窗口为例，来介绍"Octane 漫射材质"的主要参数。

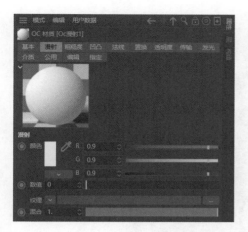

图 3-100　在属性面板中对材质参数进行设置

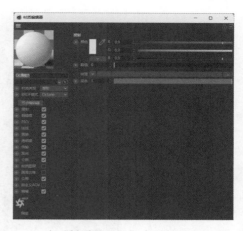

图 3-101　在"材质编辑器"中对材质参数进行设置

● 漫射：用于设置 Octane 漫射材质的颜色和纹理。图 3-102 为将"漫射"颜色设置为红色的渲染效果。

图 3-102　将"漫射"颜色设置为红色的渲染效果

● 粗糙度：用于设置 Octane 漫射材质表面的粗糙度。

● 凹凸：通过在纹理通道中加载贴图来控制 Octane 漫射材质表面的凹凸效果。

● 法线：通过在纹理通道中加载贴图来模拟出 Octane 漫射材质表面详细的凹凸痕迹。与"凹凸"相比，"法线"产生的凹凸效果的细节会更强。

● 置换：通过黑白纹理贴图在模型表面模拟出真实的凹凸效果。与"凹凸"和"法线"不同的是"置换"贴图会改变模型的形状。

● 透明度：可以理解为 Alpha 通道，用于设置 Octane 漫射材质的透明度。

● 传输：用于模拟出类似于纸张、树叶、透明塑料等物体的半透明效果。

● 发光：用于模拟出物体的自发光效果。

2. Octane 光泽材质

Octane 光泽材质可以模拟具有反射特性的物体表面（如瓷器、塑料等）。创建"Octane 光泽材质"、将"Octane 光泽材质"指定给对象和编辑"Octane 光泽材质"的方法与 Octane 漫射材质一样，这里不再赘述，下面介绍图 3-103 所示的"Octane 光泽材质"材质编辑器的主要参数。

● 镜面：用于设置物体表面高光的颜色。

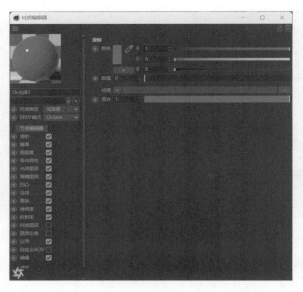

图 3-103 "Octane 光泽材质"材质编辑器

- 粗糙度：用于设置物体表面的粗糙程度。图 3-104 为设置不同"粗糙度"数值的效果比较。
- 各向异性：用于设置具体方向性的高光区域。

(a)"粗糙度"数值为 0　　　　　　　　(b)"粗糙度"数值为 0.1

图 3-104　设置不同"粗糙度"数值的效果比较

- 光泽图层：用于设置物体表面反光面积的大小。图 3-105 为设置不同"光泽图层"数值的效果比较。

(a)"光泽图层"数值为 0　　　　　　　　(b)"光泽图层"数值为 1

图 3-105　设置不同"光泽图层"数值的效果比较

- 薄膜图层：用于设置物体表面的彩色效果。

● 折射率：用于控制物体表面的反射强度，数值越高，物体表面反射强度越强。

3．Octane 透明材质

Octane 透明材质可以模拟物体的透明效果（如玻璃、水等）。创建"Octane 透明材质"，将"Octane 透明材质"指定给对象和编辑"Octane 透明材质"的方法与 Octane 漫射材质一样，这里不再赘述，下面介绍图 3-106 所示的"Octane 透明材质"材质编辑器的主要参数。

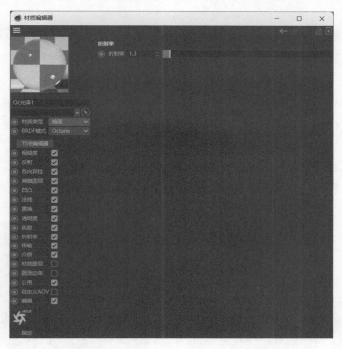

图 3-106　"Octane 透明材质"材质编辑器

● 粗糙度：用于设置物体表面的粗糙度。

● 薄膜图层：用于设置物体表面的彩色效果。图 3-107 为设置不同"薄膜图层"数值的效果比较。

　　(a)"薄膜图层"数值为 0　　　　　　　　　　(b)"薄膜图层"数值为 0.26

图 3-107　设置不同"薄膜图层"数值的效果比较

● 色散：用于制作灯光照射到物体表面，材质产生的色彩分离效果。

● 折射率：用于设置物体表面的折射效果。数值越高，物体表面反射强度越强。图 3-108 为设置不同"折射率"数值的效果比较。

（a）"折射率"数值为 1.3　　　　　　　　（b）"折射率"数值为 1.6

图 3-108　设置不同"折射率"数值的效果比较

● 传输：用于设置透明物体的颜色。图 3-109 为将"传输"颜色设置为绿色的效果。

4．Octane 金属材质

Octane 金属材质可以模拟金属效果。创建"Octane 金属材质"，将"Octane 金属材质"指定给对象和编辑"Octane 金属材质"的方法与 Octane 漫射材质一样，这里不再赘述，下面介绍图 3-110 所示的"Octane 金属材质"材质编辑器的主要参数。

图 3-109　将"传输"颜色设置为绿色的效果　　　图 3-110　"Octane 金属材质"材质编辑器

● 镜面：用于设置金属的颜色。图 3-111 为设置不同"镜面"颜色的效果比较。

（a）"镜面"颜色为青绿色　　　　　　　　（b）"镜面"颜色为黑色

图 3-111　设置不同"镜面"颜色的效果比较

- 粗糙度：用于设置金属的粗糙度，数值为 0，会产生一种类似镜子的效果。
- 折射率：用于设置金属表面的折射效果。

5. Octane 混合材质

Octane 混合材质可以模拟金属效果。创建 "Octane 混合材质"，将 "Octane 混合材质" 指定给对象和编辑 "Octane 混合材质" 的方法与 Octane 漫射材质一样，这里不再赘述，下面介绍图 3-112 所示的 "Octane 混合材质" 材质编辑器的主要参数。

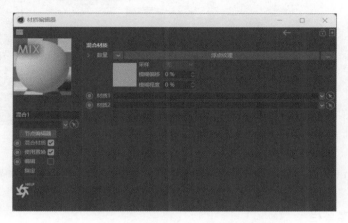

图 3-112　"Octane 混合材质" 材质编辑器

- 混合材质：用于指定两种材质以及它们的混合数量。
- 使用置换：用于指定黑白图像或程序纹理来产生置换效果。

3.8.2　Octane 节点编辑器

节点编辑器和传统的层级编辑器相比，有着操作性和逻辑性更加清晰直观的特点，从而提高用户的工作效率。在 "材质编辑器" 窗口中单击 节点编辑器 按钮，如图 3-113 所示，即可进入 "节点编辑器" 窗口，如图 3-114 所示。

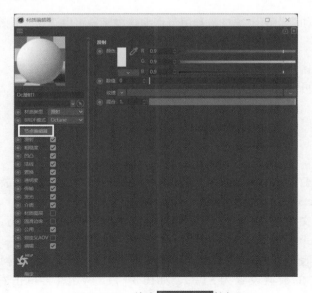

图 3-113　单击 节点编辑器 按钮

节点编辑器菜单栏

节点过滤器

节点属性面板

材质节点

节点编辑浏览区

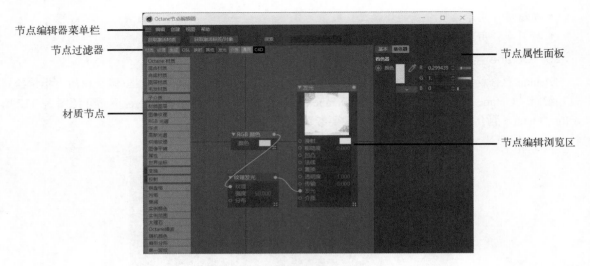

图 3-114　节点编辑器

节点编辑器分为节点编辑器菜单栏、节点过滤器、材质节点、节点编辑浏览区和节点属性面板五个部分。

1. 节点编辑器菜单栏

节点编辑器菜单栏包括"编辑"、"创建"、"视图"和"帮助"四个菜单，通过执行菜单中的相关命令可以完成对节点编辑器的相关操作。

2. 节点过滤器

节点过滤器包括"材质"、"纹理"、"生成"、"OSL"、"映射"、"其他"、"发光"、"介质"、"通用"和"C4D"十种节点类型。

3. 材质节点

在节点过滤器中激活哪种节点类型，左侧就会显示出相应的材质节点。

4. 节点编辑浏览区

每个节点都有输入和输出两个端口，利用节点编辑浏览器可以连接、观察和修改相关节点信息。

5. 节点属性面板

当在节点编辑浏览区中选择某个节点，在右侧节点属性面板中就会显示出其相关属性。通过调整节点属性的相关参数可以对相关材质节点进行更改。

3.9　Octane 渲染输出

在整个场景模型、灯光和材质制作完成之后，接下来就要对场景进行最终的渲染输出。下面通过一个小案例来讲解 Octane 渲染输出的步骤。

①执行菜单中的"文件│打开"命令，打开配套资源中的"源文件\第 3 章 Octane 渲染器基础知识\手机\手机 .c4d"文件。

②在"Octane 实时预览窗口"工具栏中单击 ![设置] （设置）按钮，然后在弹出的"Octane 设置"对话框中将"最大采样"的数值设置为 3 000，如图 3-115 所示，再单击右上方的 ✕ 按钮，关闭"Octane 设置"对话框。

提示

在预览时将"最大采样"的数值设置的小一些（通常设置为800），是为了加快预览速度，而在最终输出时，为了保证输出的精度，需要将"最大采样"的数值调大（通常设置为2 500～3 000）。

③在 Cinema 4D 工具栏中单击 ⚙️（编辑渲染设置）按钮，打开"渲染设置"对话框，如图 3-116 所示。

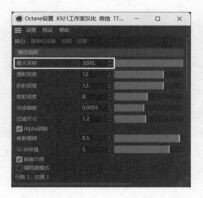

图 3-115　将"最大采样"的数值设置为 3 000　　　　　图 3-116　"渲染设置"对话框

④在"渲染设置"对话框中将"渲染器"类型设置为"Octane 渲染器"，在左侧选择"输出"，再在右侧设置输出的"宽度"和"高度"，如图 3-117 所示。

图 3-117　设置输出尺寸

⑤在左侧选择"Octane 渲染器"，然后在右侧进入"渲染 AOV 组"选项卡，如图 3-118 所示。该选项卡中的主要参数含义如下：

● 启用：选中该复选框后，渲染后的图片才会自动保存到指定的文件夹中，通常要选中该复选框。

● 渲染通道文件：单击右侧的 ■ 按钮，从弹出的对话框中可以选择要保存文件的存储位置和名称。

● 格式：用于设置保存文件的类型，通常选择的是"PSD"（Photoshop 的格式）。

● 深度：用于设置保存文件的颜色深度，有"8Bit/Channel"、"16Bit/Channel"和"32Bit/Channel"三个选项可供选择，数值越大，保存文件的颜色信息越多，通常选择的是"16Bit/Channel"。

● 保存渲染图：选中该复选框，才会保存渲染后的彩色图像；未选中该复选框，则只会渲染输出通道，而不会保存渲染后的彩色图像，因此通常要选中该复选框。

● "基础通道"选项组：用于设置要渲染的反射、折射等基础通道类型，通常选中"反射"复选框。

● "信息通道"选项组：用于设置要渲染输出的信息通道类型，通常选中"材质ID"复选框。

图 3–119 为设置好相关参数后的"渲染 AOV 组"选项卡。

图 3–118　进入"渲染 AOV 组"选项卡　　　图 3–119　设置好相关参数后的"渲染 AOV 组"
选项卡

⑥单击右上方的 ✕ 按钮，关闭"渲染设置"对话框。然后在工具栏中单击 ▶（渲染到图片查看器）按钮，打开"图片查看器"窗口，即可进行最终的渲染输出，渲染完成后效果如图 3–120 所示。

⑦在"资源管理器"中打开前面设置好的输出文件保存的位置，即可看到"手机 .psd"文件，如图 3–121 所示。

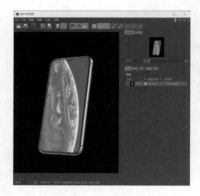

图 3–120　最终渲染效果　　　　　　　　图 3–121　输出的"手机 .psd"文件

课 后 练 习

（1）简述自定义 Octane 用户界面的方法。
（2）简述设置 Octane 参数并将其保存为预设的方法。
（3）简述给场景添加 Octane HDR 环境的方法。
（4）简述 Octane 常用材质的相关参数含义。
（5）简述 Octane 节点编辑器的构成。

矿泉水展示场景　第4章

本章重点

本章将制作矿泉水展示场景，如图 4-1 所示。本章重点如下：

图 4-1　矿泉水展示场景

1．矿泉水的建模技巧（利用"螺旋"变形器制作瓶身模型中的螺旋结构和利用"内部挤压"、"挤压"等命令制作瓶盖模型中的防滑结构）；

2．HDR 灯光和 OC 材质的调节；

3．OC 输出渲染；

4．Photoshop 后期处理。

制作流程

本例制作过程分为制作矿泉水展示场景的模型，设置文件输出尺寸，在场景中添加 OC 摄像机和 HDR，赋予场景模型材质，OC 渲染输出和利用 Photoshop 进行后期处理五个部分。

4.1　制作矿泉水展示场景的模型

本节分为制作瓶身模型、瓶盖模型和地面背景三部分。

4.1.1　制作瓶身模型

制作瓶身模型分为制作出瓶身的大体模型、制作瓶身的顶部结构、制作瓶身上的螺旋结构和制作瓶底的凹陷效果四个部分。

1．制作出瓶身的大体模型

①在工具栏 ![]（立方体）工具上按住鼠标左键，从弹出的隐藏工具中选择 ![]，从而在视图中创建一个圆盘。为了便于观看线段分布，执行视图菜单中的"显示|光影着色（线条）"（快捷键是【N+B】）命令，将其以光影着色（线条）的方式进行显示。然后在属性面板"对象"选项卡中将"圆盘分段"设置为 3、"旋转分段"设置为 32，效果如图 4-2 所示。

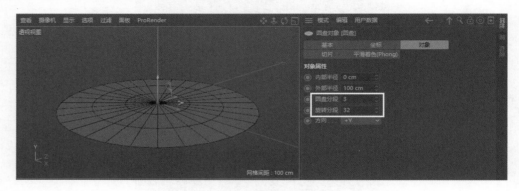

图 4-2　创建圆盘

②在编辑模式工具栏中单击 ![]（转为可编辑对象）按钮（快捷键是【C】），将圆盘转为可编辑对象。

③在顶视图中放置一张参考图作为参照。方法：按【F2】键，切换到顶视图，然后按【Shift+V】组合键，在属性面板"背景"选项卡中单击"图像"右侧的 ![] 按钮，从弹出的对话框中选择配套资源中的"源文件 \ 第 4 章矿泉水展示场景 \tex\ 矿泉水顶视图参考图 .tif"图片，如图 4-3 所示，单击"打开"按钮，此时顶视图中就会显示出背景图片，如图 4-4 所示。

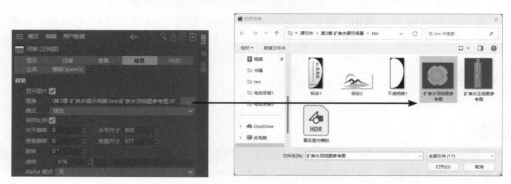

图 4-3　指定背景图片

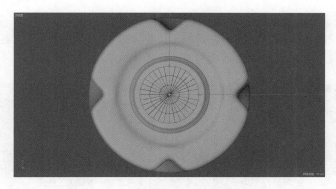

图 4-4　在顶视图中显示背景图片

　　④此时背景图片尺寸过大,在属性面板"背景"选项卡中将"水平尺寸"设置为 290,使之与圆盘进行匹配。为了便于后续操作,将背景图片的"透明"设置为 90%,如图 4-5 所示,效果如图 4-6 所示。

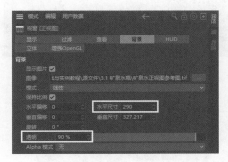

图 4-5　设置背景图片的"水平尺寸"和"透明"

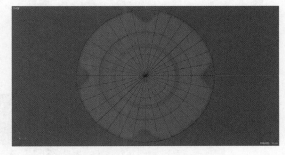

图 4-6　将背景图片的"透明"设置为 90% 的效果

　　⑤制作瓶身上的四个凹痕。方法:进入 ▣(点模式),利用 ▣(框选工具)框选圆盘垂直和水平方向上的四个顶点,再利用 ▣(缩放工具),配合【Shift】键,将它们缩放为原来的 80%,效果如图 4-7 所示。

　　⑥对模型进行平滑处理。方法:按住键盘上的【Alt】键,单击工具栏中的 ▣(细分曲面)工具,给圆盘添加一个"细分曲面"生成器的父级,效果如图 4-8 所示。

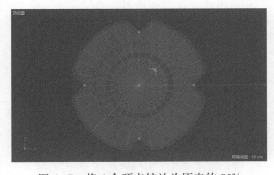

图 4-7　将 4 个顶点缩放为原来的 80%

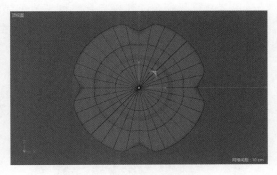

图 4-8　细分曲面效果

　　⑦此时与背景图相比,圆盘的四个凹痕边缘不是很硬朗,下面就来解决这个问题。方法:在"对象"面板中关闭"细分曲面"的显示,选择"圆盘",如图 4-9 所示,再在视图中右击,从弹出的快捷菜单中选择"线性切割"(快捷键是【K+K】)命令,接着在上方凹痕左侧切割出两条边,如

图 4-10 所示。再进入 ▣（边模式），选择切割后夹角中间的一条边，如图 4-11 所示，右击，从弹出的快捷菜单中选择"融解"命令，将其融解掉，如图 4-12 所示。最后在"对象"面板中恢复"细分曲面"的显示，此时上方凹痕左侧明显比右侧硬朗了，如图 4-13 所示。

图 4-9　关闭"细分曲面"的显示，选择"圆盘"　　　　　　图 4-10　切割出两条边

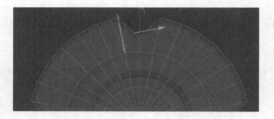

图 4-11　选择边　　　　　　　　　　　　图 4-12　"融解"边的效果

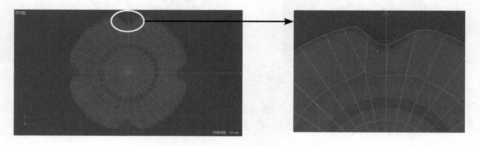

图 4-13　恢复细分曲面显示后的效果

提示

利用"融解"命令，可以只融解边，而保留顶点，从而不改变模型的外形；而"消除"命令，则会在消除边的同时去除相应的顶点，此时模型的外形会发生改变，图 4-14 为"融解"和"消除"边的效果比较。

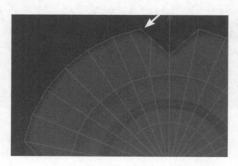

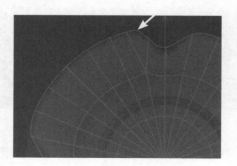

（a）"融解"边的效果　　　　　　　　　　（b）"消除"边的效果

图 4-14　"融解"和"消除"边的效果比较

⑧将上层凹痕的左侧结构对称复制到右侧。方法：在"对象"面板中关闭"细分曲面"的显示，再在 ▦（边模式）下，利用 ✛（移动工具）在垂直边上双击，从而选中垂直的边，如图 4-15 所示，然后配合键盘上的【Shift】键加选另外的边，如图 4-16 所示。接着执行菜单中的"选择|填充选择"（快捷键是【U+F】）命令，再在两条边之间单击，从而填充两条边之间的区域，如图 4-17 所示。最后执行菜单中的"选择|反选"（快捷键是【U+I】）命令，反选模型，再按【Delete】键删除模型，效果如图 4-18 所示。

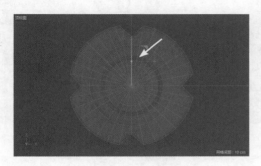

图 4-15　选中垂直的边

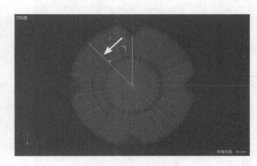

图 4-16　加选另外的边

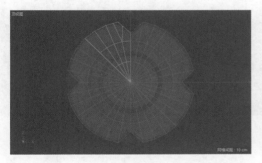

图 4-17　填充两条边之间的区域

图 4-18　删除多余模型的效果

⑨按住【Alt】键，在工具栏 ◉（细分曲面）工具上按住鼠标左键，从弹出的隐藏工具中选择 ◖ 对称，给圆盘添加一个"对称"生成器的父级，如图 4-19 所示，从而将上层凹痕的左侧结构对称复制到右侧，效果如图 4-20 所示。

图 4-19　给圆盘添加一个"对称"生成器的父级

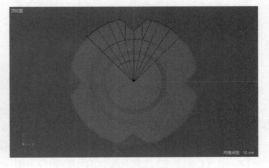

图 4-20　"对称"后的效果

⑩克隆出整个矿泉水瓶的横截面结构。方法：按住键盘上的【Alt】键，单击工具栏中的 ❀（克隆）工具，给"对称"添加一个"克隆"生成器的父级，然后再在属性面板中将"模式"设置为"放射"，"数量"设置为 4，如图 4-21 所示，效果如图 4-22 所示。

⑪在"对象"面板中恢复"细分曲面"的显示，此时会看到克隆后的模型之间会出现裂痕，如图 4-23 所示，这是因为模型之间是相互断开的，按住【Alt】键，然后在工具栏 🔳（细分曲面）工具上按住鼠标左键，从弹出的隐藏工具中选择 🔳 连接，给从而给"克隆"添加一个"连接"生成器的父级，如图 4-24 所示，此时模型之间的裂痕就消失了，效果如图 4-25 所示。

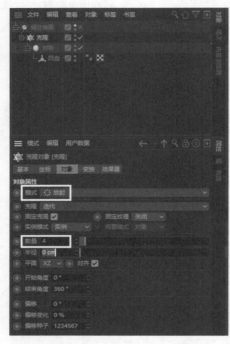

图 4-21　设置"克隆"参数

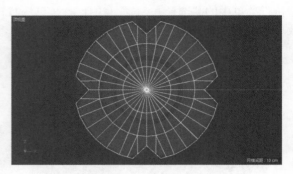

图 4-22　"克隆"后的效果

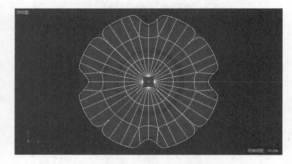

图 4-23　模型之间出现的裂痕

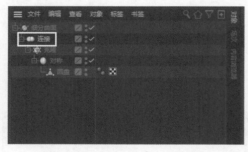

图 4-24　选择"连接"工具

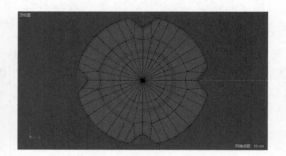

图 4-25　模型之间裂痕消失后的效果

⑫为了便于后续操作，在矿泉水瓶横截面上添加一圈边。方法：在"对象"面板中选择"克隆"以下的所有对象，右击，从弹出的快捷菜单中选择"连接对象 + 删除"命令，将它们转为一个可编辑对象，然后关闭"细分曲面"的显示，利用 🔳（移动工具）在横截面中双击，从而选中中间的一圈边，如图 4-26 所示。接着右击，从弹出的快捷菜单中选择"滑动"（快捷键是【M+O】）命令，再按住【Ctrl】键，将圈边向内滑动复制出一圈边，并在属性面板中将滑动"偏移"的数值设置为 −3 cm，效果如图 4-27 所示。

⑬在正视图中放置一张背景图作为参照。方法：按【F4】键，切换到正视图，然后按【Shift+V】组合键，在属性面板"背景"选项卡中单击"图像"右侧的 🔳 按钮，从弹出的对话框中选择配套资源中的"源文件 ＼ 第 4 章矿泉水展示场景 ＼tex＼ 矿泉水正视图参考图 .tif"图片，单

击"打开"按钮，此时正视图中就会显示出背景图片，如图 4-28 所示。

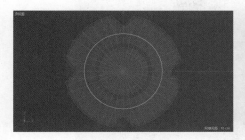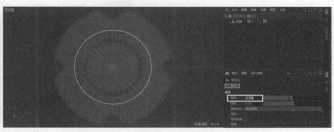

图 4-26　选中中间的一圈边　　　　图 4-27　向内滑动复制出一圈边的效果

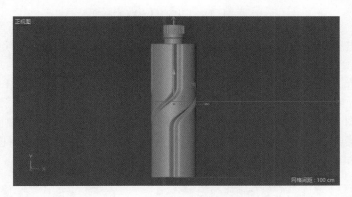

图 4-28　在正视图中显示背景图片

⑭此时背景图片横截面尺寸过大，在属性面板"背景"选项卡中将"水平尺寸"设置为 640，使之与瓶身横截面模型进行匹配。然后将"垂直偏移"的数值设置为 342，使背景图的底部与瓶身横截面模型进行匹配，接着将背景图片的"透明"设置为 90%，如图 4-29 所示，效果如图 4-30 所示。

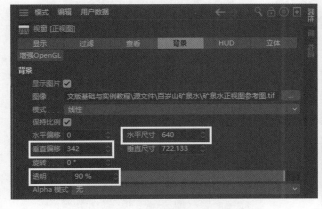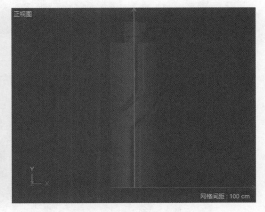

图 4-29　设置背景图片的参数　　　　图 4-30　设置背景图片参数后的效果

⑮挤压出矿泉水瓶的高度。方法：进入（多边形模式），按【Ctrl+A】组合键，选择所有的多边形，然后单击右键，从弹出的快捷菜单中选择"挤压"（快捷键是【D】）命令，再在视图中对其进行挤压处理，并在属性面板中将挤压"偏移"设置为 600 cm，并选中"创建封顶"复选框，此时在正视图中可以看到挤压后的高度和背景图中的瓶身高度大体是一致的，如图 4-31 所示。

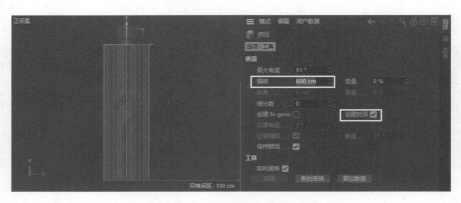

图 4-31　挤压出矿泉水瓶的高度

⑯对瓶身两端进行倒角处理。方法：进入 （边模式），执行菜单中的"选择 | 循环选择"（快捷键是【U+L】）命令，再选择瓶身顶部边缘的一圈边，接着配合【Shift】键，加选底部边缘的一圈边，如图 4-32 所示。右击，从弹出的快捷菜单中选择"倒角"（快捷键是【M+S】）命令，再在视图中对这两圈边进行倒角处理，并在属性面板中将"倒角模式"设置为"实体"，倒角"偏移"的数值设置为 8 cm，如图 4-33 所示，效果如图 4-34 所示。最后在"对象"面板中恢复"细分曲面"的显示，再执行视图菜单中的"显示 | 光影着色"（快捷键是【N+A】）命令，将模型以光影着色的方式进行显示，效果如图 4-35 所示。

图 4-32　选择瓶身顶部和底部的一圈边

图 4-33　设置倒角参数

图 4-34　倒角效果

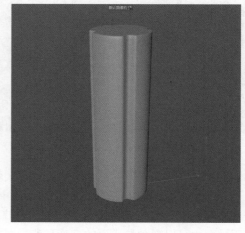

图 4-35　恢复"细分曲面"的显示

2．制作瓶身的顶部结构

①制作瓶身顶部的凹痕效果。方法：在"对象"面板中关闭"细分曲面"的显示，然后选择"连接"，如图 4-36 所示，再进入 ▣（多边形模式），利用 ◉（实体选择工具）选择瓶身顶部最内的两圈多边形，如图 4-37 所示，接着利用 ⊞（移动工具）将其沿 Y 轴向下移动的同时，按住键盘上的【Shift】键，将其向下移动 3 cm，效果如图 4-38 所示，最后在"对象"面板中恢复"细分曲面"的显示，效果如图 4-39 所示。

图 4-36　选择"连接"

图 4-37　选择瓶身顶部最内的两圈多边形

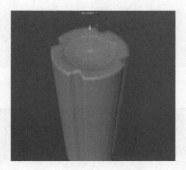

图 4-38　沿 Y 轴向下移动 3 cm

图 4-39　恢复"细分曲面"显示后的效果

②制作瓶口的结构。方法：在"对象"面板中关闭"细分曲面"的显示，然后选择"连接"，执行菜单中的"选择 | 收缩选区"命令，从而选中瓶身顶部最内的一圈多边形，如图 4-40 所示，再按【Delete】键删除这圈多边形，效果如图 4-41 所示。接着进入 ▣（边模式），利用 ▣（缩放工具）在瓶身顶部开口处双击，从而选中开口处的一圈边，如图 4-42 所示。最后按【F4】键，切换到正视图，再参考背景图的瓶口尺寸，利用 ▣（缩放工具）将其缩放为原来的 125%，效果如图 4-43 所示。

图 4-40　选中瓶身顶部最内的一圈多边形

图 4-41　删除多边形

图 4-42　选中开口处的一圈边

图 4-43　将其缩放为原来的 125%

③利用 (移动工具)，按住【Ctrl】键，将这圈边沿 Y 轴向上移动的同时，按住【Shift】键，将这圈边向上挤压 33 cm，如图 4-44 所示。

④制作瓶口处的凸起结构。方法：在视图中右击，从弹出的快捷菜单中选择"循环／路径切割"（快捷键是【K+L】）命令，参考背景图在瓶盖凸起位置切割出两圈边，如图 4-45 所示。接着再在这两条边之间再切割出一圈边，并单击 按钮，将其居中对齐，如图 4-46 所示。最后利用 (缩放工具) 在这圈边上双击，从而选中这圈边，再将这圈边缩放为原来的 125%，如图 4-47 所示。

图 4-44　向上挤压 33 cm 的效果

图 4-45　参考背景图在瓶盖凸起位置切割出两圈边

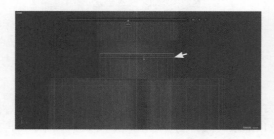

图 4-46　切割出一圈边并居中对齐

图 4-47　缩放为原来的 125% 的效果

提　示

在 (点模式)、 (边模式) 和 (多边形模式) 下均可使用"循环/路径切割"工具。

⑤制作瓶口凸起部分转折处的倒角效果。方法：利用 (移动工具) 在凸起部分上面的转折处双击，从而选中转角处的一圈边，然后配合【Shift】键加选凸起部分下面转折处的一圈边，如图 4-48 所示。右击，从弹出的快捷菜单中选择"倒角"（快捷键是【M+S】）命令，再在视图中对这两圈边进行倒角处理，并在属性面板中将"倒角模式"设置为"实体"，倒角"偏移"的数值设置为 1 cm，如图 4-49 所示，效果如图 4-50 所示。

⑥制作瓶口底部转折处的转角效果。方法：按【F1】键，切换到透视视图，利用 (移动工具) 在凸起部分上面的转折处双击，从而选中转角处的一圈边，如图 4-51 所示，接着右击，从弹出的快捷菜单中选择"倒角"（快捷键是【M+S】）命令，再在视图中对这圈边进行倒角处理，并在属性面板中将"倒角模式"设置为"实体"，倒角"偏移"的数值设置为 3 cm，效果如图 4-52 所示。最后在"对象"面板中恢复"细分曲面"的显示，效果如图 4-53 所示。

图 4-48　选中凸起部分转折处上下两圈边

图 4-49　设置倒角参数

图 4-50　倒角效果

图 4-51　选中转角处的一圈边

图 4-52　倒角效果

图 4-53　恢复"细分曲面"的显示效果

3．制作瓶身上的螺旋效果

①按【F4】键，切换到正视图，然后按【H】键，将其在正视图中最大化显示。

②在瓶身上添加 30 圈水平边。方法：在"对象"面板中关闭"细分曲面"的显示，选择"连接"，在视图中右击，从弹出的快捷菜单中选择"循环／路径切割"（快捷键是【K+L】）命令，接着在瓶身上单击，从而切割出一圈边，再在属性面板中将"切割数量"设置为 30，如图 4-54 所示，效果如图 4-55 所示。

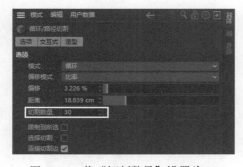

图 4-54　将"切割数量"设置为 30

图 4-55　将"切割数量"设置为 30 的效果

③制作瓶身中间的螺旋效果。按住键盘上的【Shift】键，在工具栏 （扭曲）工具上按住鼠标左键，从弹出的隐藏工具中选择 ，从而给"连接"添加一个"螺旋"变形器的子集。然后在属

性面板中将"尺寸"中间的数值设置为 120 cm，并将"角度"的数值设置为 100，如图 4-56 所示，效果如图 4-57 所示。最后按【F1】键，切换到透视视图，效果如图 4-58 所示。

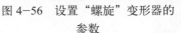
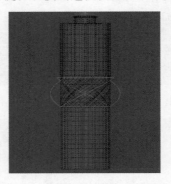

图 4-56　设置"螺旋"变形器的　　图 4-57　设置"螺旋"变形器参　　图 4-58　透视视图的显示效果
　　　　　参数　　　　　　　　　　　　数后的效果

④此时螺旋位置的过渡有些生硬，如图 4-59 所示，下面就来解决这个问题。方法：在"对象"面板中同时选择"连接"和"螺旋"，右击，从弹出的快捷菜单中选择"连接对象＋删除"命令，将它们转为一个可编辑对象。然后利用 ⌀（旋转工具）在螺旋结构上方双击，从而选中螺旋结构上方的一圈边，再根据螺旋结构的走向将其沿 Y 轴旋转一定角度，如图 4-60 所示。同理，选择螺旋结构下方的一圈边，再将其沿 Y 轴旋转一定角度，如图 4-61 所示。最后在"对象"面板中恢复"细分曲面"的显示，此时螺旋位置的过渡就很自然了，如图 4-62 所示。

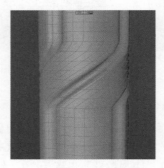
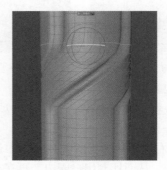

图 4-59　螺旋位置的过渡有些生硬　　　　图 4-60　将螺旋结构上方的一圈边沿 Y
　　　　　　　　　　　　　　　　　　　　　　　　　轴旋转一定角度

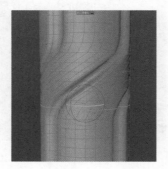
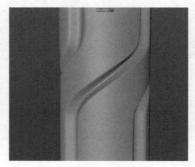

图 4-61　将螺旋结构下方的一圈边沿 Y　　　图 4-62　恢复"细分曲面"显示的效果
　　　　　轴旋转一定角度

4．制作瓶底的凹陷效果

①在透视视图中按住【Alt】键，将视图旋转到瓶身的底部，然后在"对象"面板中关闭"细分曲面"的显示，选择"连接"，如图 4-63 所示。

②为了便于后面的操作，在瓶底添加一圈边。方法：在视图中右击，从弹出的快捷菜单中选择"循环／路径切割"（快捷键是【K+L】）命令，接着在瓶底滑动复制的两条边之间单击，从而切割出一圈边，并单击▥按钮，将其居中对齐，如图 4-64 所示。

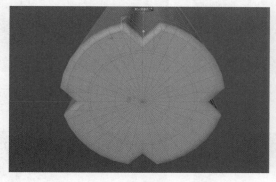
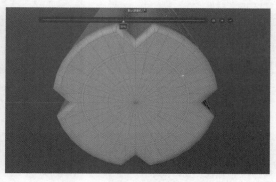

图 4-63　将视图旋转到瓶身的底部　　　　图 4-64　切割出一圈边并居中对齐

③进入▣（多边形模式），利用◉（实体选择工具）选择瓶身底部最内的两圈多边形，如图 4-65 所示，接着利用✚（移动工具）将其沿 Y 轴向上移动的同时，按住键盘上的【Shift】键，将其向上移动 12 cm，效果如图 4-66 所示，最后利用▣（缩放工具）将其缩放为原来的 70%，效果如图 4-67 所示。

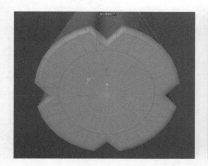

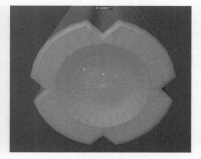

图 4-65　选择瓶身底部最内的两　　图 4-66　将两圈多边形沿 Y 轴向　　图 4-67　将两圈多边形缩放为原
　　　　　圈多边形　　　　　　　　　　　　　上移动 12 cm　　　　　　　　　来的 70%

④执行菜单中的"选择|收缩选区"命令，从而选中瓶身底部最内的一圈多边形，如图 4-68 所示。然后利用▣（缩放工具）将其缩放为原来的 70%，如图 4-69 所示，再利用✚（移动工具），按住【Ctrl】键，将其沿 Y 轴向上挤压 10 cm，如图 4-70 所示。接着利用▣（缩放工具）将其缩放为原来的 40%，如图 4-71 所示，再利用✚（移动工具），按住【Ctrl】键将其沿 Y 轴向下挤压 5 cm，如图 4-72 所示。最后在变换栏中将"尺寸"的 X、Y、Z 的数值均设置为 0，从而形成底部的封口效果，如图 4-73 所示。

⑤制作底部转折处的倒角效果。方法：进入▣（边模式），利用✚（移动工具）选择底部最内的两圈边，如图 4-74 所示，右击，从弹出的快捷菜单中选择"倒角"（快捷键是【M+S】）命令，再在视图中对这圈边进行倒角处理，并在属性面板中将"倒角模式"设置为"实体"，倒角"偏移"的数值设置为 1 cm，如图 4-75 所示，效果如图 4-76 所示。

⑥在"对象"面板中恢复"细分曲面"的显示，然后按住【Alt】键＋鼠标中键，调整视图角度，效果如图 4-77 所示。

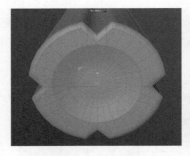

图 4-68　选中瓶身底部最内的一
圈多边形

图 4-69　缩放为原来的 70%

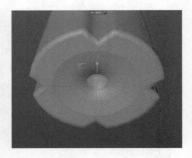

图 4-70　沿 Y 轴向上挤压 10 cm

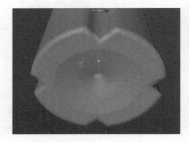

图 4-71　缩放为原来的 40%

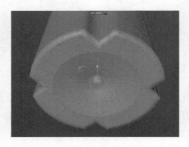

图 4-72　沿 Y 轴向下挤压 5 cm

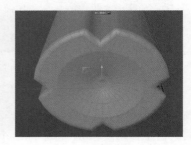

图 4-73　底部的封口效果

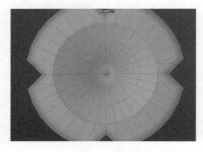

图 4-74　选择底部最内的两圈边

图 4-75　设置倒角参数

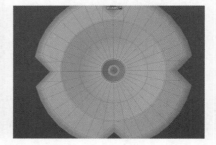

图 4-76　倒角效果

⑦至此，矿泉水瓶身模型制作完毕，将视图旋转到合适角度，如图 4-78 所示。为了便于区分，在"对象"面板中将"细分曲面"重命名为"瓶身"，如图 4-79 所示。

图 4-77　瓶底的效果

图 4-78　将视图旋转到合适角度

图 4-79　将"细分曲面"重命名
为"瓶身"

4.1.2　制作瓶盖模型

①按【F4】键，切换到正视图。为了便于对照参考图进行操作，按【Shift+V】组合键，在属性面板的"背景"选项卡中将"透明"设置为70%，效果如图4-80所示。

②在正视图中创建一个圆柱，然后在属性面板中将圆柱的"半径"设置为45 cm，"高度"设置为40 cm，"高度分段"设置为1，"旋转分段"设置为90，再进入"封顶"选项卡，取消选中"封顶"复选框，接着将其对照参考图移动到瓶盖的位置，如图4-81所示。

视频

矿泉水展示
场景 2.mp4

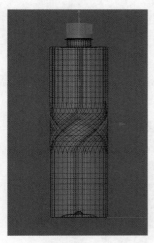

图4-80　将背景图"透明"设置为
　　　　 70%的效果

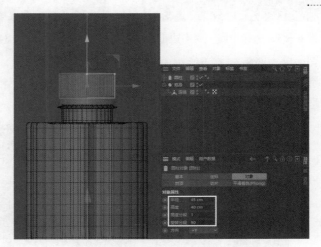

图4-81　设置圆柱参数并将其放置到瓶盖的位置

③在编辑模式工具栏中单击 （转为可编辑对象）按钮（快捷键是【C】），将圆盘转为可编辑对象。

④在圆柱的上下各切割出一圈边。方法：进入 （点模式），然后按快捷键【K+L】，切换到"循环／路径切割"工具，再在属性面板中选中"镜像切割"复选框，接着在圆柱上单击，即可在圆柱上下各切割出一圈边，再在属性面板中将"偏移"数值设置为96%，如图4-82所示。

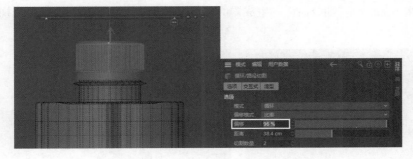

图4-82　在圆柱的上下各切割出一圈边

⑤制作瓶盖上的防滑结构。方法：进入 （多边形模式），执行菜单中的"选择|循环选择"（快捷键是【U+L】）命令，选择中间一圈多边形，如图4-83所示。然后在视图中右击，从弹出的快捷菜单中选择"内部挤压"（快捷键是【I】）命令，接着在属性面板中取消选中"保持群组"复选框，再对这圈多边形向内进行挤压，并在属性面板中将"偏移"数值设置为0.3 cm，效果如图4-84所示。

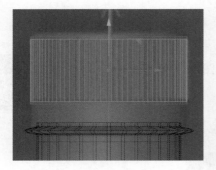

图 4-83　选择中间一圈多边形

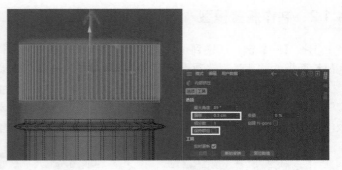

图 4-84　将多边形向内挤压 0.3 cm

⑥同理，将这圈多边形再次向内挤压 0.3 cm。

⑦将这圈多边形挤压出一定厚度。方法：在视图中右击，从弹出的快捷菜单中选择"挤压"（快捷键是【D】）命令，将这圈多边形向外挤压 1 cm，如图 4-85 所示。

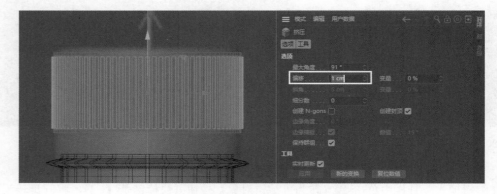

图 4-85　将这圈多边形向外挤压 1 cm

⑧为了稳定结构，按【K+L】组合键，切换到"循环／路径切割"工具，在这圈多边形上下各切割出一圈边，如图 4-86 所示。

⑨给瓶盖添加平滑效果。方法：按住键盘上的【Alt】键，单击工具栏中的 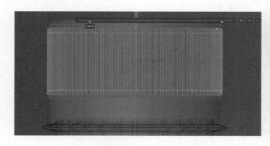（细分曲面）工具，从而给圆柱添加一个"细分曲面"生成器的父级。然后按【F1】键，切换到透视视图来观看效果，如图 4-87 所示。

图 4-86　在这圈多边形上下各切割出一圈边

图 4-87　细分曲面效果

⑩制作瓶盖下方向外凸起的结构。方法：在"对象"面板中关闭"细分曲面"的显示，执行菜单中的"选择｜循环选择"（快捷键是【U+L】）命令，再选择瓶盖下方的一圈多边形，如图 4-88 所示。接着右击，从弹出的快捷菜单中选择"挤压"（快捷键是【D】）命令，将其向外进行挤压，并在属性面板中将挤压"偏移"的数值设置为 1.5 cm，效果如图 4-89 所示。

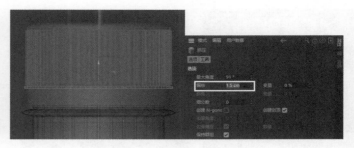

图 4-88 选择瓶盖下方的一圈多边形　　　　图 4-89 向外挤压 1.5 cm

⑪制作瓶盖下方与瓶口相接的结构。方法：按【F1】键，切换到透视视图，进入 （边模式），利用 （移动工具）在瓶盖顶部双击，从而选中瓶盖底部的一圈边，如图 4-90 所示。接着按快捷键【F4】，切换到正视图，再按住【Ctrl】键，将其沿 Y 轴向下挤压，使之与瓶身凸起位置的上面边缘相接，如图 4-91 所示。

图 4-90 选中瓶盖底部的一圈边　　　图 4-91 向下挤压使之与瓶身凸起位置的上面边缘相接

⑫制作瓶口的厚度。方法：利用 （缩放工具），配合【Ctrl】键，将这圈边向内进行缩放挤压，使之与瓶口宽度大体一致，如图 4-92 所示。然后利用 （移动工具），按住【Ctrl】键，将其沿 Y 轴向上挤压 7 cm，效果如图 4-93 所示。

图 4-92 将这圈边向内进行缩放挤压，使之与
瓶口宽度大体一致　　　　　　图 4-93 沿 Y 轴向上挤压 7 cm

⑬制作瓶盖底部的倒角效果。方法：按【F1】键，切换到透视视图，在编辑模式工具栏中单击 （视窗单击独显）按钮，从而在视图中只显示出瓶盖模型。再利用 （移动工具），配合【Shift】键，同时选择瓶盖底部的两圈边，如图 4-94 所示，右击，从弹出的快捷菜单中选择"倒角"（快捷键是【M+S】）命令，再在视图中对这圈边进行倒角处理，并在属性面板中将"倒角模式"设置为"实体"，倒角"偏移"的数值设置为 1 cm，效果如图 4-95 所示。最后在"对象"面板中恢复"细分曲面"的显示，效果如图 4-96 所示。

图 4-94　瓶盖底部的两圈边　　图 4-95　实体倒角 1 cm 的效果　图 4-96　恢复"细分曲面"的显示效果

⑭制作瓶盖顶部的封口效果。方法：在"对象"面板中关闭"细分曲面"的显示，选择"圆柱"，利用 ⊕（移动工具）在瓶盖顶部双击，从而选中瓶盖顶部边缘的一圈边，如图 4-97 所示。接着按【F4】键，切换到正视图，按住【Ctrl】键，将其沿 Y 轴向上挤压 3 cm，再利用 ⊟（缩放工具），将其缩放为原来的 95%，效果如图 4-98 所示。最后按【F1】键，切换到透视视图，如图 4-99 所示，再利用 ⊟（缩放工具），配合【Ctrl】键，将其向内缩放挤压两次，如图 4-100 所示，并在变换栏中将"尺寸"的 X、Y、Z 的数值均设置为 0，如图 4-101 所示，从而制作出瓶盖顶部的封口效果，如图 4-102 所示。

图 4-97　选中瓶盖顶部边缘的一圈边　　图 4-98　缩放为原来的 95%　图 4-99　切换到透视视图

图 4-100　向内缩放挤压两次　　图 4-101　将"尺寸"的 X、Y、Z 的　图 4-102　瓶盖顶部的封口效果
　　　　　　　　　　　　　　　　　　　数值均设置为 0

⑮制作瓶盖顶部的倒角效果。方法：利用 ⊕（移动工具），配合【Shift】键，同时选择瓶盖顶部的两圈边，如图 4-103 所示，右击，从弹出的快捷菜单中选择"倒角"（快捷键是【M+S】）命令，再在视图中对这圈边进行倒角处理，并在属性面板中将"倒角模式"设置为"实体"，倒角"偏移"的数值设置为 1 cm，效果如图 4-104 所示。最后在"对象"面板中恢复"细分曲面"的显示，效果如图 4-105 所示。

图 4-103　同时选择瓶盖顶部的两　　图 4-104　实体倒角 1 cm 的效果　　图 4-105　恢复"细分曲面"的显
　　　　　　圈边　　　　　　　　　　　　　　　　　　　　　　　　　　　　　　　　　示效果

⑯在编辑模式工具栏中单击 （关闭视窗独显）按钮，在视图中显示出所有模型，如图 4-106 所示。然后为了便于区分，再在"对象"面板中将"细分曲面"重命名为"瓶盖"，如图 4-107 所示。

⑰在"对象"面板中选择所有的对象，按【Alt+G】组合键，将它们组成一个组，并将组的名称重命名为"矿泉水瓶"，如图 4-108 所示。

图 4-107　将"细分曲面"重命名为"瓶盖"

图 4-106　在视图中显示出所有模型　　　图 4-108　将组的名称重命名为"矿泉水瓶"

⑱至此，矿泉水的模型制作完毕。执行菜单中的"文件|保存项目"命令，将其保存为"矿泉水（白模）.c4d"。

4.1.3　制作地面背景

①执行菜单中的"插件|L-Object"命令，在视图中创建一个地面背景，如图 4-109 所示。

![提示]

"L-Object"插件可以在配套资源中下载，将其复制到"Maxon Cinema 4D R21\plugins"中，再重新启动软件即可。

视频

矿泉水展示
场景 3.mp4

图 4-109　在视图中创建一个地面背景

②按【F2】键，切换到顶视图，进入 （模型模式），利用 ✚（移动工具）加大地面背景的宽度，如图 4-110 所示。接着按【F3】键，切换到右视图，在 L-Object 的属性面板中将"曲线偏移"设置为 1 000，并加大地面背景的深度，最后再在右视图中将地面背景沿 Z 轴向左移动一段距离，如图 4-111 所示。

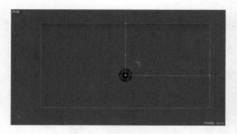

图 4-110　加大地面背景的宽度

图 4-111　将地面背景沿 Z 轴向左移动一段距离

③至此，矿泉水展示场景的模型制作完毕。执行菜单中的"文件|保存项目"命令，将其保存为"矿泉水展示场景 .c4d"。

4.2　设置文件输出尺寸、在场景中添加 OC 摄像机和 HDR

本节分为设置文件输出尺寸、在场景中添加 OC 摄像机和 HDR 三个部分。

4.2.1　设置文件输出尺寸

①设置文件输出尺寸。方法：在工具栏中单击 █（编辑渲染设置）按钮，从弹出的"渲染设置"对话框中将输出尺寸设置为 1 280×1 600 像素，如图 4-112 所示，然后再关闭"渲染设置"对话框，接着按【F1】键，切换到透视视图，效果如图 4-113 所示。

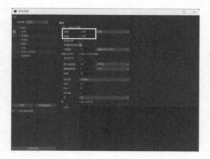

图 4-112　将输出尺寸设置为 1 280×1 600 像素

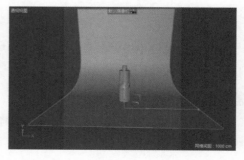

图 4-113　将输出尺寸设置为 1 280×1 600 像素的效果

②为了便于观看，将渲染区域以外的部分设置为黑色。方法：按【Shift+V】组合键，在属性面板"查看"选项卡中将"透明"设置为 95%，如图 4-114 所示，此时渲染区域以外的部分就显示为黑色了，如图 4-115 所示。

图 4-114　将"透明"设置为 95%

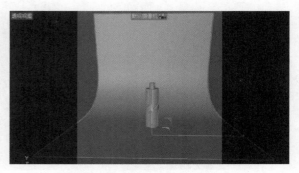

图 4-115　渲染区域以外的部分显示为黑色

4.2.2　在场景中添加 OC 摄像机

①执行菜单中的"Octane|实时渲染窗口"命令，在弹出的"Octane 实时渲染窗口"中执行菜单中的"对象|OC 摄像机"命令，从而给场景添加一个 OC 摄像机。接着在"对象"面板中激活 OctaneCamera 的■按钮，进入摄像机视角，然后在属性面板中将"焦距"设置为"电视（135 毫米）"，如图 4-116 所示。

②在"Octane 实时渲染窗口"工具栏中单击■（发送场景并重新启动新渲染）按钮，进行实时预览，默认渲染效果如图 4-117 所示。

图 4-116　进入摄像机视角，并将"焦距"设置
为"电视（135 毫米）"

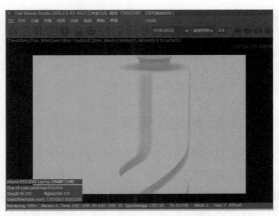

图 4-117　默认渲染效果

③此时 OC 渲染器中的渲染效果与视图不一致，在"Octane 实时渲染窗口"工具栏中单击■按钮，切换为■（锁定分辨率）状态，此时 OC 渲染器中显示的内容和透视视图中显示的内容就一致了。然后将视图调整到合适角度，如图 4-118 所示，此时"Octane 实时渲染窗口"会自动更新，效果如图 4-119 所示。

④为了防止对当前视图进行误操作，需要给 OC 摄像机添加一个"保护"标签。方法：在"对象"面板中右击"OC 相机"，从弹出的快捷菜单中选择"装配标签|保护"命令，从而给它添加一个"保护"标签，如图 4-120 所示。

图4-118　将视图调整到合适角度

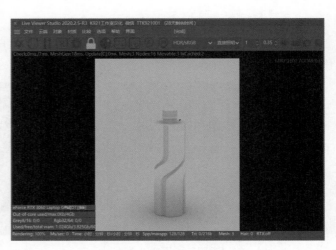

图4-119　🔒（锁定分辨率）的渲染效果

图4-120　给OC摄像机添加一个"保护"标签

🤓提　示

对OC摄像机添加了"保护"标签后就锁定了当前视角，此时无法对当前视图进行移动、旋转等操作。如果要对当前透视视图进行移动、旋转等操作，而又不改变当前视角，可以将其余视图切换为透视视图后进行操作即可。

4.2.3　给场景添加HDR

①给场景添加HDR的目的是模拟自然环境中真实的光照效果。在给场景添加HDR之前先来设置一下OC渲染器的参数。方法：在"Octane实时渲染窗口"中单击工具栏中的■（设置）按钮，在弹出的"OC设置"对话框的"核心"选项卡中将渲染方式改为"路径追踪"，并将"最大采样率"设置为800，"焦散模糊度"设置为0.5，"GI采样值"设置为5，然后选中"自适应采样"复选框，如图4-121所示。接着进入"相机滤镜"选项卡，将"滤镜"设置为"DSCS315_2"，如图4-122所示，再关闭"OC设置"对话框。

🤓提　示

"最大采样率"的数值越大，渲染效果越好，但渲染时间也越长，所以通常在预览时将这个数值设置的小一些，此时设置的是800，而在最终输出时再将这个数值调大为2500～3000；"GI采样值"数值越大，焦散越明显，但产生的噪点也越多，正常情况下，将这个数值设置为1～10之间，此时设置的是5；选中"自适应采样"复选框后，则渲染时只会重新渲染更新的区域，而没有更新的区域不会被重新渲染，从而会加快整体渲染速度，因此通常情况要选中该复选框。

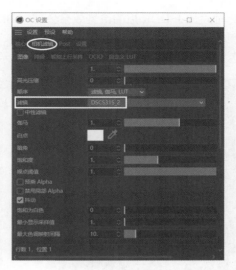

图 4-121　设置"核心"选项卡参数　　　　图 4-122　设置"相机滤镜"选项卡参数

②OC 渲染效果如图 4-123 所示，给场景添加 HDR 来模拟真实环境的光照效果。方法：在"Octane 实时渲染窗口"中执行菜单中的"对象|纹理 HDR"命令，然后在"对象"面板中单击■按钮，如图 4-124 所示，进入驾驶舱。接着按【Shift+F8】组合键，打开"内容浏览器"，再将"真实室内模拟 .hdr"拖到■按钮上，如图 4-125 所示，最后关闭"内容浏览器"。此时 OC 渲染器会自动更新，渲染效果如图 4-126 所示。

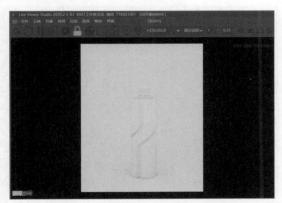

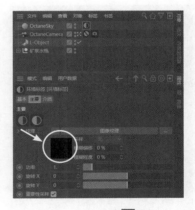

图 4-123　OC 渲染效果　　　　　　　　图 4-124　单击■按钮

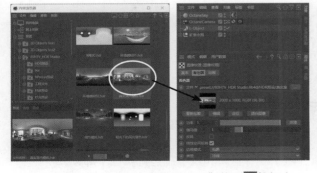

图 4-125　将"真实室内模拟 .hdr"拖到■按钮上　　图 4-126　OC 渲染器的渲染效果

③此时添加了 HDR 后的渲染效果会带有 HDR 中的黄色，这是错误的，下面就来解决这个问题。方法：在 OctaneSky 属性面板中将"类型"由"法线"改为"数值"，如图 4-127 所示，此时 HDR 中的黄色就被去除了，渲染效果如图 4-128 所示。

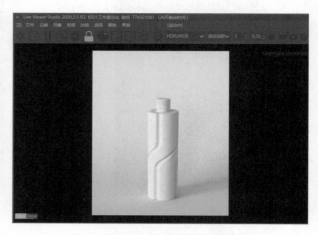

图 4-127　将"类型"由"法线"改为"数值"　　　　图 4-128　OC 渲染器的渲染效果

④调整 HDR 的方向，使矿泉水瓶产生明显的明暗对比。方法：在"对象"面板中单击█按钮，回到上一级，将"旋转 X"的数值设置为 -0.12，如图 4-129 所示，此时 OC 渲染效果如图 4-130 所示。

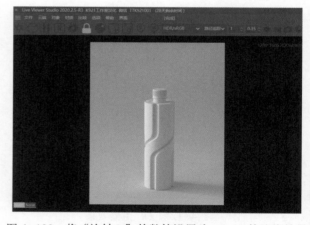

图 4-129　将"旋转 X"的数值设置为 -0.12　　　　图 4-130　将"旋转 X"的数值设置为 -0.12 的渲染效果

提示

调整"旋转 X"的数值可以使光源在水平方向上进行旋转，调整"旋转 Y"的数值可以使光源在垂直方向上进行旋转。

4.3　赋予场景模型材质

赋予场景模型材质分为赋予地面背景材质、赋予瓶身材质和赋予瓶盖材质三个部分。

4.3.1　赋予地面背景材质

①在"Octane 实时渲染窗口"中执行菜单中的"材质 | 创建 | Octane 光泽材质"命令，创建一个光泽材质，并将其名称重命名"地面背景"，如图 4-131 所示，然后将该材质拖到"Octane 实时渲染窗口"中地面背景模型上，此时渲染效果如图 4-132 所示。

图 4-131　将光泽材质重命名为"地面背景"

图 4-132　将"地面背景"材质拖到地面背景模型的渲染效果

②此时地面背景颜色过白，在材质栏中双击"地面背景"材质，进入材质编辑器，然后在左侧选择"漫射"，再在右侧将其颜色设置为一种灰白色〔HSV 的数值为（0，0%，80%）〕，如图 4-133 所示，此时渲染效果如图 4-134 所示。

图 4-133　将"漫射"颜色设置为一种灰白色〔HSV 的数值为（0，0%，80%）〕

图 4-134　渲染效果

③此时地面背景反射过强，在材质编辑器的左侧选择"粗糙度"，然后在右侧将"数值"加大为 0.05，如图 4-135 所示，渲染效果如图 4-136 所示。

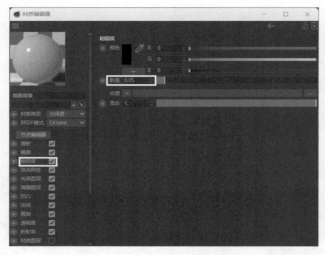

图 4-135　将"粗糙度"的数值设置为 0.05

图 4-136　将"粗糙度"的数值设置
为 0.05 的效果

4.3.2　赋予瓶身材质

①在"Octane 实时渲染窗口"中执行菜单中的"材质|创建|Octane 透明材质"命令，创建一个透明材质，并将其名称重命名为"瓶身"，然后将该材质拖到"对象"面板的"连接"对象上，如图 4-137 所示，此时渲染效果如图 4-138 所示。

图 4-137　将"瓶身"材质拖到"对象"面板的"连接"对象上

图 4-138　渲染效果

提示

与直接将材质拖到"OC 实时渲染窗口"中相应模型上相比，通过将材质拖到"对象"面板中的相应对象上来赋予材质会更加精准。通常对于比较简单的模型，会通过将材质拖到"OC 实时渲染窗口"中相应模型上赋予其材质；而对于细小的模型以及要将材质赋予到指定区域的模型，会通过将材质拖到"对象"面板中相应对象上的方式来赋予其材质。

②为了使瓶身折射效果更加真实，在材质栏中双击"瓶身"材质，进入材质编辑器，然后在左侧选择"折射率"，再在右侧将"折射率"设置为 1.517，如图 4-139 所示，此时渲染效果如图 4-140 所示。

图 4-139　将"折射率"设置为 1.517

图 4-140　渲染效果

③将瓶身颜色设置为一种淡蓝色。方法：在"材质编辑器"左侧选择"传输"，在右侧将其颜色设置为一种淡蓝色〔(HSV 的数值为（260，3%，95%)〕，如图 4-141 所示，渲染效果如图 4-142 所示。

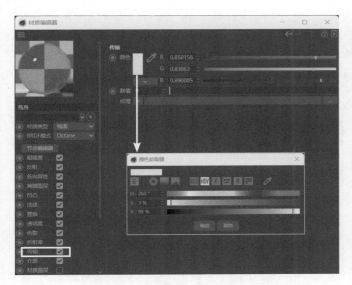

图 4-141　将"传输"颜色设置为一种淡蓝色〔HSV 的数值为（260，3%，95%)〕

图 4-142　渲染效果

④下面给瓶身添加标志，在添加标志之前，首先要创建出要放置标志的多边形选集，为了便于操作，需要在透视视图中进行操作，而前面为了防止误操作，已经对透视视图添加了"保护"标签，无法对该视图进行旋转、移动等操作。为了能够在透视视图中进行操作，下面将顶视图切换为透视视图。方法：按【F2】键，切换到顶视图，执行视图菜单中的"摄像机|透视视图"命令，将顶视图切换为透视试图。然后执行视图菜单中的"显示|光影着色"（快捷键是【N+A】）命令，将模型以光影着色的方式进行显示，如图 4-143 所示。

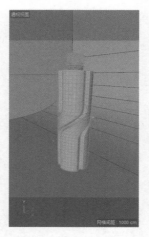

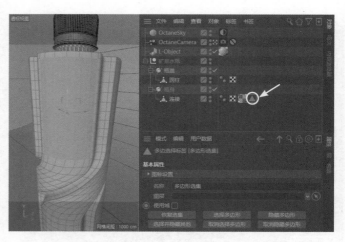

图 4-143　将顶视图切换为透视视图，
并将模型以光影着色的方式进行显示

图 4-144　创建出要放置标志的多边形选集

⑤在"对象"面板中选择"连接"，进入 （多边形模式），利用 （实体选择工具）选择要放置标志的多边形，然后执行菜单中的"选择 | 设置选集"命令，将它们设置为一个选集，如图 4-144所示。

⑥在"Octane 实时渲染窗口"中执行菜单中的"材质 | 创建 |Octane 漫射材质"命令，创建一个漫射材质，并将其名称重命名为"标志1"，如图 4-145 所示。然后在材质栏中双击"标志"材质，进入材质编辑器，再在左侧单击 节点编辑器 按钮，进入"OC 节点编辑器"窗口。接着从左侧将"图像纹理"节点拖入窗口，再在弹出的对话框中选择配套资源中的"源文件 \ 第 4 章　矿泉水展示场景 \tex\ 标志 1.jpg"文件，如图 4-146 所示，单击"打开"按钮。接着将"图像纹理"节点连接到"漫射""上，如图 4-147 所示。

图 4-145　创建一个漫射材质，并将
其名称重命名"标志1"

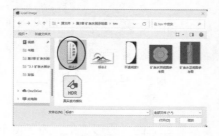

图 4-146　选择"标志 1.jpg"文件

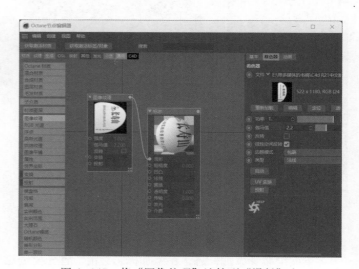

图 4-147　将"图像纹理"连接到"漫射"上

⑦同理，从左侧将"图像纹理"节点拖入窗口，再在弹出的对话框中选择配套资源中的"源文件 \ 第 4 章　矿泉水展示场景 \tex\ 不透明度 1.jpg"文件，如图 4-148 所示，单击"打开"按钮。接着将"图像纹理"节点连接到"透明度"上，如图 4-149 所示。

⑧关闭"OC 节点编辑器"和"材质编辑器"窗口，将"标志 1"拖到"对象"面板的"连

接"上，并在属性面板中将"多边形选集"拖到"选集"右侧，并将"投射"设置为"平直"，如图 4-150 所示，渲染效果如图 4-151 所示。

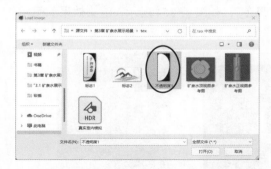

图 4-148　选择"不透明度 1.jpg"文件

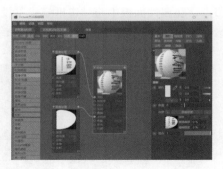

图 4-149　将"图像纹理"连接到"透明度"上

图 4-150　将"多边形选集"拖到"选集"右侧，并将"投射"设置为"平直"

图 4-151　渲染效果

⑨调整标志使之与多边形选集进行匹配。方法：进入 ▦（纹理模式），利用 ◎（旋转工具）和 ✛（移动工具）调整纹理的方向和位置，如图 4-152 所示，渲染效果如图 4-153 所示。

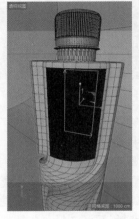

图 4-152　调整纹理的方向和位置

图 4-153　渲染效果

⑩此时瓶身上的标志会出现重复的错误，在材质栏中双击"标志1"材质，进入材质编辑器，再在左侧单击 节点编辑器 按钮，进入"OC节点编辑器"窗口。然后选择连接到"透明度"上的"图像纹理"节点，在属性面板中将"边框模式"设置为"黑色"，如图4-154所示，渲染效果如图4-155所示。最后关闭"OC节点编辑器"和"材质编辑器"窗口。

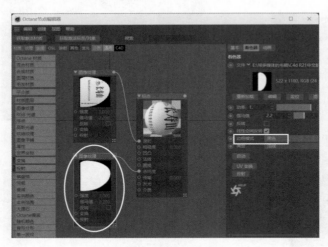

图4-154　将"边框模式"设置为"黑色"　　　　　图4-155　渲染效果

4.3.3　赋予瓶盖材质

①在"Octane实时渲染窗口"中执行菜单中的"材质|创建|Octane漫射材质"命令，创建一个漫射材质，并将其名称重命名为"瓶盖"，然后将该材质拖到"对象"面板的"圆柱"对象上，如图4-156所示，此时渲染效果如图4-157所示。

视频

矿泉水展示
场景4.mp4

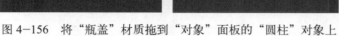

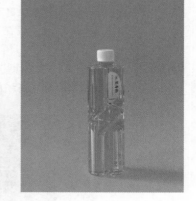

图4-156　将"瓶盖"材质拖到"对象"面板的"圆柱"对象上　　　　图4-157　渲染效果

②在材质栏中双击"瓶盖"材质，进入材质编辑器。然后在左侧选择"漫射"，再在右侧将其颜色设置白色〔HSV的数值为（0，0%，100%）〕，接着关闭材质编辑器窗口。

③下面给瓶盖顶部添加标志，在添加标志之前，首先要创建出要放置标志的多边形选集。方法：在"对象"面板中选择"圆柱"，进入 ■（多边形模式），右击，从弹出的快捷菜单中选择"循环／路径切割"（快捷键是【K+L】）命令，再在属性面板中取消选中"镜像切割"复选框，接着在瓶盖位置添加一圈边，如图4-159所示。最后执行菜单中的"选择|循环选择"（快捷键是【U+L】）命令，

选择要放置标志的多边形，再执行菜单中的"选择|设置选集"命令，将它们设置为一个选集，如图 4−160 所示。

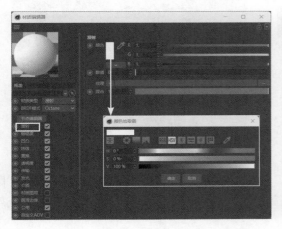

图 4−158　将"漫射"颜色设置白色〔HSV 的数值为（0，0%，100%）〕

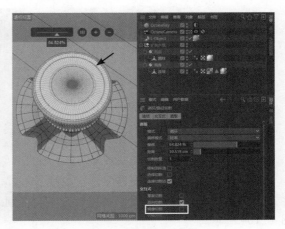

图 4−159　切割出一圈边

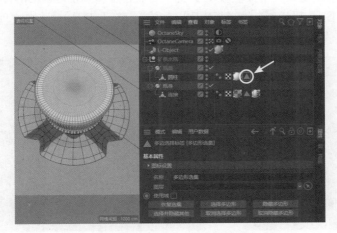

图 4−160　创建出要放置标志的多边形选集

④在"Octane 实时渲染窗口"中执行菜单中的"材质|创建|Octane 漫射材质"命令，创建一个漫射材质，并将其名称重命名为"标志 2"，如图 4−161 所示。然后在材质栏中双击"标志 2"材质，进入材质编辑器，再在左侧单击 节点编辑器 按钮，进入"OC 节点编辑器"窗口。接着从左侧将"图像纹理"节点拖入窗口，再在弹出的对话框中选择配套资源中的"源文件＼第 4 章　矿泉水展示场景＼tex＼标志 2.jpg"文件，如图 4−162 所示，单击"打开"按钮，将"图像纹理"节点连接到"漫射""上，如图 4−163 所示。

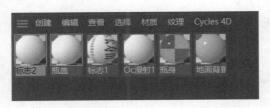

图 4−161　创建一个漫射材质，并将其名称重命名为"标志 2"

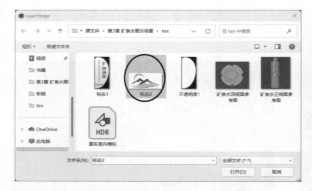

图 4-162 选择"标志 2.jpg"文件

图 4-163 将"图像纹理"连接到"漫射"上

⑤关闭"OC 节点编辑器"和"材质编辑器"窗口，将"标志 2"拖到"对象"面板的"圆柱"上，并在属性面板中将"多边形选集"拖到"选集"右侧，并将"投射"设置为"平直"，如图 4-164 所示。

⑥在"对象"面板中单击 OctaneCamere 后面的 ⬚ 按钮，退出摄像机视角，如图 4-165 所示，然后在"Octane 实时渲染窗口"中按住【Alt】键，将瓶盖旋转到正对画面的位置，接着进入 ⬚ （纹理模式），在透视视图中利用 ⬚ （旋转工具）和 ⬚ （移动工具）调整纹理的方向和位置，如图 4-166 所示，渲染效果如图 4-167 所示。

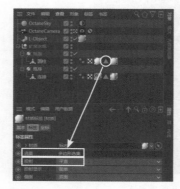

图 4-164 将"多边形选集"拖到"选集"右侧，并将"投射"设置为"平直"

图 4-165 退出摄像机视角

图 4-166 调整纹理的方向和位置

图 4-167 渲染效果

提示

　　退出摄像机视角后可以对视图进行旋转、移动等操作。当再次激活 ◼ 按钮，则可以重新回到前面设置好的摄像机视角。通过这种方法可以在不改变摄像机视角的情况下对视图进行旋转、移动等操作。

　　⑦在"对象"面板中单击 OctaneCamere 后面的 ◼ 按钮，切换为 ◼ 状态，重新回到摄像机视角，如图 4-168 所示，渲染效果如图 4-169 所示。

图 4-168　重新回到摄像机视角

图 4-169　渲染效果

　　⑧在"对象"面板中按住【Ctrl】键，复制出一个"矿泉水 1"，然后将 ◼（保护标签）移到 L-Object 上，从而取消对当前视图的保护，接着利用 ◎（旋转工具）和 ✛（移动工具）将"矿泉水 1"调整到合适位置，如图 4-170 所示。最后将 ◼（保护标签）重新移动到 OctanceCamera 上，从而恢复对当前视图的保护，如图 4-171 所示。

图 4-170　将"矿泉水 1"调整到合适位置

图 4-171　将 ◼（保护标签）重新移动到 OctanceCamera 上

　　⑨至此，矿泉水展示场景制作完毕，执行菜单中的"文件|保存工程（包含资源）"命令，将文件保存打包。

4.4　OC 渲染输出

　　①在"Octane 实时渲染窗口"中单击工具栏中的 ◼（设置）按钮，在弹出的"OC 设置"对话框将"最大采样率"设置为 3 000，如图 4-172 所示，再关闭"OC 设置"对话框。

提 示

前面将"最大采样率"的数值设置为800，是为了加快渲染速度，从而便于预览。此时将"最大采样率"的数值设置为3000的目的是保证最终输出图的质量。

②在工具栏中单击 ⚙ （编辑渲染设置）按钮，在弹出的"渲染设置"对话框中将"渲染器"设置为"Octane 渲染器"，再在左侧选择"Octane 渲染器"，接着在右侧进入"渲染 AOV 组"选项卡，选中"启用"复选框，如图4-173所示。

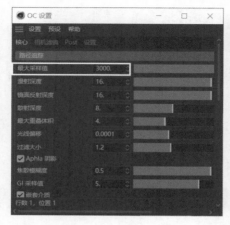

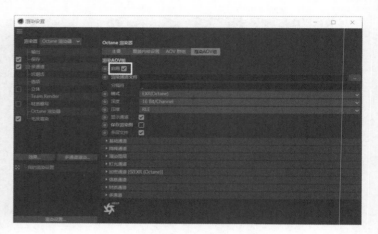

图4-172　将"最大采样率"的数值设
置为3 000

图4-173　选中"启用"复选框

③单击"渲染通道文件"右侧的 ... 按钮，从弹出的"保存文件"对话框中指定文件保存的位置，并将要保存的文件名设置为"化妆刷展示场景（处理前）"，如图4-174所示，单击 保存(S) 按钮。

④将要保存的文件"格式"设置为"PSD"，"深度"设置为16Bit/Channerl，并选中"保存渲染图"复选框，如图4-175所示。

图4-174　设置文件保存的位置和名称

图4-175　将"格式"设置为"PSD"，"深度"设置
为16Bit/Channerl，并选中"保存渲染图"复选框

⑤展开"基础通道"选项卡，选中"反射"复选框。然后展开"信息通道"选项卡，选中"材质 ID"复选框，如图4-176所示，接着关闭"渲染设置"对话框。

⑥在工具栏中单击 ▣ （渲染到图片查看器）按钮，打开"图片查看器"窗口，即可进行渲染，当渲染完成后效果如图4-177所示，此时图片会自动保存到前面指定好的位置。

图 4-176 选中"反射"和"材质 ID"复选框

图 4-177 渲染的最终效果

4.5 利用 Photoshop 进行后期处理

①在 Photoshop CC 2018 中打开前面保存输出的配套资源中的"矿泉水展示场景（处理前）.psd"文件，在"图层"面板中将 Beauty 层移动到最上层，如图 4-178 所示。

②执行菜单中的"图像 | 模式 | Lab 颜色"命令，将图像转为 Lab 模式，然后在弹出的图 4-179 所示的对话框中单击 不合并(D) 按钮。接着执行菜单中的"图像 | 模式 | 8 位／通道"命令，将当前 16 位图像转为 8 位图像，最后执行菜单中的"图像 | 模式 | RGB 颜色"命令，再在弹出的图 4-179 所示的对话框中单击 不合并(D) 按钮，从而将 Lab 图像转为 RGB 图像。

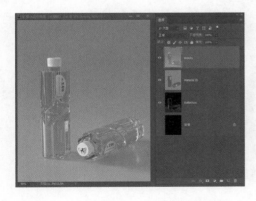

图 4-178 将 Beauty 层移动到最上层

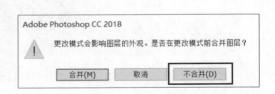

图 4-179 单击 不合并(D) 按钮

③在"图层"面板中选择 Beauty 层，按【Ctrl+J】组合键，复制出一个"Beauty 拷贝"层。然后右击，从弹出的快捷菜单中选择"转换为智能对象"命令，将其转换为智能图层，此时图层分布如图 4-180 所示。

④执行菜单中的"滤镜 | Camera Raw 滤镜"命令，在弹出的对话框中调整参数如图 4-181 所示，单击"确定"按钮。

⑤此时可以通过单击"Beauty 拷贝"前面的 图标，如图 4-182 所示，来查看执行"Camera Raw 滤镜"前后的效果对比。然后执行菜单中的"文件 | 存储为"命令，将文件保存为"矿泉水展示场景（处理后）.psd"。

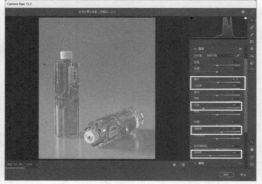

图 4-180　图层分布　　　图 4-181　调整 Camera Raw 滤镜参数　　　图 4-182　通过单击 👁 图标来查看执行
"Camera Raw 滤镜"前后的效果对比

⑥至此，矿泉水展示场景效果图制作完毕。

课 后 练 习

制作图4-183所示的饮料展示效果。

图 4-183　饮料展示效果

电动牙刷展示场景 第5章

本章重点

本章例将制作一个电动牙刷展示场景，如图 5-1 所示。

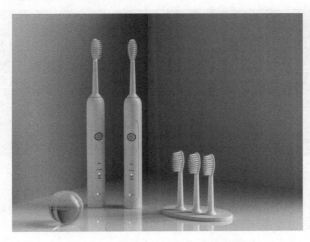

图 5-1　电动牙刷展示场景

本章重点如下：

1．电动牙刷的建模技巧；
2．HDR 灯光和 OC 材质的调节；
3．OC 输出渲染；
4．Photoshop 后期处理。

制作流程

本例制作过程分为制作电动牙刷展示场景的模型，设置文件输出尺寸，在场景中添加 OC 摄像机和 HDR，赋予场景模型材质，OC 渲染输出和利用 Photoshop 进行后期处理五个部分。

5.1　制作电动牙刷展示场景的模型

制作电动牙刷展示场景的模型分为制作电动牙刷的模型和制作电动牙刷展示场景中的其余模型两部分。

视频

电动牙刷展示场景 1.mp4

5.1.1　制作电动牙刷的模型

制作电动牙刷模型分为制作电动牙刷手柄模型、制作电动牙刷头的模型和创建相应的多边形选集以及制作电动牙刷其余附属模型三部分。

1．制作电动牙刷手柄模型

制作电动牙刷手柄模型分为制作电动牙刷手柄的基础模型、制作电动牙刷手柄上的弧形凹痕、制作电动牙刷手柄上的开关按钮、制作挡位指示灯和启动指示灯的凹陷效果、制作电动牙刷手柄两端的封口和倒角效果五部分。

（1）制作电动牙刷手柄的基础模型

①在正视图中放置一张背景图作为参照。方法：按【F4】键，切换到正视图，然后按【Shift+V】组合键，在属性面板"背景"选项卡中单击"图像"右侧的▉▉▉▉按钮，从弹出的对话框中选择配套资源中的"源文件 \ 第 5 章　电动牙刷展示场景 \tex\ 电动牙刷参考图 .tif"图片，单击"打开"按钮，此时正视图中就会显示出背景图片，如图 5-2 所示。

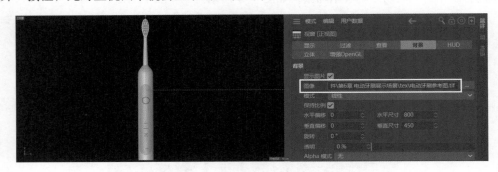

图 5-2　在正视图中显示背景图片

②在工具栏▉（立方体）工具上按住鼠标左键，从弹出的隐藏工具中选择▉▉▉，从而在正视图中创建一个圆柱，如图 5-3 所示。

③将背景图中电动牙刷手柄的宽度设置为与圆柱等宽。方法：按【Shift+V】组合键，在属性面板"背景"选项卡中将"水平尺寸"设置为 1800，"水平偏移"设置为 2，"垂直偏移"设置为 165。为了便于后续操作，再将背景图的"透明"设置为 70%，如图 5-4 所示。

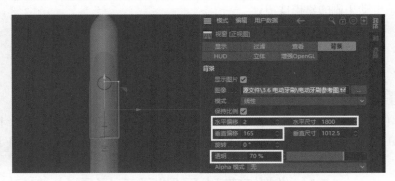

图 5-3　在正视图　　　　　图 5-4　将背景图中的宽度设置为与圆柱等宽
中创建一个圆柱

④在属性面板的"对象"选项卡中，将圆柱"高度"设置为 630 cm，"高度分段"设置为 1，"旋转分段"设置为 28，如图 5-5 所示，从而使圆柱的高度与背景图中电动牙刷手柄的高度基本一致。

提 示

将圆柱的参数设置为一个整数是为了便于读者学习，而在实际工作中，这些参数不一定设置为一个整数。

⑤此时在视图中看不到圆柱的线框分布，执行视图菜单中的"显示 | 线框"命令，即可在视图中显示出圆柱的线框，如图 5-6 所示。然后进入"封顶"选项卡，取消选中"封顶"复选框，如图 5-7 所示。

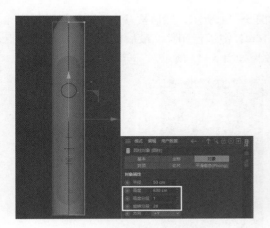

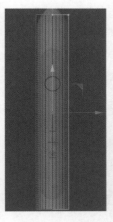

图 5-5　调整参数后的圆柱　　　图 5-6　显示出圆柱　　图 5-7　取消选中"封口"
　　　　　　　　　　　　　　　　　的线条分布　　　　　　复选框

⑥在编辑模式工具栏中单击 （转为可编辑对象）按钮（快捷键是【C】），将圆柱转为可编辑对象。

（2）制作电动牙刷手柄上的弧形凹痕

①进入 （点模式），按【K+L】组合键，切换到"循环／路径切割"工具，然后参考背景图在弧形凹痕顶部和底部各切割出一圈边，如图 5-8 所示。接着在这两圈边之间单击，从而添加出另一圈边，单击 按钮，将其居中对齐，图 5-9 所示。

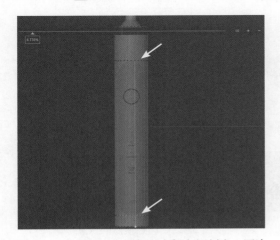

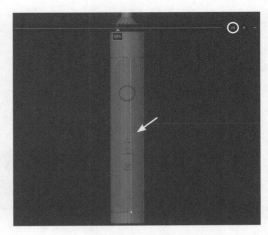

图 5-8　在弧形凹痕顶部和底部各切割出一圈边　　　图 5-9　在弧形凹痕顶部和底部各切割出一圈边

②在视图中右击，从弹出的快捷菜单中选择"滑动"（快捷键是【M+O】）命令，根据背景图中的顶部凹痕调整相应 4 个顶点的位置，使之与背景图顶部右侧的上部弧形进行匹配，如图 5-10 所示。

图 5-10　调整相应 4 个顶点的位置，使之与背景图顶部右侧的凹痕进行匹配

③利用（框选工具）框选左侧一半的顶点，如图 5-11 所示，然后按【Delete】键进行删除。接着框选下方的两排顶点，如图 5-12 所示，按【Delete】键进行删除。最后框选下方的一排顶点，在变换栏中将"位置"中"Y"的数值设置为 0cm，效果如图 5-13 所示。

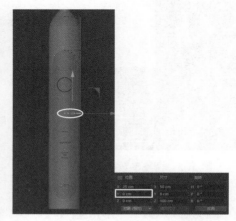

　图 5-11　框选左侧　　　图 5-12　框选下方　　　图 5-13　将"位置"中"Y"的数值设置
　　　　一半的顶点　　　　　的两排顶点　　　　　　　　　为 0cm 的效果

④按【F1】键，切换到透视视图。然后选择（框选工具），在属性栏中选中"仅选择可见元素"复选框，再框选相应位置的顶点，如图 5-14 所示，接着将其沿 Y 轴向下移动，使之与弧形转折处最下方的顶点处于同一水平位置，如图 5-15 所示。

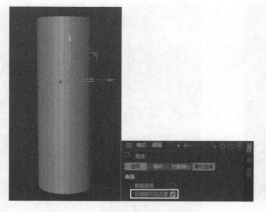

　　图 5-14　框选相应位置的顶点　　　　　　图 5-15　调整顶点的位置

⑤利用"对称"生成器对称出整个手柄模型。方法：按【F4】键，切换到正视图。然后按住【Alt】键，在工具栏 （细分曲面）工具上按住鼠标左键，从弹出的隐藏工具中选择 对称，从而给圆柱添加一个"对称"生成器的父级，如图 5-16 所示。同理，再给"对称"添加一个"对

称"生成器的父级，并在"属性"面板中将"镜像平面"设置为 XZ，从而对称出整个手柄模型，如图 5-17 所示。

图 5-16 调整顶点的位置

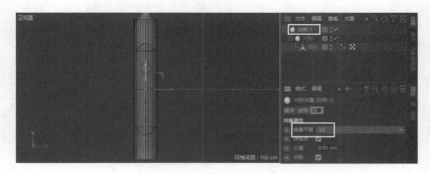

图 5-17 对称出整个手柄模型

⑥在"对象"面板中选择所有的对象，右击，从弹出的快捷菜单中选择"连接对象 + 删除"命令，将它们转为一个可编辑的对象。

⑦进入 （点模式），选择 （框选工具），在属性栏中取消选中"仅选择可见元素"复选框，再框选相应位置的顶点，如图 5-18 所示。接着将它们的参考背景图沿 Y 轴向下移动，使之与背景图弧形凹陷的下方对齐，如图 5-19 所示。

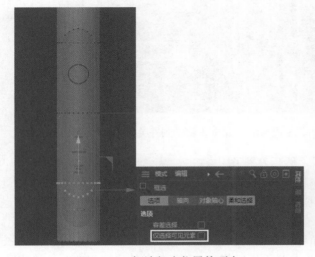

图 5-18 框选相应位置的顶点

图 5-19 将选中的顶点与背景图弧形凹陷的下方对齐

⑧进入 ▨（多边形模式），利用 ▨（实体选择工具）选择弧形凹陷位置的所有多边形，右击，从弹出的快捷菜单中选择"内部挤压"（快捷键是【I】）命令，接着对其向内挤压，并在属性面板中将内部挤压"偏移"的数值设置为 1 cm，如图 5-20 所示。

⑨按【F1】键，切换到透视视图，然后利用 ✣（移动工具），按住【Ctrl】键，将其沿 Z 轴向右挤压 2cm，如图 5-21 所示，从而形成凹陷效果。

⑩为了稳定凹陷结构，按【F4】键，切换到正视图，然后按【I】键，切换到"内部挤压"命令，再对其向内挤压 1 cm，效果如图 5-22 所示。

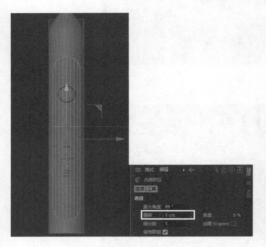 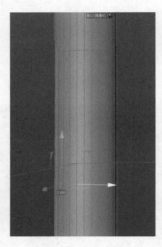 

图 5-20　内部挤压 1 cm　　　　图 5-21　沿 Z 轴向右挤压 2 cm　　　图 5-22　内部挤压 1 cm

（3）制作电动牙刷手柄上的开关按钮

①在视图中创建一个多边形，在属性面板中将"侧边"设置为 16，"半径"设置为 28 cm，然后参考背景图将其沿 Y 轴向上移动到开关按钮的位置，如图 5-23 所示。

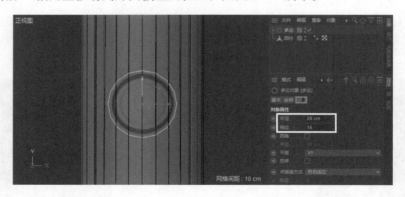

图 5-23　参考背景图将多边形沿 Y 轴向上移动到开关按钮的位置

②在"对象"面板中选择"圆柱"，然后在视图中右击，从弹出的快捷菜单中选择"线性切割（快捷键是【K+K】"命令，再在属性面板中取消选中"仅可见"复选框，接着在背景图开关按钮的上方按住【Shift】键，水平切割出一圈边，如图 5-24 所示。最后按【ESC】键退出切割状态。

③按【K+L】组合键，切换到"循环／路径切割"工具，然后在背景图开关按钮的下方切割出一圈边，再在上方切割出一圈边，接着在属性面板中将"偏移"的数值设置为 50%，使其居中对齐，如图 5-25 所示。

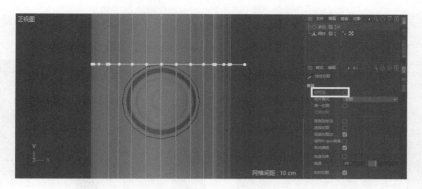

图 5-24　内部挤压 1 cm

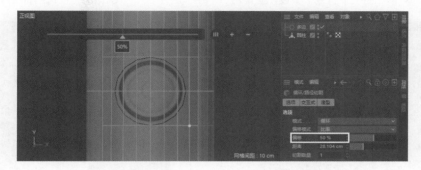

图 5-25　在背景图开关按钮的下方和中间各切割出一圈边

④按【M+O】组合键，切换到"滑动"工具，调整右侧 7 个顶点的位置，使之与背景图中开关按钮右侧尽量匹配，如图 5-26 所示。

⑤利用 <!-- icon --> （框选工具）框选左侧的一半顶点，如图 5-27 所示，然后按【Delete】键进行删除，如图 5-28 所示。

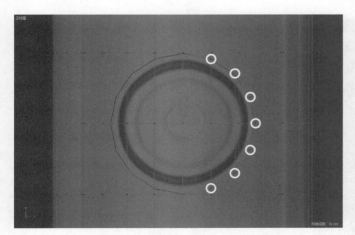

图 5-26　调整右侧 7 个顶点的位置，使之与背景图中开关按钮右侧尽量匹配

图 5-27　框选左侧的一半顶点

图 5-28　删除左侧的一半顶点

⑥在"对象"面板中隐藏"多边"的显示，如图 5-29 所示。

⑦调整开关按钮周围的布线。方法：按【F1】键，切换到透视视图，然后进入 <!-- icon --> （边模式），在属性面板中选中"仅选择可见元素"复选框，再在视图中框选图 5-30 所示的两排边，接着按

【F4】键，切换到正视图，如图 5-31 所示，再利用 ▦ （缩放工具）将这两排边沿 Y 轴进行缩放，从而使开关按钮位置的布线更加匀称，如图 5-32 所示。

图 5-29　在"对象"面板中隐藏"多边"的显示　　　　图 5-30　框选两排边

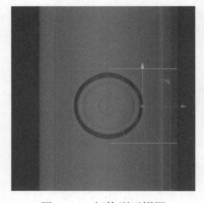
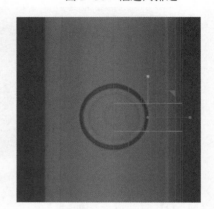

图 5-31　切换到正视图　　　　　　　　　图 5-32　使开关按钮位置的布线更加匀称

⑧按住【Alt】键，在工具栏 🎲 （细分曲面）工具上按住鼠标左键，从弹出的隐藏工具中选择 🔵 对称 ，从而对称出整个电动牙刷手柄模型，如图 5-33 所示。

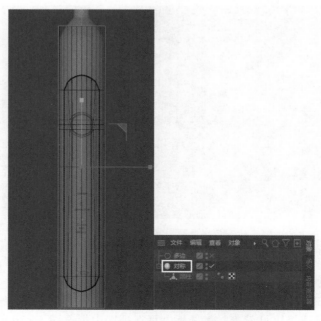

图 5-33　对称出整个电动牙刷手柄模型

⑨在"对象"面板中同时选择"圆柱"和"对称",然后右击,从弹出的快捷菜单中选择"连接对象 + 删除"命令,将它们转为一个可编辑对象。

⑩进入 ▣(多边形模式),利用 ▣(实体选择工具)选择开关按钮位置的所有多边形,如图 5-34 所示,然后按【I】键),切换到"内部挤压"工具,再对其向内挤压,并在属性面板中将内部挤压"偏移"的数值设置为 4 cm,如图 5-35 所示。接着利用 ▣(移动工具),按住【Ctrl】键,沿 Z 轴往内挤压 2 cm,如图 5-36 所示。再按【I】键,切换回"内部挤压"工具,再对其向内挤压 3 cm,如图 5-37 所示。最后利用 ▣(移动工具),将其沿 Z 轴往外挤压 2 cm,如图 5-38 所示。

图 5-34 选择开关按钮位置的所有多边形

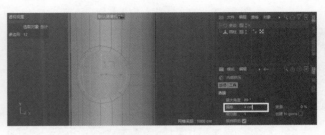

图 5-35 将内部挤压"偏移"的数值设置为 4 cm

图 5-36 沿 Z 轴往内挤压 2 cm

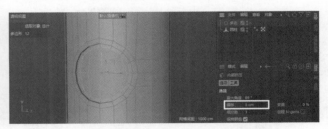

图 5-37 将内部挤压"偏移"的数值设置为 3 cm

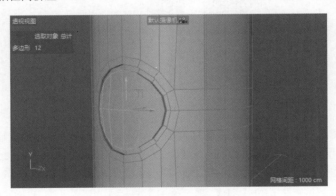

图 5-38 沿 Z 轴往外挤压 2cm

⑪进入 ▣(点模式),如图 5-39 所示,然后按【M+O】组合键,切换到"滑动"工具,调整相应两个顶点的位置,如图 5-40 所示。

提示

调整两个顶点的位置是为了避免由于相邻顶点距离过近,而造成后面内部挤压时出现错误。

⑫进入 ▣(多边形模式),然后按【I】键,切换到"内部挤压"工具,再对其向内挤压,并在属性面板中将内部挤压"偏移"的数值设置为 1 cm,如图 5-41 所示。

⑬利用 ▣(移动工具),按住【Ctrl】键,沿 Z 轴往外挤压 1 cm,如图 5-42 所示。

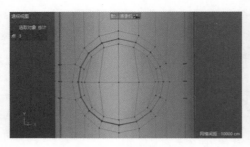

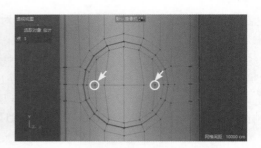

图 5-39　进入　　（点模式）　　　　　　图 5-40　调整相应两个顶点的位置

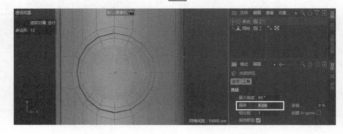

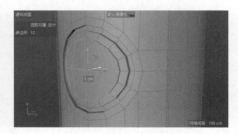

图 5-41　内部挤压 4 cm 的效果　　　　　　图 5-42　沿 Z 轴往外挤压 1 cm

⑭制作开关按钮上的黑圈模型。方法：执行菜单中的"选择|循环选择"（快捷键是【U+L】）命令，然后选择作为黑圈的一圈多边形，如图 5-43 所示。再右击，从弹出的快捷菜单中选择"分裂"命令，将其从原来模型上分离出来。接着在"对象"面板中将分裂出来的模型重命名为"黑圈"，如图 5-44 所示。

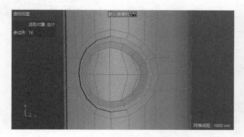

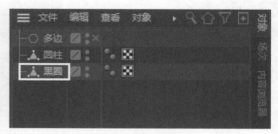

图 5-43　选择作为黑圈的一圈多边形　　　　图 5-44　选择作为黑圈的一圈多边形

⑮在编辑模式工具栏中单击　（视窗单体独显）按钮，从而在视图中只显示出黑圈模型，如图 5-45 所示。然后利用　（移动工具），按住【Ctrl】键，沿 Z 轴往外挤压 2 cm，如图 5-46 所示。为了稳定结构，按【K+L】组合键，切换到"循环／路径切割"工具，再在其四周切割出 4 圈边，如图 5-47 所示。最后按住键盘上的【Alt】键，单击工具栏中的　（细分曲面）工具，从而给黑圈添加一个"细分曲面"生成器的父级，使其产生平滑效果，如图 5-48 所示。

图 5-45　在视图中只显示出黑圈模型　　　　图 5-46　沿 Z 轴往外挤压 2 cm

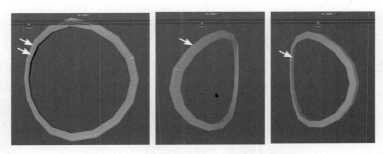

图 5-47　切割出 4 圈边来稳定结构

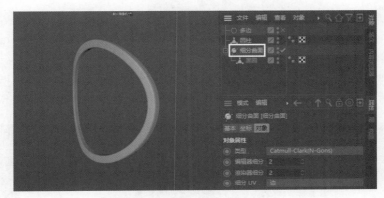

图 5-48　"细分曲面"效果

⑯在"对象"面板中选择"圆柱"，然后在编辑模式工具栏中单击 ⑤（视窗单体独显）按钮，从而在视图中只显示作为电动牙刷手柄的圆柱，如图 5-49 所示。为了稳定开关按钮位置的结构，按【K+L】组合键，切换到"循环／路径切割"工具，再在其四周切割出 4 圈边，如图 5-50 所示。

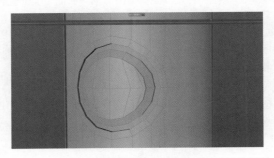

图 5-49　在视图中只显示作为电动牙刷手柄的圆柱

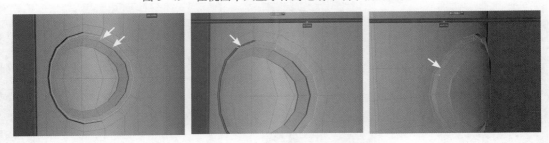

图 5-50　切割出 4 圈边来稳定结构

⑰按住键盘上的【Alt】键，单击工具栏中的 （细分曲面）工具，从而给"圆柱"添加一个"细分曲面"生成器的父级，使其产生平滑效果，如图 5-51 所示。

⑱在编辑模式工具栏中单击 S （关闭视窗独显）按钮，同时显示出作为电动牙刷手柄的圆柱和黑圈模型，效果如图 5-52 所示。至此，电动牙刷开关按钮的模型制作完毕。

图 5-51　"细分曲面"效果　　　　　　图 5-52　显示出所有模型

（4）制作挡位指示灯和启动指示灯的凹陷效果

①按【F4】键，切换到正视图，然后参考背景图将视图调整到挡位指示灯和启动指示灯的位置，接着在"对象"面板关闭"细分曲面 1"的显示，如图 5-53 所示。

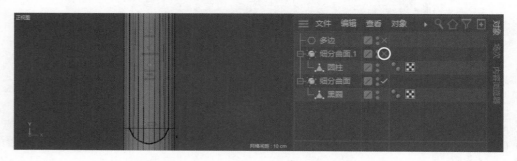

图 5-53　在"对象"面板关闭"细分曲面 1"的显示

②在"对象"面板中选择圆柱，进入 （边模式），按【K+K】组合键，切换到"线性切割"工具。接着参考背景图中间挡位指示灯的位置，按住【Shift】键，水平切割出一圈边，如图 5-54 所示，再在切割后按【ESC】键，退出切割状态。

③利用 （移动工具）在切割出的边上双击，从而选中整圈边，如图 5-55 所示。然后按【M+S】组合键，切换到"倒角"工具，再对视图中的这圈边进行倒角处理，并在属性面板中将"倒角模式"设置为"实体"，"偏移"的数值设置为 34 cm，从而在上下挡位指示灯的位置各添加一圈边，如图 5-56 所示。

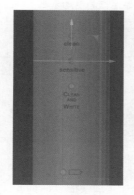
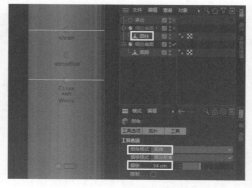

图 5-54　水平切割出一圈边　　　图 5-55　选中切割出的整圈边　　　　　图 5-56　倒角效果

④利用 (移动工具)，配合【Shift】键，选中挡位指示灯位置的 3 圈边，如图 5-57 所示。然后按【M+S】组合键，切换到"倒角"工具，再对视图中的这 3 圈边进行倒角处理，并在属性面板中将"倒角模式"设置为"实体"，"偏移"的数值设置为 10 cm，此时可以看到倒角后的线条分布基本是正方形的，如图 5-58 所示。

图 5-57　选中挡位指示灯位置的 3 圈边

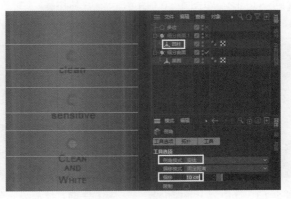

图 5-58　倒角效果

⑤进入 (点模式)，利用 (实体选择工具) 选择图 5-59 所示的 3 个挡位指示灯中央的顶点，再按【M+S】组合键，切换到"倒角"工具，接着对这 3 个顶点进行倒角处理，并在属性面板中将"细分"设置为 1，"深度"设置为 -100%，"偏移"的数值设置为 8 cm，如图 5-60 所示。

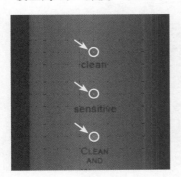

图 5-59　选择 3 个挡位指示灯中央的顶点

图 5-60　倒角效果

⑥将 N-gons 线转为实体线。方法：进入 (多边形模式)，利用 (实体选择工具) 选中挡位指示灯位置的所有多边形，如图 5-61 所示，然后右击，从弹出的快捷菜单中选择"移除 N-gons"(快捷键是【U+E】) 命令，即可将 N-gons 线转为实体线，如图 5-62 所示。

图 5-61　选择 3 个挡位指示灯中央的顶点

图 5-62　将 N-gons 线转为实体线

提示

利用"线性切割"工具根据N-gons线的走向进行切割也可以制作出上面的布线效果。

⑦制作挡位指示灯位置的凹陷效果。方法：利用 🔘（实体选择工具）选中最上面挡位指示灯位置的多边形，如图5-63所示，然后利用 🔲（缩放工具），配合【Shift】键，将其缩放为原来的65%，如图5-64所示，接着按住【Ctrl】键，将其向内缩放挤压为原来的50%，如图5-65所示。

图5-63　选中最上面挡位指示灯位置的多边形　　图5-64　缩放为原来的65%　　图5-65　向内缩放挤压为原来的50%

⑧按【F1】键，切换到透视视图，利用 ✛（移动工具）将其沿Z轴移动的同时，按住【Shift】键，将其沿Z轴向内移动1 cm，如图5-66所示。

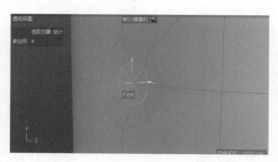

图5-66　沿Z轴向内移动1 cm

⑨为了稳定指示灯位置的结构，下面进入 🔲（边模式），按【U+L】组合键，切换到"循环选择"工具，再选择指示灯凹陷位置的两圈边，如图5-67所示。切换到"倒角"工具，再对视图中的这两圈边进行倒角处理，并在属性面板中将"倒角模式"设置为"实体"，"偏移"的数值设置为0.5 cm，效果如图5-68所示。

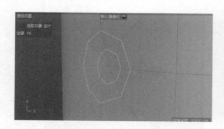 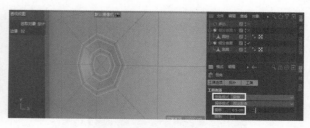

图5-67　选择指示灯凹陷位置的两圈边　　　　图5-68　倒角效果

⑩同理，制作出第2个和第3个挡位指示灯的凹陷效果，如图5-69所示。

⑪同理，制作出充电指示灯的凹陷效果，如图5-70所示。

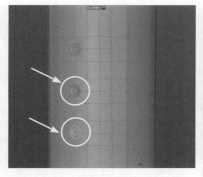 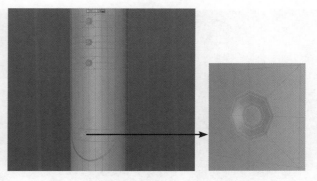

图 5-69 制作出第 2 个和第 3 个挡 　　　图 5-70 制作出充电指示灯的凹陷效果
　　位指示灯的凹陷效果

⑫在"对象"面板中恢复"细分曲面 1"的显示，在透视视图中按【H】键，将模型在视图中最大化显示，效果如图 5-71 所示。

（5）制作电动牙刷手柄两端的封口和倒角效果

①在"对象"面板中关闭"细分曲面 1"的显示，选择"圆柱"，按【K+K】键，切换到"线性切割"工具。接着参考背景图电动牙刷手柄顶部的结构在转折处切割出一圈边，如图 5-72 所示。再按【K+L】键，切换到"循环／路径切割"工具，最后在顶部切割出两圈边，如图 5-73 所示。

 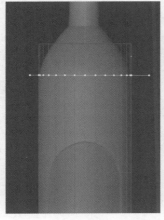

图 5-71 将模型在 　图 5-72 在转折处切割出一圈边 　　　图 5-73 在顶部切割出两圈边
视图中最大化显示

②参考背景图，利用 ▣（缩放工具），对相应的边进行缩放处理，效果如图 5-74 所示。

③制作顶部的封口效果。方法：按【F1】键，切换到透视视图，利用 ✛（移动工具）在顶部边缘处双击，从而选中顶部边缘的一圈边，如图 5-75 所示。接着利用 ▣（缩放工具），按住【Ctrl】键向内缩放挤压两次，如图 5-76 所示。最后在变换栏中将"尺寸 X＼Y＼Z"的数值均设置为 0 cm，从而制作出顶部的封口效果，如图 5-77 所示。

④制作顶部转折处的倒角效果。方法：利用 ✛（移动工具）在顶部转折处双击，从而选中顶部转折处的一圈边，如图 5-78 所示。然后按【M+S】组合键，切换到"倒角"工具，接着对这圈边进行倒角处理，并在属性面板中将"倒角模式"设置为"实体"，"偏移"的数值设置为 2 cm，效果如图 5-79 所示。

 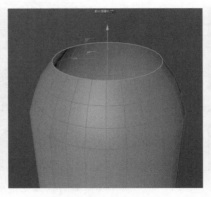 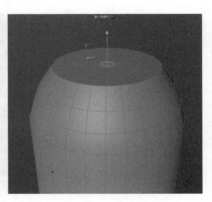

图 5-74　对相应的边进 　　图 5-75　选中顶部边缘的一圈边 　　图 5-76　向内缩放挤压两次
行缩放处理

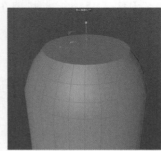 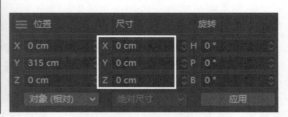

图 5-77　顶部的封口效果

 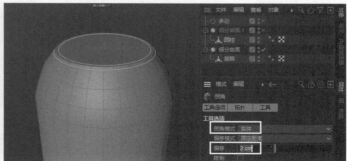

图 5-78　选中顶部转折处的一圈边 　　　　图 5-79　倒角效果

　　⑤同理，利用对电动牙刷底部的一圈边进行封口处理，如图 5-80 所示。然后选择底部转折处的一圈边，按【M+S】组合键，切换到"倒角"工具，接着对这圈边进行倒角处理，并在属性面板中将"倒角模式"设置为"实体"，"偏移"的数值设置为 6 cm，效果如图 5-80 所示。

　　⑥在"对象"面板中恢复"细分曲面 1"的显示，效果如图 5-81 所示。然后按【H】键，将模型在视图中最大化显示，再将视图调整到合适角度，如图 5-82 所示。至此，电动牙刷的手柄模型制作完毕。

2. 制作电动牙刷头的模型

　　制作电动牙刷头的模型分为制作牙刷头的大体模型和制作牙刷毛的结构两部分。

　　（1）制作牙刷头的大体模型

　　①按【F4】键，切换到正视图，然后在视图中创建出一个圆盘，再在属性面板中将圆盘的"外部半径"设置为 34 cm，"旋转分段"设置为 12，如图 5-84 所示。

视频
电动牙刷展
示场景 3.mp4

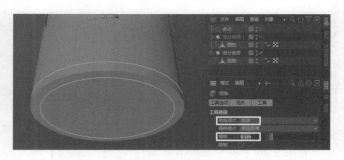

图 5-80　对电动牙刷的底部进行封口处理　　　　　　　图 5-81　倒角效果

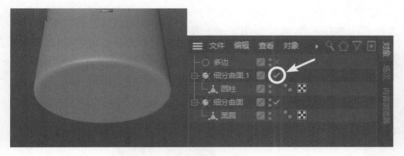

图 5-82　恢复"细分曲面 1"的显示　　　　　图 5-83　电动牙刷手
柄的整体模型

②参考背景图将圆盘沿 Y 轴向上移动到牙刷头的底部，在编辑模式工具栏中单击（视窗单体独显）按钮，从而在视图中只显示圆盘，如图 5-85 所示。

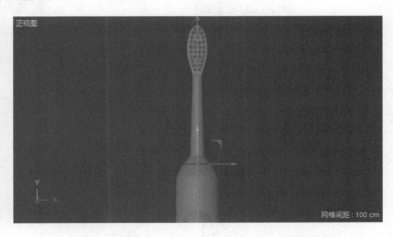

图 5-84　设置圆盘参数　　　　　图 5-85　将圆盘沿 Y 轴向上移动到牙刷头的底部

③按【F1】键，切换到透视视图，在编辑模式工具栏中单击 （转为可编辑对象）按钮，将其转为一个可编辑对象。

④进入 （边模式），利用 （实体选择工具）选择圆盘中间所有的边，如图 5-86 所示，然后右击，从弹出的快捷菜单中选择"融解"命令，将它们融解掉，如图 5-87 所示。

⑤对圆盘内部进行重新布线。方法：按【F4】键，切换到正视图，然后按【H】键，将其在视图中最大化显示。接着按【K+K】组合键，切换到"线性切割"工具，再对圆盘内部进行切割布线，使之线条分布更加匀称，如图 5-88 所示。

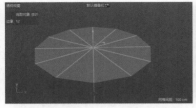

图 5-86　选择圆盘中间所有的边　　　　图 5-87　融解边的效果　　　　图 5-88　对圆盘内部进行重新布线

⑥进入 （多边形模式），然后按【Ctrl+A】组合键选中所有多边形，再按【F4】键，切换到正视图。接着利用 （移动工具），参考背景图，按住【Ctrl】键，将其沿 Y 轴向上挤压，再利用 （缩放工具）对其进行适当缩放，使之与背景图进行匹配，如图 5-89 所示。

⑦同理，对选中的多边形进行再次挤压和缩放，如图 5-90 所示。

图 5-89　对选中多边形进行挤压和缩放　　　图 5-90　对选中多边形进行再次挤压和缩放

⑧按【F1】键，切换到透视视图，利用 （实体选择工具）选择顶部的 4 个多边形，如图 5-91 所示。接着按【F4】键，切换到正视图，再按住【Ctrl】键，将其沿 Y 轴向上挤压，再利用 （缩放工具）对其进行适当放大，如图 5-92 所示。同理，参考背景图对选中的多边形进行不断挤压和缩放，如图 5-93 所示。

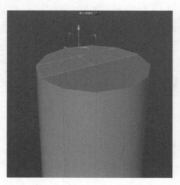

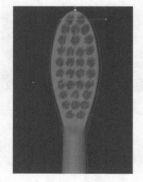

图 5-91　选择顶部的 4 个多边形　　　图 5-92　对多边形进行适当放大　　　图 5-93　对多边形进行不断挤压和缩放

⑨按【F1】键，切换到透视视图，进入 （点模式），然后选择顶部的两个顶点，如图 5-94 所示，接着按【F4】键，切换到正视图，再将这两个顶点沿 Y 轴向上移动一段距离，如图 5-95 所示。

图 5-94　选择顶部的两个顶点　　　　图 5-95　将这两个顶点沿 Y 轴向上移动一段距离

⑩按【F3】键，切换到右视图，选择 （框选工具），在属性栏中取消选中"仅可见元素"复选框，再框选左侧的一排顶点，如图 5-96 所示。接着在变换栏中将"尺寸 Z"的数值设置为 0 cm，从而将这些顶点在垂直方向的坐标设置为一致，如图 5-97 所示。

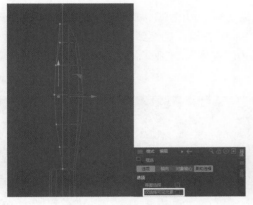

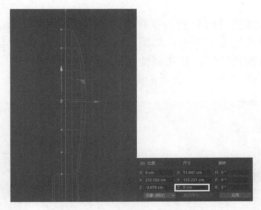

图 5-96　框选左侧的顶点　　　　　图 5-97　将"尺寸 Z"的数值设置为 0cm 的效果

⑪按【F4】键，切换到正视图，框选下部的一圈顶点，如图 5-98 所示。再参考背景图将其沿 Y 轴向上移动一段距离，如图 5-99 所示。接着按【F3】键，切换到右视图，如图 5-100 所示，再调整顶点的位置，使之形成一个坡度，如图 5-101 所示。最后按【F4】键，切换到正视图，如图 5-102 所示，再按【M+O】组合键，切换到滑动工具，再根据参考图将中间的顶点向下滑动一段距离，如图 5-103 所示。

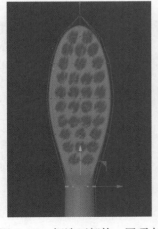

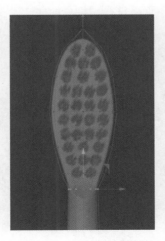

图 5-98　框选下部的一圈顶点　　　图 5-99　切换到右视图　　　图 5-100　切换到右视图

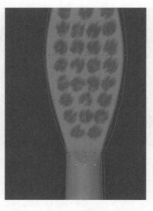
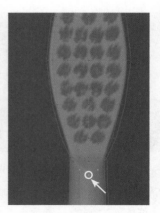

图 5-101　调整顶点的位
置,使之形成一个坡度

图 5-102　切换到正视图

图 5-103　根据参考图将中
间的顶点向下滑动一段距离

⑫按【F1】键,切换到透视视图。进入 ▦(边模式),利用 ✛(移动工具),配合【Shift】键
选择外侧的一圈边,如图 5-104 所示。接着按【M+S】组合键,切换到"倒角"工具,再对这圈边
进行倒角处理,并在属性面板中将"倒角模式"设置为"实体","偏移"的数值设置为 2 cm,"斜角"
设置为"均匀",效果如图 5-105 所示。

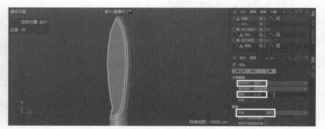

图 5-104　选择外侧的一圈边

图 5-105　倒角效果

⑬给圆盘添加平滑效果。方法:按住键盘上的【Alt】键,单击工具栏中的 ◉(细分曲面)工
具,从而给圆盘添加一个"细分曲面"生成器的父级。

⑭此时牙刷头的转折处会有一条明显的棱,如图 5-106 所示。在"对象"面板中选择"圆盘",
然后按【K+L】组合键,切换到"循环/路径切割"工具,接着在转折处单击,从而添加一圈边,
如图 5-107 所示。最后在"对象"面板选择"细分曲面 2",效果如图 5-108 所示。

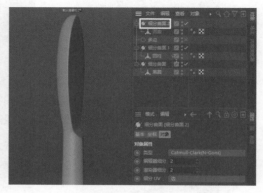

图 5-106　牙刷头的转
折处会有一条明显的棱

图 5-107　在牙刷头的
转折处添加一圈边

图 5-108　选择"细分曲面 2"的效果

（2）制作牙刷毛的结构

①按【F4】键，切换到正视图。然后在视图中创建出一个圆盘，在属性面板中将"圆盘"的方向设置为"－Z"，"旋转分段"设置为 16，"外部半径"设置为 4 cm，最后参考背景图将其移动到图 5-109 所示的位置。

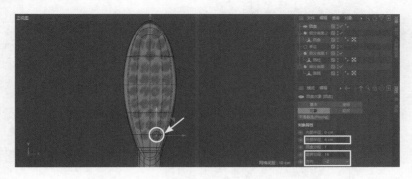

图 5-109　创建圆盘并将其移动到合适位置

②按住【Ctrl】键参考背景图复制出多个圆盘，并将它们依次放置到右侧，如图 5-110 所示。然后在"对象"面板中选择牙刷毛位置的所有圆盘，按【Alt+G】组合键，将它们组成一个组。

③将右侧的圆盘对称到左侧。方法：按住【Alt】键，在工具栏 （细分曲面）工具上按住鼠标左键，从弹出的隐藏工具中选择 对称，从而给它添加一个"对称"生成器的父级，如图 5-111 所示。然后在"对象"面板中选择"对称"，再进入 （模型）模式，在"变换栏"中将"位置 X"的数值设置为 0 cm，效果如图 5-112 所示。接着在"对象"面板中选择"空白"，在属性面板"坐标"选项卡中将"P.X"的数值设置为 11 cm，效果如图 5-113 所示。

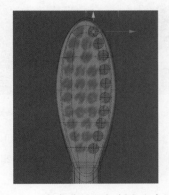

图 5-110　参考背景图复制出多个圆盘

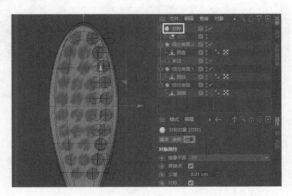

图 5-111　参考背景图复制出多个圆盘

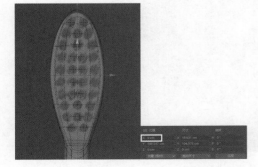

图 5-112　将"位置 X"的数值设置为 0 cm 的效果

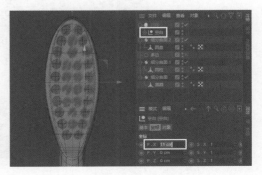

图 5-113　将"P.X"的数值设置为 11 cm 的效果

④在"对象"面板中选择"圆盘9",然后按住【Ctrl】键,将参考背景图移动到合适位置,如图5-114所示。同理,参考背景图复制出牙刷毛位置的其余圆盘,如图5-115所示。

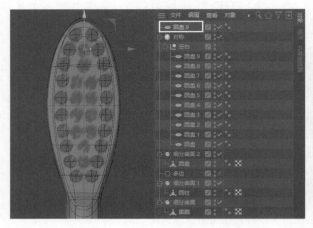

图5-114 复制"圆盘9"并将参考背景图移动到合适位置

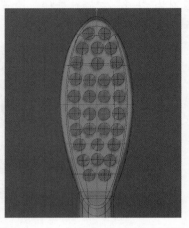

图5-115 参考背景图复制出牙刷毛位置的其余圆盘

⑤在"对象"面板中同时选择"空白"和"对称",如图5-116所示。然后右击,从弹出的快捷菜单中选择"连接对象+删除"命令,将它们转为一个可编辑对象,如图5-117所示。

图5-116 同时选择"空白"和"对称"

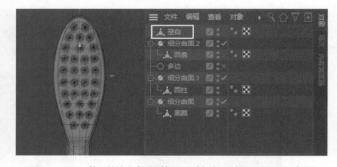

图5-117 将牙刷毛位置的圆盘转为一个可编辑多边形

⑥制作牙刷毛效果。方法:在"对象"面板中选择"空白",然后按住键盘上的【Alt】键,执行菜单中的"模拟|毛发对象|添加毛发"命令,接着按【F1】键,切换到正视图,效果如图5-118所示。

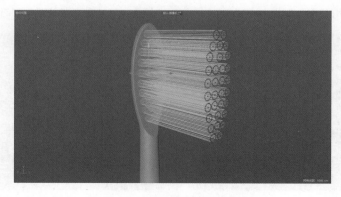

图5-118 给圆盘添加毛发效果

⑦此时牙刷毛长度过长，而且分布过于规则，下面就来解决这个问题。方法：进入"毛发"属性面板的"引导线"选项卡，将"长度"设置为 60 cm，再将"映射"设置为"新的"，"发根"设置为"多边形区域"，效果如图 5-119 所示。

⑧此时视图中显示的牙刷毛数量过少，在"毛发"属性面板的"引导线"选项卡中将"数量"设置为 1 000，这时候视图中的牙刷毛数量就明显增多了，如图 5-120 所示。

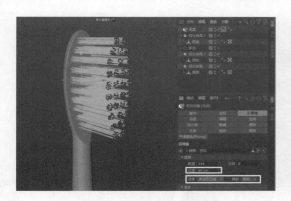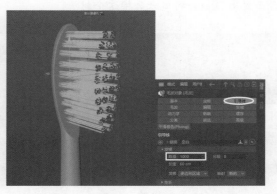

图 5-119　调整毛发参数　　　　　图 5-120　在"引导线"选项卡中将"数量"设置为 1 000 的效果

⑨在工具栏中单击 ▶️（渲染到图片查看器）按钮，会发现渲染后显示的牙刷毛数量过多，如图 5-121 所示。这是因为在视图中显示的牙刷毛数量和渲染后显示的牙刷毛数量不一致的缘故，下面就来解决这个问题。方法：进入"毛发"属性面板的"毛发"选项卡，将"数量"也设置为 1000，如图 5-122 所示。接着在工具栏中单击 ▶️（渲染到图片查看器）按钮，渲染效果如图 5-123 所示，此时在视图中显示的牙刷毛数量和渲染后显示的牙刷毛数量就一样了。

图 5-121　渲染效果　　　图 5-122　在"毛发"选项卡中将"数量"设置为 1 000　　　图 5-123　渲染效果

提示

默认在视图中显示的牙刷毛数量和渲染时显示的牙刷毛数量是不同的。如果要想二者数量一致，必须重新设置。

⑩此时牙刷毛的颜色默认是棕色的，为了便于观看牙刷毛的整体颜色效果，使用 Cinema 4D 将牙刷毛的颜色暂时处理为浅绿色。方法：在材质栏中双击"毛发材质"，如图 5-124 所示，进入材质编辑器，如图 5-125 所示。然后删除左侧颜色块，再将右侧颜色块的颜色设置为一种浅绿色

〔HSV 的数值为（150，50%，100%）〕，如图 5-126 所示。最后在工具栏中单击  （渲染到图片查看器）按钮，渲染效果如图 5-127 所示。

提示

此时使用 Cinema 4D 将牙刷毛的颜色调整为绿色只是为了暂时观看牙刷毛的整体颜色效果，后面要用 Octane 材质来替换这个材质。

图 5-124　双击"毛发材质"

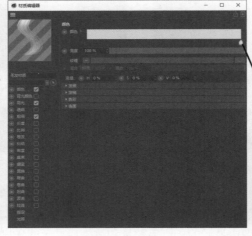

图 5-125　材质编辑器　　图 5-126　将右侧颜色块的颜色设置为一种浅绿色〔HSV 的数值为（150，50%，100%）〕

⑪对照参考图对牙刷头底部进行进一步处理。方法：按【F4】键，切换到正视图，然后将视图调整到合适位置。接着在"对象"面板中选择"圆盘"，再关闭"细分曲面 2"的显示，如图 5-128 所示。

图 5-127　渲染效果　　图 5-128　在"对象"面板中选择"圆盘"，再关闭"细分曲面 2"的显示

⑫进入 （边模式），然后按【K+L】组合键，切换到"循环／路径切割"工具，再在牙刷头底部添加一圈边，并中心对齐，如图 5-129 所示。接着参考背景图，利用 （缩放工具）选中这圈边，对相应的边进行放大，效果如图 5-130 所示。

⑬为了使牙刷转折处更加硬朗，下面对转折处的边进行倒角处理。方法：利用 （移动工具）在转折位置双击，从而选中转折处的一圈边，如图 5-131 所示。然后按【M+S】组合键，切换到"倒角"工具，再对这圈边进行倒角处理，并在属性面板中将"倒角模式"设置为"实体"，"偏移"的数值设置为 1cm，效果如图 5-132 所示。

⑭在"对象"面板中恢复"细分曲面 2"的显示，然后按【F1】键，切换到透视视图。接着在

编辑模式工具栏中单击 🅂（关闭视窗独显）按钮，在视图中显示出所有模型，再按【H】键，将所有模型在视图中最大化显示，并将视图调整到一个合适角度，如图 5-133 所示。

图 5-129　在牙刷头底部添加一圈边

图 5-130　参考背景图对添加的边进行适当放大

图 5-131　选中转折处的一圈边

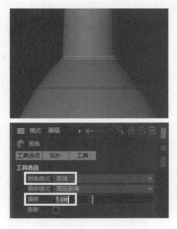

图 5-132　选中转折处的一圈边

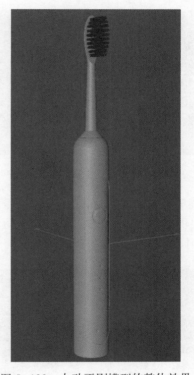

图 5-133　电动牙刷模型的整体效果

⑮至此，牙刷头模型制作完毕。为了便于区分，在"对象"面板中将"圆盘"重命名为"牙刷头"，"圆柱"重命名为"手柄"，如图 5-134 所示。

图 5-134　重命名对象

3．创建相应的多边形选集以及制作电动牙刷其余附属模型

创建相应的多边形选集以及制作电动牙刷其余附属模型分为创建绿色开关按钮的选区、制作开关按钮上的开关图标、创建发光的挡位指示灯以及充电指示灯的选区、制作挡位指示灯下的文字和制作充电指示灯右侧的充电图标五部分。

（1）创建一个绿色开关按钮的选区

①在"对象"面板中关闭"细分曲面 1"的显示，选择下方的"圆柱"，然后在编辑模式工具栏中单击 Ⓢ（视窗单体独显）按钮，在视图中只显示出作为电动牙刷手柄的圆柱模型。接着进入 ▣（多边形模式），执行菜单中的"选择 | 循环选择"（快捷键是【U+L】）命令，选择开关按钮最外层的一圈多边形，如图 5-135 所示。最后执行菜单中的"选择 | 填充选择"（快捷键是【U+F】）命令，再按住键盘上的【Shift】键，加选按钮内部的其余多边形，如图 5-136 所示。

图 5-135　选择开关按钮最外层的一圈多边形

②执行菜单中的"选择 | 设置选集"命令，将它们设置为一个选集，此时"对象"面板的"圆柱"后面会出现一个多边形选集，为了便于区分，在属性面板中将设置的选集名称设置为"绿色按钮"，如图 5-137 所示。

图 5-136　加选按钮内部的其余多边形

图 5-137　将设置的选集名称设置为"绿色按钮"

（2）制作开关按钮上的开关图标

①按【F4】键，切换到正视图，然后在视图中创建一个圆环，再在属性面板中将其"方向"设置为"+Z"，"圆环半径"设置为 8 cm，"圆环分段"设置为 32，"导管半径"设置为 0.5 cm，"导管分段"设置为 12，接着参考背景图将其移动到开关按钮的中间位置，如图 5-138 所示。

②按【F4】键，切换到正视图，然后在视图中创建一个圆柱，再在属性面板中将"半径"设置为 0.5 cm，"高度"设置为 8，"高度分段"设置为 1，"旋转分段"设置为 16，接着参考背景图将其移动到相应位置，如图 5-139 所示。

③按住【Ctrl】键，在"对象"面板中复制出一个"圆柱 1"，然后在属性面板中将其"半径"设置为 1.5 cm，如图 5-140 所示。

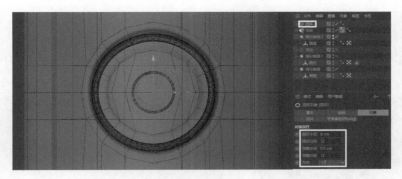

图 5-138　设置圆环参数并将其移动到开关按钮的中间位置

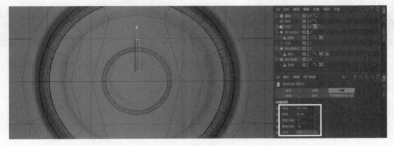

图 5-139　设置圆柱参数并将其移动到圆环上方位置

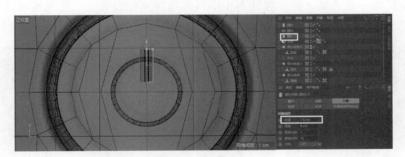

图 5-140　将"圆柱 1"的半径设置为 1.5 cm

④在"对象"面板中同时选择"圆环"和"圆柱 1",然后按住【Alt】键,在工具栏 工具上按住鼠标左键,从弹出的隐藏工具中选择 ![icon]布尔,从而给它们添加一个"布尔"生成器的父级。接着在"布尔"属性面板中将"布尔类型"设置为"A 减 B",此时会从"圆环"中减去"圆柱 1",效果如图 5-141 所示。

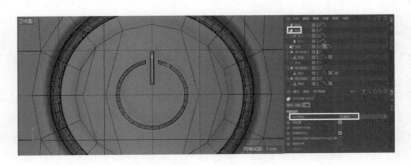

图 5-141　"布尔"效果

⑤在"对象"面板中同时选择"圆柱"和"布尔"，然后按【Alt+G】组合键，将它们组成一个组，并将组的名称重命名为"绿开关图标"，再恢复"细分曲面1"的显示，如图5-142所示。接着按【F1】键，切换到透视视图，在属性面板中将"开关"沿Z轴移动到开关按钮表面，如图5-143所示。

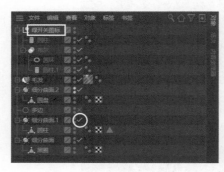

图5-142 "对象"面板

图5-143 将"开关"沿Z轴移动到开关按钮表面

（3）创建发光的挡位指示灯以及充电指示灯的选区

①在"对象"面板中关闭"细分曲面1"的显示，然后选择下方的"圆柱"，再进入▣（多边形模式），利用◉（实体选择工具）选择要发光的挡位指示灯的多边形，如图5-144所示。

②配合【Shift】键，加选"充电指示灯"位置的多边形，然后执行菜单中的"选择|设置选集"命令，将它们设置为一个选集，并在属性面板中将选集的名称设置为"发光指示灯"，如图5-145所示。

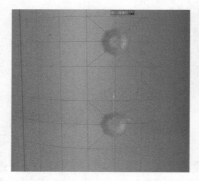

图5-144 选择要发光的挡位指示灯的多边形

图5-145 将选集的名称设置为"发光指示灯"

（4）制作挡位指示灯下的文字

①按【F4】键，切换到正视图。执行菜单中的"运动图形|文本"命令，在"文本"属性面板"对象"选项卡中将"深度"设置为0 cm，"文本"设置为clean，"字体"设置为"Arial"，"对齐"设置为"中对齐"，"高度"设置为8 cm，如图5-146所示，最后参考背景图将文字移动到合适位置，如图5-147所示，再进入"封盖"选项卡，将"封盖类型"设置为"常规网格"，如图5-148所示。

②按【F1】键，切换到透视视图，将文字沿Z轴向外移动一段距离，此时可以看到文字并没有附着到电动牙刷的手柄上，如图5-149所示。按住【Shift】键，在工具栏🔧（扭曲）工具上按住鼠标左键，从弹出的隐藏工具中选择🔧收缩包裹，从而给它添加一个"收缩包裹"生成器的子级。然后在"对象"面板中将"圆柱"拖到"收缩包裹"属性面板"对象"选项卡的"目标对象"右侧，此时文字就附着到电动牙刷手柄上了，效果如图5-150所示。

图 5-146　设置文本参数

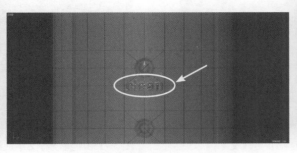

图 5-147　参考背景图将文字移动到合适位置

图 5-148　将"封盖类型"
设置为"常规网格"

图 5-149　文字并没有附着到电动牙刷的
手柄上

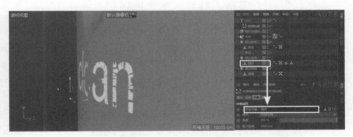

图 5-150　将文字附着到电动牙刷的手柄上

③给文字添加一个厚度。方法：在"对象"面板中选择"文本"，然后按住【Alt】键，在工具栏 （细分曲面）工具上按住鼠标左键，从弹出的隐藏工具中选择 ，从而给它添加一个"布料曲面"生成器的父级。然后在"布料曲面"属性面板中将"厚度"设置为 0.2 cm，效果如图 5-151 所示。

图 5-151　将"厚度"设置为 0.2 cm 的效果

④按【F4】键，切换到正视图。然后按住【Ctrl】键，沿 Y 轴向下复制文字，并更改文字内容，如图 5-152 所示。为了便于管理，在"对象"面板中同时选择"布料曲面"、"布料曲面 1"和"布料曲面 2"，按【Alt+G】组合键，将它们组成一个组，并将组的名称重命名为"文字"，如图 5-153 所示。

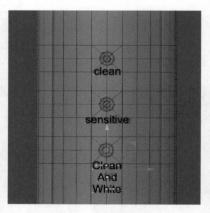

图 5-152　复制并更改文字内容

图 5-153　将所有文字成组，并将组
的名称重命名为"文字"

（5）制作充电指示灯右侧的充电图标

①在正视图中创建一个矩形，在编辑模式工具栏中单击 （转为可编辑对象）按钮，将其转为一个可编辑对象。接着进入 （点模式），调整矩形顶点的位置，使之与背景图中的充电图标进行匹配，如图 5-154 所示。

②在"对象"面板中按住【Ctrl】键复制出一个"矩形 1"，调整矩形顶点的位置，如图 5-155 所示。

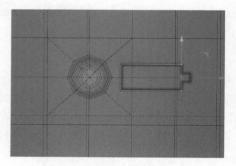

图 5-154　调整矩形顶点的位置

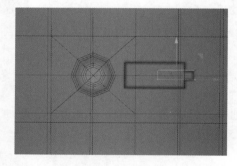

图 5-155　复制矩形并调整矩形顶点的位置

③在"对象"面板中同时选择"矩形"和"矩形 1"，如图 5-156 所示。然后按住【Ctrl+Alt】组合键，在工具栏 （样条画笔）工具上按住鼠标左键，从弹出的隐藏工具中选择 样条并集 ，从而将它们合并为一个新的对象，如图 5-157 所示。

图 5-156　同时选择"矩形"和
"矩形 1"

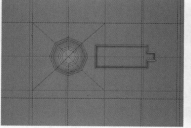

图 5-157　"样条并集"的效果

④右击，从弹出的快捷菜单中选择"创建轮廓"命令，给矩形添加一个轮廓效果，如图 5-158 所示。

⑤将二维充电图标处理为三维模型。方法：按住【Alt】键，在工具栏中选择 █（挤压），从而给充电图标添加一个"挤压"生成器的父级，然后在属性面板中将"移动"的数值均设置为 0 cm，如图 5-159 所示。接着进入"封盖"选项卡，将"封盖类型"设置为"常规网格"，如图 5-160 所示，效果如图 5-161 所示。

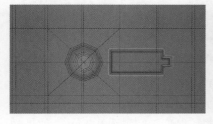

图 5-158　给矩形添加一个轮廓效果

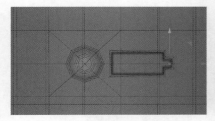

图 5-161　将"封盖类型"设置为"常规网格"的效果　　　　图 5-159　将"挤压"的数值均设置为 0 cm　　　　图 5-160　将"封盖类型"设置为"常规网格"

⑥此时充电图标的线框分布过少，在"对象"面板中选择"矩形"，然后在属性面板"对象"选项卡中将"点插值方式"设置为"自然"，"数量"设置为 8，效果如图 5-162 所示。

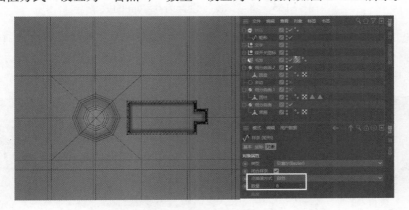

图 5-162　设置点插值方式

⑦按【F1】键，切换到透视视图，将充电图标沿 Z 轴向外移动一段距离，此时可以看到充电图标并没有附着到电动牙刷的手柄上，如图 5-163 所示。在"对象"面板中选择"挤压"，按【Alt+G】组合键，将其组成一个组，然后按住【Shift】键，在工具栏 ███（扭曲）工具上按住鼠标左键，从弹出的隐藏工具中选择 ███，从而给它添加一个"收缩包裹"生成器的子级。接着在"对象"面板中将"圆柱"拖到"收缩包裹"属性面板"对象"选项卡的"目标对象"右侧，此时充电图标就附着到电动牙刷手柄上了，效果如图 5-164 所示。

图 5-163　充电图标并没有附着到电动牙刷的手柄上

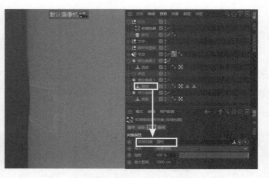
图 5-164　将充电图标附着到电动牙刷的手柄上

⑧给充电图标添加一个厚度。方法：在"对象"面板中选择"空白"，然后按住【Alt】键，在工具栏 工具上按住鼠标左键，从弹出的隐藏工具中选择 ![icon] 布料曲面，从而给它添加一个"布料曲面"生成器的父级。然后在"布料曲面"属性面板中将"厚度"设置为 0.2 cm，效果如图 5-165 所示。

图 5-165　将"厚度"设置为 0.2 cm 的效果

⑨在"对象"面板中恢复"细分曲面 1"的显示，在编辑模式工具栏中单击 ![S] (关闭视窗独显)按钮，显示出所有模型，接着按【H】键，将所有模型在视图中最大化显示。最后为了便于管理，在"对象"面板中将"布料曲面"重命名为"充电图标"，如图 5-166 所示。

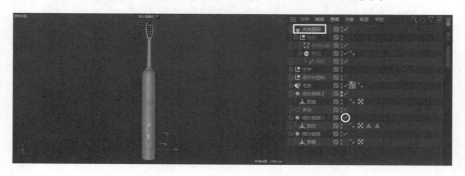
图 5-166　将所有模型在视图中最大化显示，并将布料曲面"重命名为"充电图标"

⑩在"对象"面板中选择所有的对象，按【Alt+G】组合键，将它们组成一个组，并将组的名称重命名为"电动牙刷"，如图 5-167 所示。

⑪执行菜单中的"插件 |Drop2Floor"命令，将电动牙刷对齐到地面。

图 5-167　将组的名称重命名为"电动牙刷"

提　示

"Drop2Floor"插件可以在配套资源中下载，然后将其复制到"Maxon Cinema 4D R21\plugins"中，再重新启动软件即可。

⑫至此，电动牙刷的模型制作完毕。执行菜单中的"文件|保存项目"命令，将其保存为"电动牙刷（白模）.c4d"。

5.1.2　制作电动牙刷展示场景中的其余模型

制作电动牙刷展示场景中的其余模型分为制作地面以及墙面模型、制作电动牙刷实例、制作牙刷头及其底座模型和制作球体模型四部分。

1. 制作地面以及墙面模型

①在透视视图中创建一个立方体，然后在属性面板中将其"尺寸 X/Y/Z"的数值均设置为1 800 cm，接着执行菜单中的"插件|Drop2Floor"命令，将立方体对齐到地面，效果如图 5-168所示。

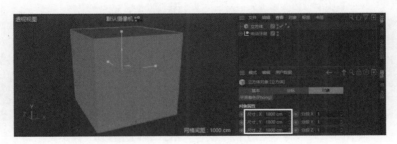

图 5-168　创建立方体

提　示

将立方体的参数设置为一个整数是为了便于用户学习，而在实际工作中，这些参数不一定设置为一个整数。

②在编辑模式工具栏中单击 （转为可编辑对象）按钮（快捷键是【C】），将立方体转为可编辑对象。

③进入 （多边形模式），用 （实体选择工具）选择立方体多余的 3 个多边形，按【Delete】键进行删除，效果如图 5-169 所示。

④由于地面和墙面是两种不同的材质，下面将地面和墙面分离出来。方法：在视图中选择作为地面的多边形，右击，从弹出的对话框中选择"分裂"命令，再在属性面板中将分离出来的"立方体 1"重命名为"地面"，如图 5-170 所示。接着在"对象"面板中选择"立方体"，再在视图中选择多余的地面多边形，按【Delete】键进行删除，最后在"对象"面板中将"立方体"重命名为"墙面"，如图 5-171 所示。

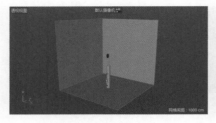

图 5-169　删除多余的 3 个多边形

图 5-170　将地面模型分裂出来并重命名为"地面"

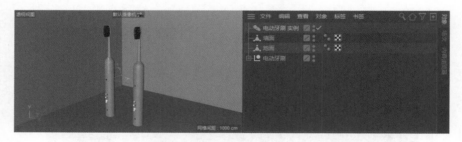

图 5-171　将作为墙面的多边形重命名为"墙面"

2．制作电动牙刷实例

①在"对象"面板中选择"电动牙刷"，然后在工具栏 ⬤（细分曲面）工具上按住鼠标左键，从弹出的隐藏工具中选择 ⬤ 实例，从而创建出一个"电动牙刷　实例"。接着将"电动牙刷　实例"沿 X 轴向左移动一段距离，效果如图 5-172 所示。

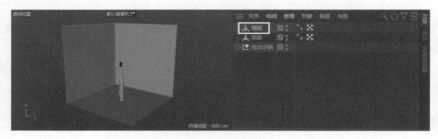

图 5-172　将"电动牙刷 实例"沿 X 轴向左移动一段距离

📖 **提示**

创建电动牙刷实例与按住【Ctrl】键直接复制电动牙刷模型相比的优点在于可以更节省计算机的资源，加快计算机运行速度，而且当设置了电动牙刷的材质后，在电动牙刷实例上的材质也能更新，从而大大提高工作效率。

②为了使两个电动牙刷角度有些变化，利用 ⬤（旋转工具）将"化妆刷　实例"沿 Y 轴旋转 40°，如图 5-173 所示。

3．制作牙刷头及其底座模型

①在"对象"面板中展开"电动牙刷"组，同时选择"毛发"和"细分曲面 2"，如图 5-174 所示，按【Ctrl+C】组合键进行复制，接着按【Ctrl+V】组合键进行粘贴，如图 5-175 所示。最

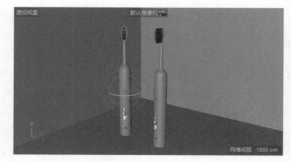

图 5-173　将"化妆刷 实例"沿 Y 轴旋转 40°

后按【Alt+G】组合键，将它们组成一个组，并将组的名称重命名为"牙刷头"，如图 5-176 所示。

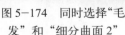

图 5-174　同时选择"毛发"和"细分曲面 2"

图 5-175　粘贴效果

图 5-176　将组的名称重命名为"牙刷头"

②将"牙刷头"模型沿 X 轴向右移动一段距离，执行菜单中的"插件|Drop2Floor"命令，将牙刷头对齐到地面，效果如图 5-177 所示。然后利用 ◎（旋转工具）将牙刷头模型沿 Y 轴旋转 30°，效果如图 5-178 所示。

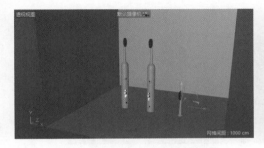

图 5-177　将牙刷头对齐到地面

图 5-178　牙刷头模型沿 Y 轴旋转 30°

③复制出两个牙刷头模型。方法：在"对象"面板中选择"牙刷头"模型，然后按住键盘上的【Alt】键，单击工具栏中的 ▩（克隆）工具，给"牙刷头"添加一个"克隆"的父级，接着在属性面板中将"模式"设置为"线性"，"数量"分别设置为"3"，"位置 X"的数值设置为 130 cm，"位置 Y"的数值设置为 0 cm，效果如图 5-179 所示。

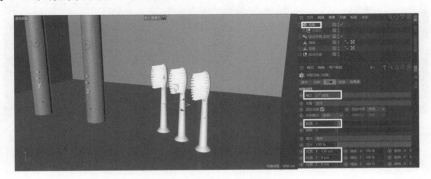

图 5-179　牙刷头模型沿 Y 轴旋转 30°

④制作牙刷头底部的基座模型。方法：在"对象"面板中选择"克隆"，然后按住【Ctrl】键，在工具栏 ▧（样条画笔工具）上按住鼠标左键，从弹出的隐藏工具中选择 ◯，从而创建一个与"克隆"同轴心的圆环，接着按【F2】键，切换到顶视图，再在属性面板中选中"椭圆"复选框，并将椭圆长轴"半径"设置为 210 cm，短轴"半径"设置为 130 cm，最后利用 ✛（移动工具）将其

移动到牙刷头的位置，如图 5-180 所示。

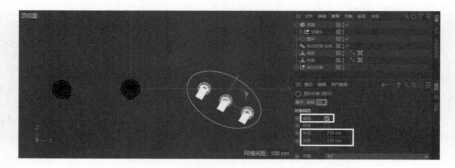

图 5-180　创建椭圆并将其移动到牙刷头的位置

⑤按住【Alt】键，单击工具栏中的 ■ （挤压）工具，给"圆环"添加一个"挤压"生成器的父级，然后在属性面板"对象"选项卡中将"移动"的数值设置为（0 cm，15 cm，0 cm），再进入"封盖"选项卡，将圆角"尺寸"设置为 3 cm，按【F1】键，切换到透视视图，执行菜单中的"插件 | Drop2Floor"命令，将其对齐到地面，效果如图 5-181 所示。

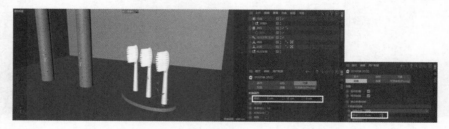

图 5-181　将基座模型对齐到地面

⑥按【F3】键，切换到右视图，在"对象"面板中选择"克隆"，再将其沿 Y 轴向上移动到基座上面，如图 5-182 所示。

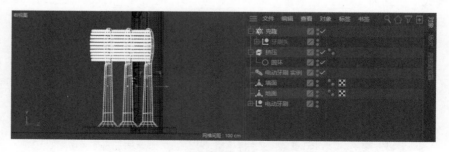

图 5-182　将牙刷头模型移动到基座上面

4．制作球体模型

①在透视视图中创建出一个球体，在属性面板中将球体"半径"设置为 100 cm，"分段"设置为 60，然后将其移动到合适位置，再执行菜单中的"插件 | Drop2Floor"命令，将其对齐到地面，效果如图 5-183 所示。

②进一步调整场景中模型的位置关系，效果如图 5-184 所示。

③至此，电动牙刷展示场景的模型制作完毕。执行菜单中的"文件 | 保存项目"命令，将其保存为"电动牙刷展示场景 .c4d"。

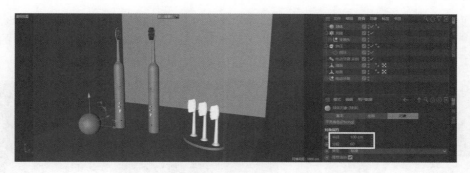

图 5-183　将球体移动到合适位置并对齐到地面

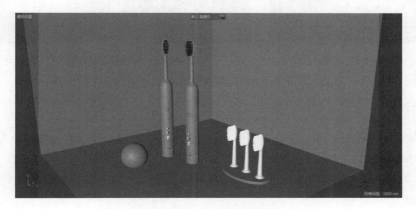

图 5-184　进一步调整场景中模型的位置关系

5.2　设置文件输出尺寸，在场景中添加 OC 摄像机和 HDR

本节分为设置文件输出尺寸，在场景中添加 OC 摄像机和 HDR 三个部分。

5.2.1　设置文件输出尺寸

①设置文件输出尺寸。方法：在工具栏中单击 ![icon]（编辑渲染设置）按钮，从弹出的"渲染设置"对话框中将输出尺寸设置为 2 560 × 2 000 像素，如图 5-185 所示，关闭"渲染设置"对话框，然后按【F1】键，切换到透视视图，效果如图 5-186 所示。

图 5-185　将输出尺寸设置为 2 560 × 2 000 像素

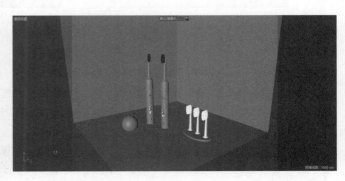

图 5-186　将输出尺寸设置为 2 560 × 2 000 像素后的效果

②为了便于观看，下面将渲染区域以外的部分设置为黑色。方法：按【Shift+V】组合键，在属性面板"查看"选项卡中将"透明"设置为95%，如图5-187所示，此时渲染区域以外的部分就显示为黑色了，如图5-188所示。

 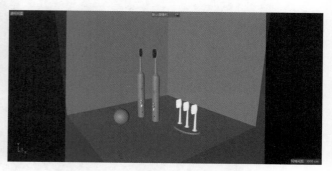

图5-187　将"透明"设置为95%　　　　　图5-188　渲染区域以外的部分显示为黑色

5.2.2　在场景中添加OC摄像机

①执行菜单中的"Octane | 实时渲染窗口"命令，在弹出的"Octane实时渲染窗口"中执行菜单中的"对象 | OC摄像机"命令，从而给场景添加一个OC摄像机。然后在"对象"面板中激活OctaneCamera的■按钮，进入摄像机视角，在属性面板中将"焦距"设置为"电视（135毫米）"，如图5-189所示。

②在"Octane实时渲染窗口"工具栏中单击■（发送场景并重新启动新渲染）按钮，进行实时预览，默认渲染效果如图5-190所示。

 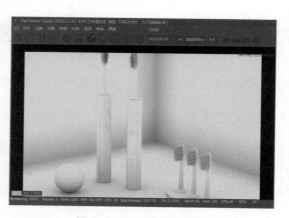

图5-189　进入摄像机视角，并将　　　　　　图5-190　默认渲染效果
"焦距"设置为"电视（135毫米）"

③此时OC渲染器中的渲染效果与视图不一致，在"Octane实时渲染窗口"工具栏中单击■按钮，切换为■（锁定分辨率）状态，此时OC渲染器中显示的内容和透视视图中显示的内容就一致了。然后将视图调整到合适角度，如图5-191所示，此时"Octane实时渲染窗口"会自动更新，效果如图5-192所示。

④为了防止对当前视图进行误操作，下面给OC摄像机添加一个"保护"标签。方法：在"对象"面板中右击"OC摄像机"，从弹出的快捷菜单中选择"装配标签 | 保护"命令，从而给它添加一个"保护"标签，如图5-193所示。

 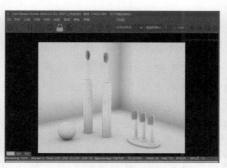 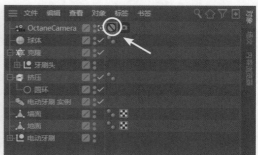

图 5-191　将视图
调整到合适角度

图 5-192　🔒（锁定分辨率）
的渲染效果

图 5-193　给 OC 摄像机添加一个"保护"标签

提示

对 OC 摄像机添加了"保护"标签后就锁定了当前视角，此时就无法对当前视图进行移动、旋转等操作。如果要对当前透视视图进行移动、旋转等操作，而又不改变当前视角，可以将其视图切换为透视视图后进行操作即可。

5.2.3　给场景添加 HDR

①给场景添加 HDR 的目的是模拟自然环境中真实的光照效果。在给场景添加 HDR 之前先设置一下 OC 渲染器的参数。方法：在"Octane 实时渲染窗口"中单击工具栏中的 ■（设置）按钮，在弹出的"OC 设置"对话框的"核心"选项卡中将渲染方式改为"路径追踪"，并将"最大采样率"设置为 800，"焦散模糊度"设置为 0.5，"GI 采样值"设置为 5，然后选中"自适应采样"复选框，如图 5-194 所示。接着进入"相机滤镜"选项卡，将"滤镜"设置为"DSCS315_2"，如图 5-195 所示，再关闭"OC 设置"对话框。

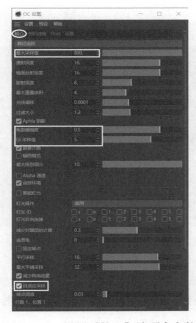 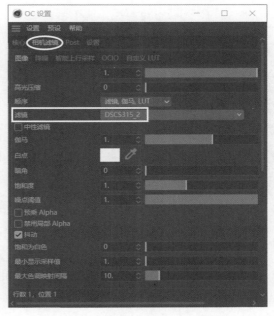

图 5-194　设置"核心"选项卡参数　　　　图 5-195　设置"相机滤镜"选项卡参数

提示

"最大采样率"的数值越大，渲染效果越好，但渲染时间也越长，所以通常在预览时将这个数值设置的小一些，此时设置的是800，而在最终输出时再将这个数值调大为2 500~3 000；"GI采样值"数值越大，焦散越明显，但产生的噪点也越多，正常情况下，将这个数值设置为1~10之间，此时设置的是5；选中"自适应采样"复选框后，则渲染时只会重新渲染更新的区域，而没有更新的区域不会被重新渲染，从而会加快了整体渲染速度，因此通常情况要选中该复选框。

②此时OC渲染效果如图5-196所示，下面给场景添加HDR来模拟真实环境的光照效果。方法：在"Octane实时渲染窗口"中执行菜单中的"对象|纹理HDR"命令，然后在"对象"面板中单击■按钮，如图5-197所示，进入驾驶舱。接着单击 ··· 按钮，从弹出的"打开文件"对话框中选择配套资源中的"源文件\第5章电动牙刷展示场景\tex\GSG_PRO_STUDIOS_METAL_001.exr"文件，如图5-198所示，单击"打开"按钮，再在弹出的对话框中单击"否"按钮，如图5-199所示。此时OC渲染器会自动更新，渲染效果如图5-200所示。

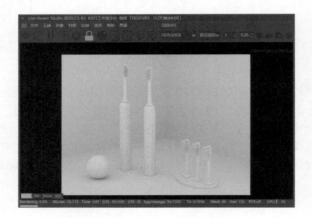

图5-196　OC渲染效果

图5-197　单击■按钮

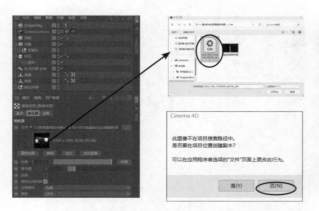

图5-198　指定HDR贴图　　图5-199　单击"否"按钮

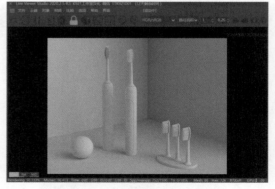

图5-200　OC渲染器的渲染效果

③调整HDR的方向，使电动牙刷产生明显的明暗对比。方法：在"对象"面板中单击■按钮，回到上一级，然后将"旋转X"的数值设置为0.05，如图5-201所示，此时OC渲染效果如图5-202所示。

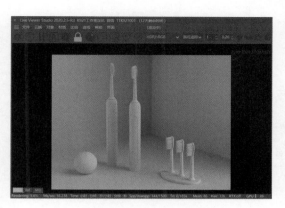

图 5-201　将"旋转 X"的数值设置为 0.05　　　　图 5-202　OC 渲染器的渲染效果

提示

调整"旋转 X"的数值可以使光源在水平方向上进行旋转，调整"旋转 Y"的数值可以使光源在垂直方向上进行旋转。

5.3　赋予场景模型材质

视频 ●
电动牙刷展
示场景 5.mp4

赋予场景模型材质分为赋予地面材质，赋予墙面材质，赋予牙刷毛材质，赋予电动牙刷基础材质，赋予黑圈、文字以及充电图标材质，赋予绿色按钮材质，赋予发光指示灯材质和赋予球体玻璃材质八个部分。

5.3.1　赋予地面材质

①在"Octane 实时渲染窗口"中执行菜单中的"材质 | 创建 |Octane 光泽材质"命令，创建一个光泽材质，并将其名称重命名为"地面"，如图 5-203 所示，然后将该材质分别拖到"Octane 实时渲染窗口"中的地面模型上。

②在材质栏中选择"地面"材质，然后在属性面板中将"漫射"颜色设置为一种淡蓝色〔HSV的数值为（190，10%，95%）〕，如图 5-204 所示，接着进入"折射率"选项卡，将"折射率"的数值加大为 1.8，如图 5-205 所示，渲染效果如图 5-206 所示。

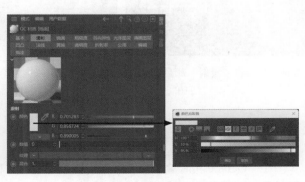

图 5-203　创建名称为"地面"的光泽材质　　　图 5-204　将"漫射"颜色设置为一种黑色〔HSV 的数
　　　　　　　　　　　　　　　　　　　　　　　　　　　　值为（190°，10%，95%）〕

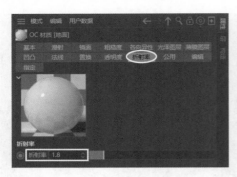

图 5-205　将"折射率"的数值加大为 1.8

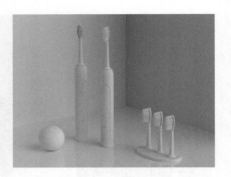

图 5-206　渲染效果

5.3.2　赋予墙面材质

①在"Octane 实时渲染窗口"中执行菜单中的"材质 | 创建 | Octane 漫射材质"命令，创建一个漫射材质，并将其名称重命名为"墙面"，如图 5-207 所示，然后将该材质拖到"Octane 实时渲染窗口"中墙面模型上。

图 5-207　创建名称为"墙面"的光泽材质

②在材质栏中选择"地面"材质，然后在属性面板中将"漫射"颜色设置为一种淡蓝色〔HSV 的数值为（210°，30%，95%）〕，如图 5-208 所示，渲染效果如图 5-209 所示。

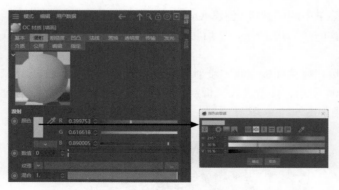

图 5-208　将"漫射"颜色设置为一种蓝色〔HSV 的数值为
（210°，30%，95%）〕

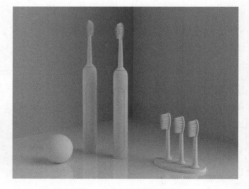

图 5-209　渲染效果

5.3.3　赋予牙刷毛材质

①在"Octane 实时渲染窗口"中执行菜单中的"材质 | 创建 | Octane 光泽材质"命令，创建一个光泽材质，并将其名称重命名为"牙刷毛"，如图 5-210 所示，然后将该材质分别拖到"对象"面板中的两个毛发对象上，渲染效果如图 5-211 所示。

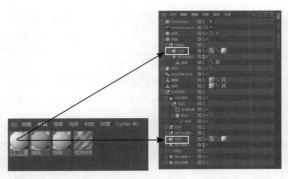
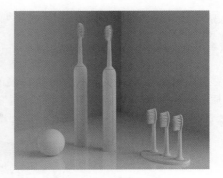

图 5-210　将"牙刷毛"材质分别拖到"对象"面板
中的两个毛发对象上

图 5-211　渲染效果

提 示

前面暂时赋予牙刷毛C4D材质是为了观看整体颜色效果，此时要使用OC渲染器进行渲染输出，因此要赋予牙刷毛一个Octane材质。

②在材质栏中双击"牙刷毛"材质，进入材质编辑器，然后在左侧单击"节点编辑器"按钮，如图 5-212 所示，进入"节点编辑器"窗口。接着从左侧将"渐变"节点拖出来，并将其连接到"漫射"上，如图 5-213 所示，此时渲染效果如图 5-214 所示。

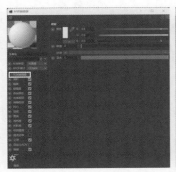

图 5-212　单击"节点编辑器"　图 5-213　将"渐变"连接到"漫射"上　　图 5-214　渲染效果
　　　　按钮

③将牙刷毛的颜色设置为浅绿色-白色的渐变色。方法：在"节点编辑器"属性面板中将左侧色块的颜色设置为白色〔HSV 的数值为（0，0%，100%）〕，将右侧色块的颜色设置为一种浅绿色〔HSV 的数值为（150°，50%，100%）〕，如图 5-215 所示，渲染效果如图 5-216 所示。

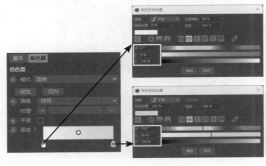
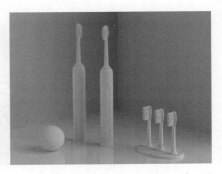

图 5-215　设置渐变色

图 5-216　渲染效果

④关闭"OC节点编辑器"和"材质编辑器"窗口。

5.3.4　赋予电动牙刷基础材质

在"Octane实时渲染窗口"中执行菜单中的"材质|创建|Octane光泽材质"命令，创建一个光泽材质，并将其名称重命名为"基础材质"，然后将该材质分别拖到"对象"面板中的"圆柱"、"圆盘""克隆"和"挤压"对象，如图5-217所示，渲染效果如图5-218所示。

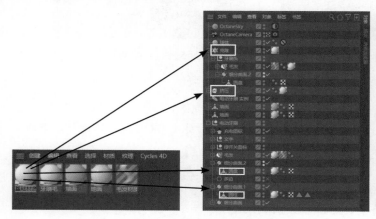
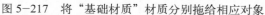

图5-217　将"基础材质"材质分别拖给相应对象

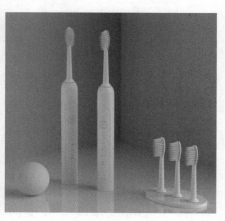

图5-218　渲染效果

提示

与直接将材质拖到"OC实时渲染窗口"中相应模型上相比，通过将材质拖给"对象"面板中的相应对象上来赋予材质会更加精准。通常对于比较简单的模型，会通过将材质拖到"OC实时渲染窗口"中相应模型上赋予其材质；而对于细小的模型以及要将材质赋予到指定区域的模型，会通过将材质拖给"对象"面板中相应对象上的方式来赋予其材质。

5.3.5　赋予黑圈、文字和充电图标材质

①在"Octane实时渲染窗口"中执行菜单中的"材质|创建|Octane漫射材质"命令，创建一个漫射材质，并将其名称重命名为"黑圈和文字"，然后将该材质拖到"Octane实时渲染窗口"的黑圈、文字和充电图标上，如图5-219所示。

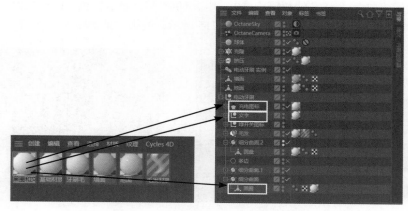

图5-219　将"黑圈和文字"材质拖给相应对象

②在材质栏中选择"黑圈和文字"材质，在属性面板中将"漫射"颜色设置为一种黑色〔HSV 的数值为（0，0%，5%）〕，如图 5-220 所示，渲染效果如图 5-221 所示。

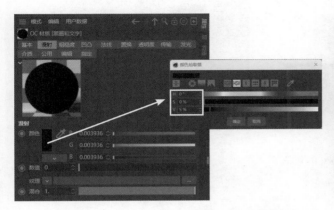

图 5-220　将"黑圈和文字"材质分别拖到相应对象

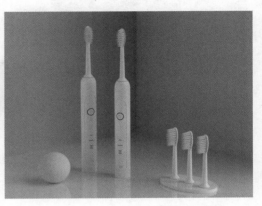

图 5-221　渲染效果

5.3.6　赋予绿色按钮材质

①在"Octane 实时渲染窗口"中执行菜单中的"材质 | 创建 | Octane 漫射材质"命令，创建一个漫射材质，并将其名称重命名为"绿色按钮"，然后将该材质拖给"对象"面板中的"绿开关图标"和"圆柱"，如图 5-222 所示。

②在"对象"面板中选择"圆柱"后面的"绿色按钮"材质标签，将前面设置好的"绿色按钮"选集拖到属性面板中"选集"右侧，从而将"绿色按钮"材质指定到"绿色按钮"选集区域，如图 5-223 所示。

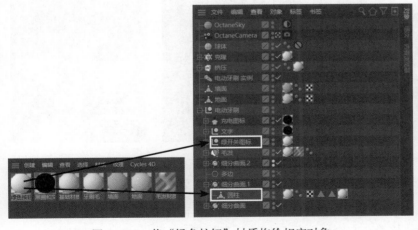

图 5-222　将"绿色按钮"材质拖给相应对象

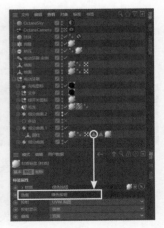

图 5-223　将"绿色按钮"
选区拖到"选集"右侧

③在"对象"面板中选择"绿色按钮"材质，在属性面板中将"漫射"颜色设置为一种绿色〔HSV 的数值为（155，50%，85%）〕，如图 5-224 所示，渲染效果如图 5-225 所示。

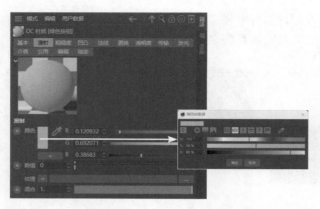

图 5-224　将"漫射"颜色设置为一种绿色〔HSV 的数值
为（155，50%，85%）〕

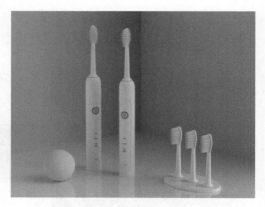

图 5-225　渲染效果

5.3.7　赋予发光指示灯材质

①在"Octane 实时渲染窗口"中执行菜单中的"材质 | 创建 |Octane 漫射材质"命令，创建一个漫射材质，并将其名称重命名为"发光指示灯"，然后将该材质拖给"对象"面板中的"圆柱"，如图 5-226 所示。接着在"对象"面板中选择"圆柱"后面的"发光指示灯"材质标签，再将前面设置好的"发光指示灯"选集拖到属性面板中"选集"右侧，从而将"发光指示灯"材质指定到"发光指示灯"选集区域，如图 5-227 所示。

图 5-226　将"发光指示灯"材质分别拖给"圆柱"对象

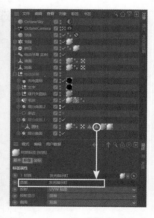

图 5-227　将"绿色按钮"
选区拖到"选集"右侧

②在材质栏中双击"发光指示灯"材质，进入材质编辑器，然后在左侧单击"节点编辑器"按钮，进入"节点编辑器"窗口。接着在右侧属性面板中进入"发光"选项卡，单击 纹理发光 按钮，如图 5-228 所示，此时渲染效果如图 5-229 所示。

③此时指示灯的发光颜色为白色，下面将发光指示灯的发光颜色设置为黄绿色。方法：在"节点编辑器"窗口中，从左侧将"RGB 光谱"节点拖出来，然后将其连接到"纹理发光"上，如图 5-230 所示，此时渲染效果如图 5-231 所示。

④此时整个地面都被照亮了，这是错误的，下面在"节点编辑器"窗口中选择"纹理发光"节

点，然后在属性面板中选中"表面亮度"复选框，再将"功率"的数值减小为50，如图5-232所示，此时渲染效果如图5-233所示。

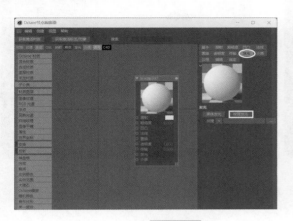

图 5-228　单击 纹理发光 按钮

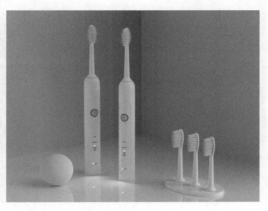

图 5-229　渲染效果

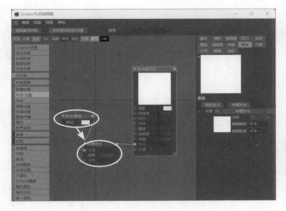

图 5-230　将"RGB 光谱"节点连接到"纹理发光"上

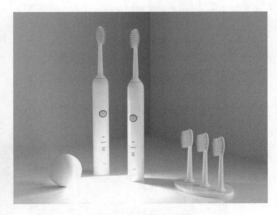

图 5-231　渲染效果

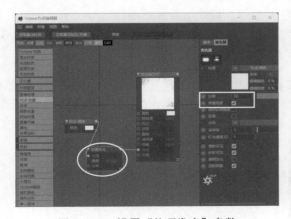

图 5-232　设置"纹理发光"参数

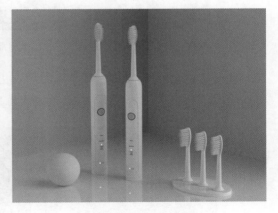

图 5-233　渲染效果

⑤在"节点编辑器"窗口中选择"RGB 颜色"节点，在属性面板中将其颜色设置为一种黄绿色〔HSV 的数值为（85，100%，100%）〕，如图5-234所示，渲染效果如图5-235所示。

⑥关闭"OC 节点编辑器"和"材质编辑器"窗口。

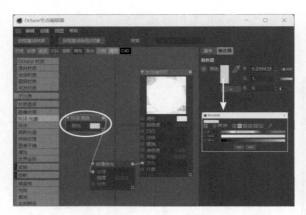

图 5-234 将"RGB"颜色设置为一种黄绿色
〔HSV 的数值为（85，100%，100%）〕

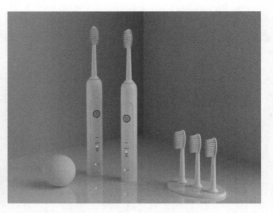

图 5-235 渲染效果

5.3.8 赋予球体玻璃材质

①在"Octane 实时渲染窗口"中执行菜单中的"材质 | 创建 |Octane 透明材质"命令，创建一个透明材质，并将其名称重命名为"玻璃"，如图 5-236 所示，然后将该材质拖到"Octane 实时渲染窗口"球体模型上，渲染效果如图 5-237 所示。

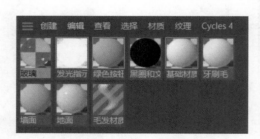

图 5-236 创建名称为"玻璃"的透明材质

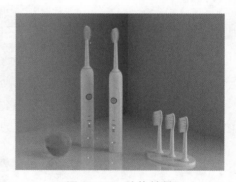

图 5-237 渲染效果

②此时玻璃球的反射效果不是很强，下面在材质栏中选择"玻璃"材质，在属性面板中进入"折射率"选项卡，将"折射率"的数值设置为 1.517，如图 5-238 所示，渲染效果如图 5-239 所示。

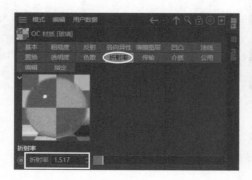

图 5-238 将"折射率"的数值设置为 1.517

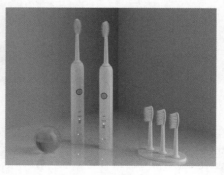

图 5-239 渲染效果

提示

通常我们将玻璃的折射率设置为 1.517。

③至此，电动牙刷展示场景制作完毕，执行菜单中的"文件|保存工程（包含资源）"命令，将文件保存打包。

5.4　OC 渲染输出

①在"Octane 实时渲染窗口"中单击工具栏中的 ■（设置）按钮，在弹出的"OC 设置"对话框中将"最大采样率"设置为 3 000，如图 5-240 所示，再关闭"OC 设置"对话框。

提示

前面将"最大采样率"的数值设置为 800，是为了加快渲染速度，从而便于预览。此时将"最大采样率"的数值设置为 3 000 的目的是保证最终输出图的质量。

②在工具栏中单击 ■（编辑渲染设置）按钮，在弹出的"渲染设置"对话框中将"渲染器"设置为"Octane 渲染器"，再在左侧选择"Octane 渲染器"，接着在右侧进入"渲染 AOV 组"选项卡，选中"启用"复选框，如图 5-241 所示。

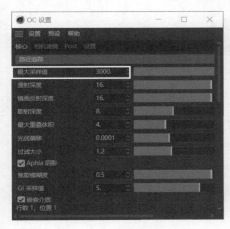

图 5-240　将"最大采样率"的数值
设置为 3 000

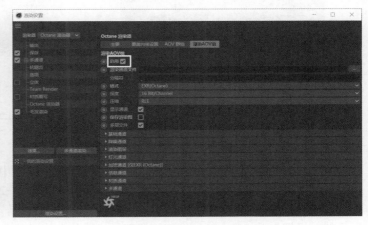

图 5-241　选中"启用"复选框

③单击"渲染通道文件"右侧的 ■ 按钮，从弹出的"保存文件"对话框中指定文件保存的位置，并将要保持的文件名设置为"化妆刷展示场景（处理前）"，如图 5-242 所示，单击 保存(S) 按钮。

④将要保存的文件"格式"设置为"PSD"，"深度"设置为 16Bit/Channerl，并选中"保存渲染图"复选框，如图 5-243 所示。

⑤展开"基础通道"选项卡，选中"反射"复选框。然后展开"信息通道"选项卡，选中"材质 ID"复选框，如图 5-244 所示，接着关闭"渲染设置"对话框。

⑥在工具栏中单击 ■（渲染到图片查看器）按钮，打开"图片查看器"窗口，即可进行渲染，当渲染完成后效果如图 5-245 所示，此时图片会自动保存到前面指定好的位置。

图 5-242 设置文件保存的位置和名称

图 5-243 将"格式"设置为"PSD","深度"设置为 16Bit/Channerl,并选中"保存渲染图"复选框

图 5-244 选中"反射"和"材质 ID"复选框

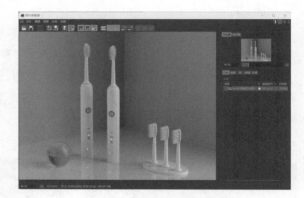

图 5-245 渲染的最终效果

5.5 利用 Photoshop 进行后期处理

①在 Photoshop CC 2018 中打开前面保存输出的配套资源中的"电动牙刷展示场景(处理前).psd"文件,在"图层"面板中将 Beauty 层移动到最上层,如图 5-246 所示。

②执行菜单中的"图像|模式|Lab 颜色"命令,将图像转为 Lab 模式,然后在弹出的图 5-247 所示的对话框中单击 不合并(D) 按钮。接着执行菜单中的"图像|模式|8 位/通道"命令,将当前 16 位图像转为 8 位图像,最后执行菜单中的"图像|模式|RGB 颜色"命令,再在弹出的上图 5-247 所示的对话框中单击 不合并(D) 按钮,从而将 Lab 图像转为 RGB 图像。

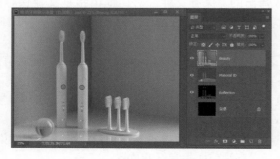

图 5-246 将 Beauty 层移动到最上层

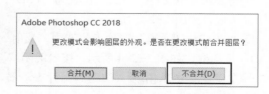

图 5-247 单击 不合并(D) 按钮

③在"图层"面板中选择 Beauty 层，按【Ctrl+J】组合键，复制出一个"Beauty 拷贝"层。然后右击，从弹出的快捷菜单中选择"转换为智能对象"命令，将其转换为智能图层，此时图层分布如图 5-248 所示。

④执行菜单中的"滤镜|Camera Raw 滤镜"命令，在弹出的对话框中调整参数如图 5-249 所示，单击"确定"按钮。

⑤此时可以通过单击"Beauty 拷贝"前面的 图标，如图 5-250 所示，来查看执行"Camera Raw 滤镜"前后的效果对比。执行菜单中的"文件|存储为"命令，将文件保存为"投影仪展示场景（处理后）.psd"。

图 5-248　图层分布

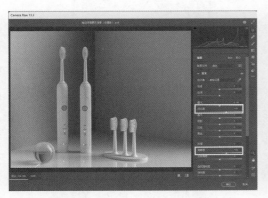

图 5-249　调整 Camera Raw 滤镜参数

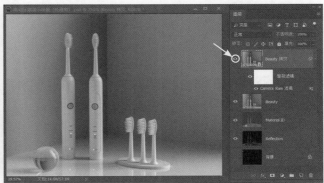

图 5-250　通过单击 图标来查看执行"Camera Raw 滤镜"前后的效果对比

⑥至此，电动牙刷展示场景效果图制作完毕。

课 后 练 习

制作图 5-251 所示的洗衣液展示效果。

图 5-251　洗衣液展示效果

化妆刷展示场景 第6章

本章重点

本章将制作一个化妆刷展示场景，如图6-1所示。本章重点如下：

1．化妆刷的建模技巧；

2．毛发制作技巧；

3．HDR灯光和OC材质的调节；

4．OC输出渲染；

5．Photoshop后期处理。

制作流程

本例制作过程分为制作化妆刷展示场景的模型并设置文件输出尺寸，在场景中添加OC摄像机和HDR，赋予场景模型材质，OC渲染输出和利用Photoshop进行后期处理五部分。

图6-1　化妆刷展示场景

视频

化妆刷展示
场景1.mp4

6.1　制作化妆刷展示场景的模型

本节分为制作化妆刷模型和制作化妆刷展示场景中的其余模型两部分。

6.1.1　制作化妆刷模型

制作化妆刷模型分为制作化妆刷的手柄模型，制作化妆刷金属部分的模型和制作化妆刷顶部的刷毛效果三部分。

1．制作化妆刷的手柄模型

①在正视图中放置一张背景图作为参照。方法：按【F4】键，切换到正视图，然后按【Shift+V】组合键，在属性面板"背景"选项卡中单击"图像"右侧的████按钮，从弹出的对话框中选择配套资源中的"源文件 \ 第6章　化妆刷展示场景 \tex\ 化妆刷正视图参考图 .tif"图片，单击"打开"按钮，此时正视图中就会显示出背景图片，如图6-2所示。

②在工具栏 ██ （立方体）工具上按住鼠标左键，从弹出的隐藏工具中选择 ████，从而在正视图中创建一个胶囊，如图6-3所示。

③将背景图中化妆刷手柄的宽度设置为与创建的胶囊等宽。方法：按【Shift+V】组合键，在属

<table>
<tr><td>图 6-2　在正视图中显示背景图片</td><td>图 6-3　在正视图
中创建一个胶囊</td></tr>
</table>

性面板"背景"选项卡中将"水平尺寸"设置为 1 000，然后为了便于后面操作，再将背景图的"透明"设置为 70%，如图 6-4 所示。

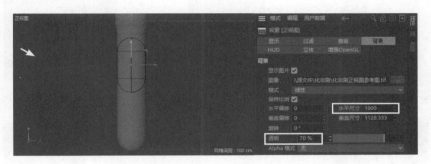

图 6-4　将背景图中化妆刷手柄的宽度设置为与胶囊等宽

④为了便于后续操作，下面执行视图菜单中的"显示 | 线框"命令，显示出胶囊的线框，如图 6-5 所示。

⑤在属性面板的"对象"选项卡中将圆柱"高度"设置为 500 cm，然后参考背景图将其移动到化妆刷手柄的位置，如图 6-6 所示。

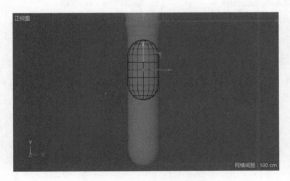
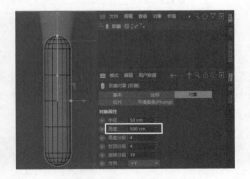

<table>
<tr><td>图 6-5　显示出胶囊的线框</td><td>图 6-6　调整参数后的胶囊</td></tr>
</table>

提　示

将胶囊的参数设置为一个整数是为了便于读者学习，而在实际工作中，这些参数不一定设置为一个整数。

⑥在编辑模式工具栏中单击 （转为可编辑对象）按钮（快捷键是【C】），将圆柱转为可编辑对象。

⑦进入 ▦（点模式），利用 ▨（框选工具）框选上部的顶点，如图 6-7 所示。然后按【Delete】键进行删除，效果如图 6-8 所示。

⑧对胶囊顶部进行封口处理。方法：按【F1】键，切换到透视视图，然后按住【Ctrl】键，单击 ▦（边模式），从而将选择点切换为选择边，如图 6-9 所示。接着利用 ✛（移动工具）在胶囊顶部边缘处双击，从而选中顶部边缘的一圈边，如图 6-10 所示，再利用 ▱（缩放工具），按住【Ctrl】键，将其向内缩放挤压两次，最后在变换栏中将"尺寸"的 X、Y、Z 的数值均设置为 0，从而形成顶部的封口效果，如图 6-11 所示。

图 6-7　框选上部的顶点　　图 6-8　删除顶点　　图 6-9　将选择点切换为选择边

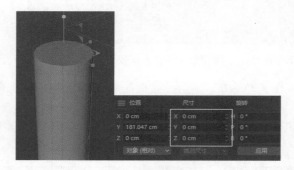

图 6-10　顶部的封口效果　　　　图 6-11　选择顶部边缘的一圈边

⑨制作胶囊顶部边缘的倒角效果。方法：利用 ✛（移动工具），选择胶囊顶部边缘的一圈边，如图 6-11 所示，然后右击，从弹出的快捷菜单中选择"倒角"（快捷键【M+S】）命令，接着在视图中对这圈边进行倒角处理，并在属性面板中将"倒角模式"设置为"实体"，"偏移"的数值设置为 3 m，效果如图 6-12 所示。

图 6-12　顶部边缘的倒角效果

⑩对胶囊进行平滑处理。方法：按住键盘上的【Alt】键，单击工具栏中的 （细分曲面）工具，给"胶囊"添加一个"细分曲面"生成器的父级，效果如图6-13所示。

2. 制作化妆刷金属部分的模型

①按【F4】键，切换到正视图，利用工具栏中的 （样条画笔工具），参考背景图化妆刷金属部分的模型绘制出轮廓线，如图6-14所示。

②利用 （框选工具）框选底部的两个顶点，利用 （缩放工具）将其沿Y轴缩放为原来的0%，使它们处于统一水平方向，如图6-15所示。接着再框选底部最右侧一个顶点，在"变换栏"中将"位置"X的数值设置为0 cm，使其水平坐标归零，如图6-16所示。

图6-13　"细分曲面"效果　　　图6-14　绘制出轮廓线　　　图6-15　统一水平方向

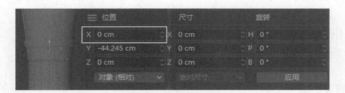

图6-16　水平坐标归零

③将轮廓线转为三维模型。方法：按住【Alt】键，在工具栏 （挤压）工具上按住鼠标左键，从弹出的隐藏工具中选择 ，从而给"样条"添加一个"旋转"生成器的父级，将其转为一个三维模型，效果如图6-17所示。

④按【F1】键，切换到透视视图，此时会发现金属部分的模型没有厚度，如图6-18所示，接下来制作金属部分模型的厚度。方法：按【F4】键，切换到正视图，在"对象"面板中关闭"旋转"生成器的显示，如图6-19所示。然后右击，从弹出的快捷菜单中选择"创建轮廓"命令，再对轮廓线向内挤出一个轮廓，如图6-20所示。最后按【F1】键，切换到透视视图，在"对象"面板中恢复"旋转"生成器的显示，此时金属部分的模型就有了厚度，效果如图6-21所示。

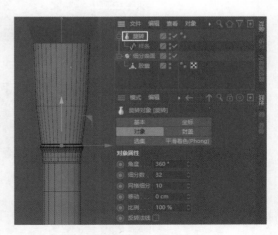

图6-17　将轮廓线转为三维模型

⑤制作金属部分模型上下边缘的倒角效果。方法：在"对象"面板中同时选择"旋转"和"样条"，然后右击，从弹出的快捷菜单中选择"连接对象＋删除"命令，将它们转为一个可编辑的对

图 6-18　金属部分的模型没有厚度

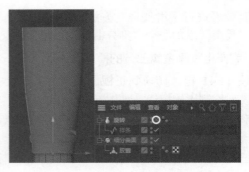

图 6-19　关闭"旋转"生成器的显示

图 6-20　"创建轮廓"效果

图 6-21　金属部分的模型有了厚度

象，如图 6-22 所示。接着选中"旋转"后所有的多边形和边选集，如图 6-23 所示，按【Delete】键
进行删除，如图 6-24 所示。

图 6-22　转为一个可编辑对象

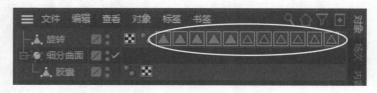

图 6-23　选中所有的多边形和边选集

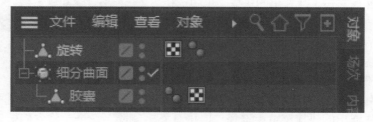

图 6-24　删除所有的多边形和边选集的效果

⑥利用 ✛（移动工具）在金属部分模型的顶部双击，从而选中顶部边缘的一圈边。然后配合【Shift】键，加选底部边缘的一圈边，如图 6-25 所示。右击，从弹出的快捷菜单中选择"倒角"（快捷键是【M+S】）命令，接着在视图中对这圈边进行倒角处理，并在属性面板中将"倒角模式"设置为"实体"，"偏移"的数值设置为 3 m，效果如图 6-26 所示。

图 6-25　选中金属部分
模型顶部和底部的一圈边

图 6-26　倒角效果

⑦对金属部分的模型进行平滑处理。方法：按住键盘上的【Alt】键，单击工具栏中的 ◻（细分曲面）工具，给其添加一个"细分曲面"生成器的父级，效果如图 6-27 所示。

⑧按【F4】键，切换到正视图。将其沿 Y 轴移动到化妆刷手柄的上端，使它们相接，如图 6-28 所示。

图 6-27　"细分曲面"效果

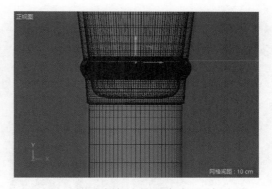

图 6-28　将金属部分模型移动到手柄上端

3. 制作化妆刷顶部的刷毛效果

①在正视图中创建一个球体，在属性面板中将其"半径"设置为 70 cm，"分段"设置为 40，如图 6-29 所示。然后在编辑模式工具栏中单击 ◻（转为可编辑对象）按钮（快捷键是【C】），将其转为可编辑对象。

②进入 ◻（点模式），利用 ◻（框选工具）框选球体下部多余的顶点，如图 6-30 所示，按【Delete】键进行删除，效果如图 6-31 所示。

③在编辑模式工具栏中激活 ◻（启用轴心）按钮，将球体轴心沿 Y 轴移动到球体底部，如图 6-32 所示。然后取消激活 ◻（启用轴心）按钮。

④利用 ◻（缩放工具）将其沿 Y 轴缩小的同时，按住【Shift】键，将其缩小为原来的 25%，如图 6-33 所示。然后将其沿 Y 轴移动到金属模型的顶部，接着在工具栏中取消 Y 轴锁定，再将其放大为原来的 115%，如图 6-34 所示。

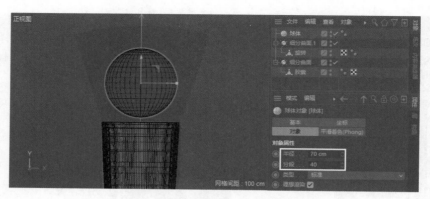

图 6-29　将金属部分模型移动到手柄上端

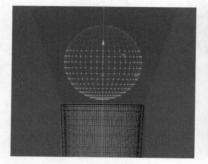 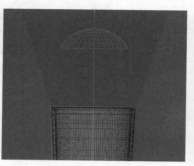 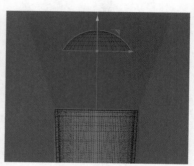

图 6-30　框选球体下部多余的顶点　　图 6-31　删除多余顶点的效果　　图 6-32　将球体轴心移动到球体底部

此时锁定 Y 轴的目的是只对球体 XZ 方向放大，而保持 Y 轴方向没有变化。

图 6-33　缩小为原来的 25%　　　　　图 6-34　放大为原来的 115%

⑤按住键盘上的【Alt】键，单击工具栏中的 📦（细分曲面）工具，给球体添加一个"细分曲面"生成器的父级，效果如图 6-35 所示。

⑥在"对象"面板中选择"细分曲面 2"，在编辑模式工具栏中单击 📎（转为可编辑对象）按钮（快捷键是【C】），将其转为可编辑对象。然后执行菜单中的"模拟|毛发对象|添加毛发"命令，即可看到球体上的毛发效果，如图 6-36 所示。

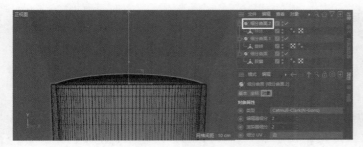

图 6-35　"细分曲面"效果

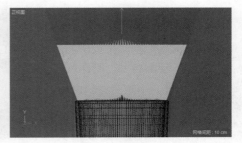

图 6-36　毛发效果

⑦此时毛发长度过短，在"毛发"属性面板的"引导线"选项卡中将"长度"加大为 200 cm，效果如图 6-37 所示。然后利用 （移动工具）将"细分曲面 2"沿 Y 轴向下移动到合适位置，如图 6-38 所示。

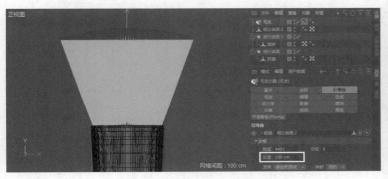

图 6-37　将"长度"加大为 200 cm 的效果

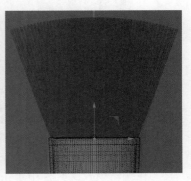

图 6-38　将"细分曲面 2"沿 Y 轴向下移动到合适位置

⑧按【F1】键，切换到透视视图。然后按【H】键，将所有模型在视图中最大化显示，如图 6-39 所示。

⑨为了便于管理，在"对象"面板中选择所有的对象，按【Alt+G】组合键，将它们组成一个组，并将组的名称重命名为"化妆刷"，如图 6-40 所示。

⑩至此，化妆刷的模型制作完毕。执行菜单中的"文件 | 保存项目"命令，将其保存为"化妆刷（白模）.c4d"。

图 6-39　将所有模型
在视图中最大化显示

图 6-40　将所有对象组成一个名称为"化妆刷"的组

6.1.2　制作化妆刷展示场景中的其余模型

视频

化妆刷展示
场景 2.mp4

制作化妆刷展示场景中的其余模型分为制作地面和墙面模型，制作圆盘模型，制作化妆刷实例，制作屏风模型和添加花瓣模型四部分。

1. 制作地面和墙面模型

①在工具栏中单击 ▣（立方体）按钮，从而在透视视图中创建出一个立方体。然后利用 ▣（缩放工具）将其放大，为了便于操作，在"立方体"属性面板中将"尺寸 X\Y\Z"的数值均设置为 3 000 cm，如图 6-41 所示。

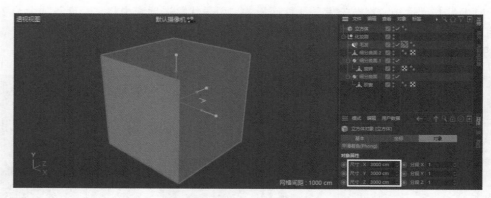

图 6-41　将所有对象组成一个名称为"化妆刷"的组

②在编辑模式工具栏中单击 ▣（转为可编辑对象）按钮（快捷键是【C】），将其转为可编辑对象。然后进入 ▣（多边形模式），选择立方体多余的四个多边形，按【Delete】键进行删除，从而只保留作为地面和墙面的两个多边形。效果如图 6-42 所示。

③此时地面和墙面模型是一体的，而后面需要给它们赋予不同的材质，因此需要将它们分离开。方法：选择作为地面的多边形，如图 6-43 所示，然后右击，从弹出的快捷菜单中选择"分裂"命令，此时作为地面的多边形会从原来立方体中复制出一个名称为"立方体 1"的副本，如图 6-44 所示。接着在"对象"面板中将"立方体 1"重命名为"地面"，并隐藏它，再选择"立方体"，如图 6-45 所示。最后按【Delete】键删除"立方体"中作为地面的多边形，如图 6-46 所示。再在"对象"面板中将"立方体"重命名为"墙面"，如图 6-47 所示。

④在"对象"面板中恢复"地面"的显示，选择所有的对象，执行菜单中的"扩展|Drop Floor"命令，将它们对齐到地面，效果如图 6-48 所示。

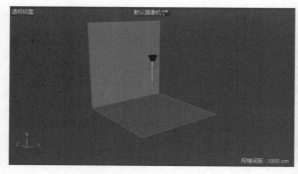

图 6-42　只保留作为地面和墙面的两个多边形

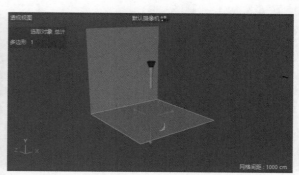

图 6-43　选择作为地面的多边形

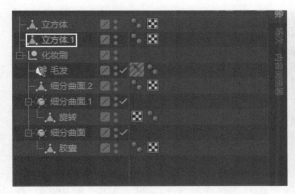

图 6-44　复制出一个名称为"立方体 1"的副本

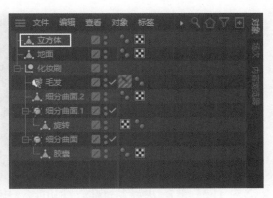

图 6-45　隐藏"地面",再选择"立方体"

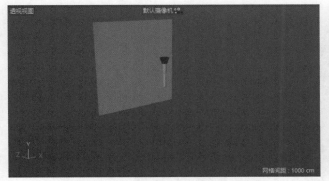

图 6-46　删除"立方体"中作为地面的多边形

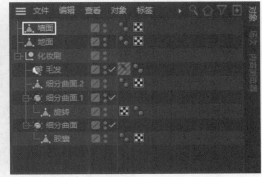

图 6-47　将"立方体"重命名为"墙面"

提　示

　　"Drop Floor"插件可以在配套资源中下载,将其复制到"Maxon Cinema 4D R21\plugins"中,再重新启动软件即可。

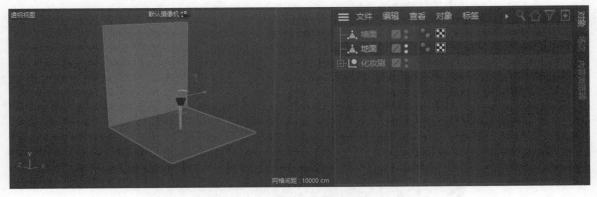

图 6-48　恢复"地面"的显示

2.制作圆盘模型

　　①在视图中创建一个圆柱,在"圆柱"属性面板"对象"选项卡中将"半径"设置为 600 cm,"高度"设置为 15 cm,"高度分段"设置为 1,"旋转分段"设置为 100,"方向"设置为"+Z",然后进入"封顶"选项卡,选中"圆角"复选框,效果如图 6-49 所示。

图 6-49　创建圆盘

②按【F3】键，切换到右视图，利用 ⊘（旋转工具）将圆盘沿 X 轴旋转 -10°，利用 ✛（移动工具），激活 ⬚ 按钮，将其移动到墙面位置，再执行菜单中的"扩展 |Drop Floor"命令，将其对齐到地面，效果如图 6-50 所示。

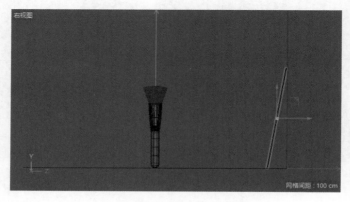

图 6-50　将圆盘对齐到地面

3．制作化妆刷实例

①在"对象"面板中选择"化妆刷"，利用 ⊘（旋转工具）将其沿 X 轴旋转 -15°，然后利用 ✛（移动工具），将其倚靠在圆盘上，如图 6-51 所示。

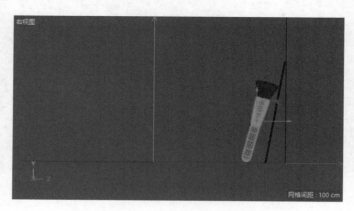

图 6-51　将圆盘倚靠在圆盘上

②复制并缩小化妆刷模型。方法：在工具栏 🔲（细分曲面）工具上按住鼠标左键，从弹出的隐藏工具中选择 🔲 实例，从而创建出一个化妆刷实例。然后按【F4】键，切换到正视图，再将视图中化妆刷实例向左移动一段距离，接着在"化妆刷实例"的"坐标"选项卡中将"S.X/S.Y/S.Z"的数

值均减小为 0.8，如图 6-52 所示。

提 示

创建化妆刷实例与按住【Ctrl】键直接复制化妆刷模型相比的优点在于可以更节省计算机的资源，加快计算机运行速度，而且当设置了化妆刷的材质后，在化妆刷实例上的材质也能更新，从而大大提高工作效率。

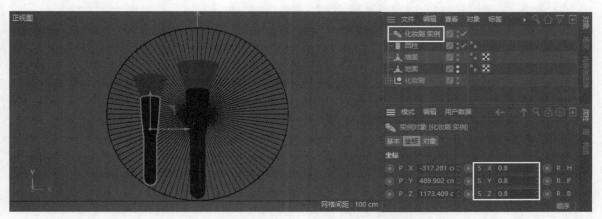

图 6-52 在"化妆刷实例"的"坐标"选项卡中将"S.X/Y/Z"的数值均减小为 0.8 的效果

③将"化妆刷实例"沿 Z 轴旋转 7°，然后将两个化妆刷移动到合适位置，如图 6-53 所示。

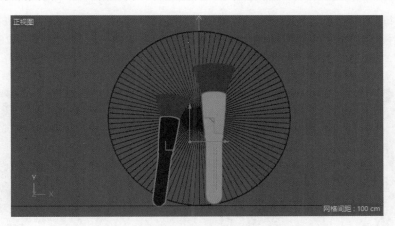

图 6-53 将两个化妆刷移动到合适位置

4. 制作屏风模型

①按【F2】键，切换到顶视图，然后按【H】键，将所有模型在视图中最大化显示。接着利用工具栏中的 ✏ (样条画笔工具)，在属性面板中将"类型"设置为"线性"，再在化妆刷右前方绘制一条水平样条线，如图 6-54 所示。

②进入 ◉ (点模式)，利用 ▧ (框选工具) 框选样条线上的两个顶点，然后右击，从弹出的快捷菜单中单击"细分"后面的 ■ 按钮，再在弹出的"细分"对话框中将"细分数"设置为 10，如图 6-55 所示，单击"确定"按钮，此时样条线就被均分为 10 份，如图 6-56 所示。

③利用 ▧ (框选工具) 通过隔选的方式选择样条线上的 5 个顶点，然后将它们沿 Z 轴往下移动一段距离，如图 6-57 所示。

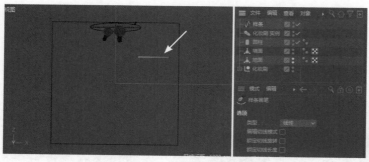

图 6-54　绘制一条水平样条线

图 6-55　将"细分数"设置为 10

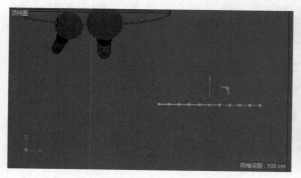

图 6-56　将"细分数"设置为 10 的效果

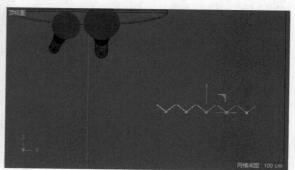

图 6-57　移动顶点的位置

④对样条线进行倒角处理。方法：框选样条线上的所有顶点，右击，从弹出的快捷菜单中选择"倒角"命令，然后对这些顶点进行倒角处理，并在属性面板中将"半径"设置为 20 cm，效果如图 6-58 所示。

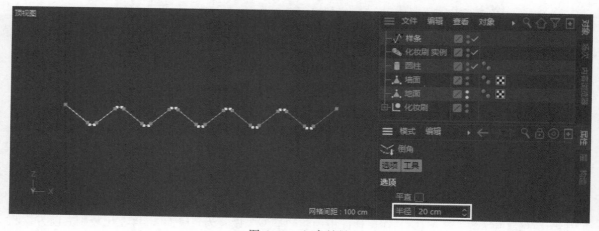

图 6-58　倒角效果

⑤将二维样条挤压为三维模型。方法：按【F1】键，切换到透视视图，如图 6-59 所示，然后按住键盘上的【Alt】键，单击工具栏中的 （挤压）工具，给"样条"添加一个"挤压"生成器的父级，并在属性面板中将挤压"移动"的 Y 轴数值设置为 2 000 cm，效果如图 6-60 所示。

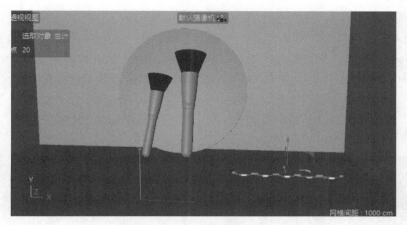

图 6-59　切换到透视视图

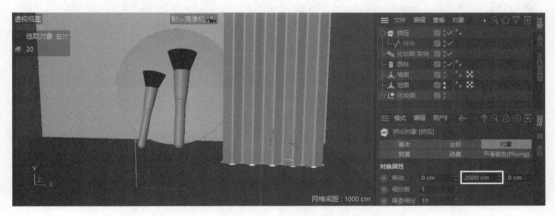

图 6-60　将挤压"移动"的 Y 轴数值设置为 2 000 cm 的效果

⑥调整屏风模型的位置。方法：在"对象"面板中选择"挤压"，执行菜单中的"扩展|MagicCenter"命令，将其中心对齐，然后将其沿 X 轴往左移动一段距离，如图 6-61 所示。

提示

"MagicCenter"插件可以在配套资源中下载。

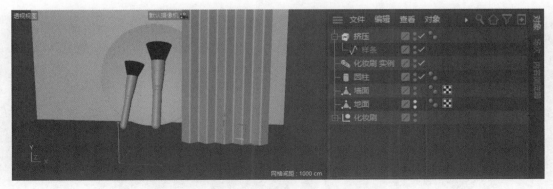

图 6-61　将屏风沿 X 轴往左移动一段距离

5．添加花瓣模型

①执行菜单中的"文件|打开"命令，打开配套资源中的"源文件\第6章 化妆刷展示场景\化妆刷展示场景 .c4d"文件，然后在"对象"面板中选择"花瓣"组，如图 6-62 所示，按【Ctrl+C】组合键复制，再回到当前文件中，按【Ctrl+V】组合键进行粘贴，效果如图 6-63 所示。

提示

此时的花瓣模型已经赋予了 OC 材质，所以计算机中必须安装了 OC 渲染器才可以打开。

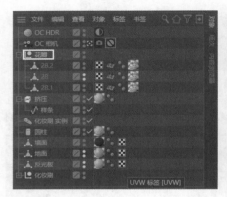

图 6-62　选择"花瓣"组　　　　图 6-63　将花瓣模型粘贴到当前文件中

②至此，化妆刷展示场景的模型制作完毕。执行菜单中的"文件|保存项目"命令，将其保存为"化妆刷展示场景 .c4d"。

6.2　设置文件输出尺寸，在场景中添加 OC 摄像机和 HDR

本节分为设置文件输出尺寸，在场景中添加 OC 摄像机和 HDR 三部分。

6.2.1　设置文件输出尺寸

①设置文件输出尺寸。方法：在工具栏中单击██（编辑渲染设置）按钮，从弹出的"渲染设置"对话框中将输出尺寸设置为 1 440×2 000 像素，如图 6-64 所示，然后再关闭"渲染设置"对话框，效果如图 6-65 所示。

图 6-64　将输出尺寸设置为 1 440×2 000 像素　　图 6-65　将输出尺寸设置为 1 440×2 000 像素后的效果

②为了便于观看，下面将渲染区域以外的部分设置为黑色。方法：按【Shift+V】组合键，在属性面板"查看"选项卡中将"透明"设置为 95%，如图 6-66 所示，此时渲染区域以外的部分就显示为黑色了，如图 6-67 所示。

图 6-66 将"透明"设置为 95%

图 6-67 渲染区域以外的部分显示为黑色

6.2.2 在场景中添加 OC 摄像机

①执行菜单中的"Octane| 实时渲染窗口"命令，在弹出的"Octane 实时渲染窗口"中执行菜单中的"对象 |OC 摄像机"命令，从而给场景添加一个 OC 摄像机。然后在"对象"面板中激活 OctaneCamera 的 按钮，进入摄像机视角，在属性面板中将"焦距"设置为"电视（135 毫米）"，如图 6-68 所示。

②在"Octane 实时渲染窗口"工具栏中单击 （发送场景并重新启动新渲染）按钮，进行实时预览，默认渲染效果如图 6-69 所示。

图 6-68 进入摄像机视角，并将
"焦距"设置为"电视（135 毫米）"

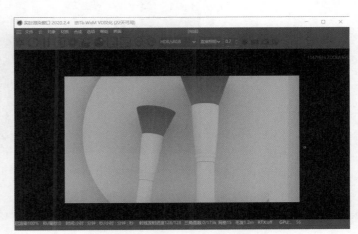

图 6-69 默认渲染效果

③此时 OC 渲染器中的渲染效果与视图不一致，下面在"Octane 实时渲染窗口"工具栏中单击 按钮，切换为 （锁定分辨率）状态，此时 OC 渲染器中显示的内容和透视视图中显示的内容就一致了。然后将视图调整到合适角度，如图 6-70 所示，此时"Octane 实时渲染窗口"会自动更新，效果如图 6-71 所示。

④为了防止对当前视图进行误操作，下面给 OC 相机添加一个"保护"标签。方法：在"对象"

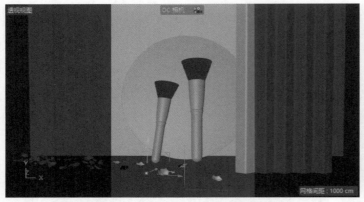

图 6-70　将视图调整到合适角度

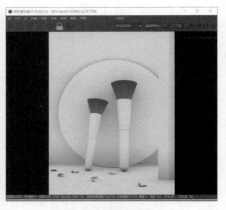

图 6-71　🔒（锁定分辨率）的渲染效果

面板中右击"OC 相机"，从弹出的快捷菜单中选择"装配标签|保护"命令，从而给它添加一个"保护"标签，如图 6-72 所示。

📖 提示

对 OC 摄像机添加了"保护"标签后就锁定了当前视角，此时无法对当前视图进行移动、旋转等操作。如果要对当前透视视图进行移动、旋转等操作，而又不改变当前视角，可以将其余视图切换为透视视图后进行操作即可。

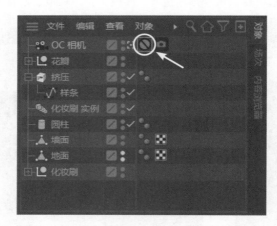

图 6-72　给 OC 相机添加一个"保护"标签

6.2.3　给场景添加 HDR

①给场景添加 HDR 的目的是模拟自然环境中真实的光照效果。在给场景添加 HDR 之前先设置一下 OC 渲染器的参数。方法：在"Octane 实时渲染窗口"中单击工具栏中的■（设置）按钮，在弹出的"OC 设置"对话框的"核心"选项卡中将渲染方式改为"路径追踪"，并将"最大采样率"设置为 800，"焦散模糊度"设置为 0.5，"GI 采样值"设置为 5，然后选中"自适应采样"复选框，如图 6-73 所示。接着进入"相机滤镜"选项卡，将"滤镜"设置为"DSCS315_2"，如图 6-74 所示，再关闭"OC 设置"对话框。

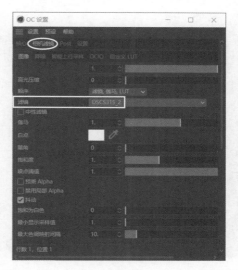

图 6-73　设置"核心"选项卡参数　　　　图 6-74　设置"相机滤镜"选项卡参数

提示

"最大采样率"的数值越大，渲染效果越好，但渲染时间也越长，所以通常在预览时将这个数值设置的小一些，此时设置的是800，而在最终输出时再将这个数值调大为2 500～3 000；"GI采样值"数值越大，焦散越明显，但产生的噪点也越多，正常情况下，将这个数值设置为1～10之间，此时设置的是5；选中"自适应采样"复选框后，则渲染时只会重新渲染更新的区域，而没有更新的区域不会被重新渲染，从而会加快了整体渲染速度，因此通常情况要选中该复选框。

②此时 OC 渲染效果如图 6-75 所示，下面给场景添加 HDR 来模拟真实环境的光照效果。方法：在"Octane 实时渲染窗口"中执行菜单中的"对象|纹理 HDR"命令，在"对象"面板中单击■按钮，如图 6-76 所示，进入驾驶舱。然后单击■■按钮，从弹出的"打开文件"对话框中选择配套资源中的"源文件 \ 第 6 章　化妆刷展示场景 \tex\GSG_PRO_STUDIOS_METAL_001.exr"文件，如图 6-77 所示，单击"打开"按钮，再在弹出的对话框中单击"否"按钮，如图 6-78 所示。此时 OC 渲染器会自动更新，渲染效果如图 6-79 所示。

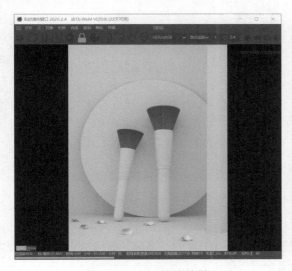

图 6-75　OC 渲染效果　　　　　　　图 6-76　单击■按钮

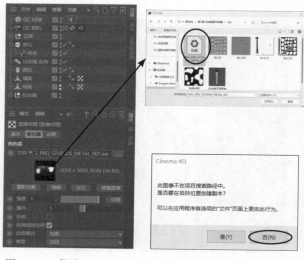 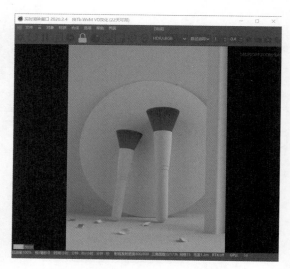

图6-77　指定HDR贴图　图6-78　单击"否"按钮　　图6-79　OC渲染器的渲染效果

③此时从物体投射的阴影可以看出HDR中光源的照射方向是从右往左照射的，而光源的照射方向从左往右，下面就来调整HDR的方向。方法：在"对象"面板中单击■按钮，回到上一级，然后将"旋转X"的数值设置为-0.4，如图6-80所示，此时从OC渲染效果就可以看到HDR中光源的照射方向是从左往右照射的了，如图6-81所示。

提示

　　调整"旋转X"的数值可以使光源在水平方向上进行旋转，调整"旋转Y"的数值可以使光源在垂直方向上进行旋转。

 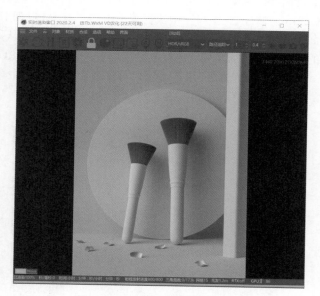

图6-80　将"旋转X"
的数值设置为-0.4

图6-81　OC渲染器的渲染效果

④此时整个场景亮度不够，在"属性"面板中将HDR的"亮度"数值加大为1.5，如图6-82所示，此时整个场景的亮度就变亮了，如图6-83所示。

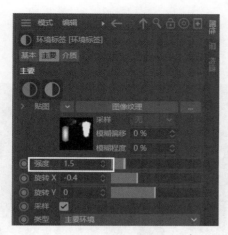 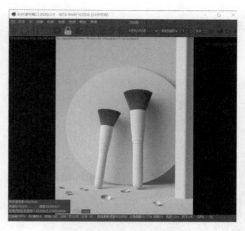

图 6-82　将 HDR 的"亮度"数值加大为 1.5　　　图 6-83　将 HDR 的"亮度"数值加大为 1.5 的效果

6.3　赋予场景模型材质

赋予场景模型材质分为赋予化妆刷毛渐变材质以及调节化妆刷毛的形状，赋予化妆刷手柄的材质，赋予化妆刷金属部分的材质，赋予背景材质，赋予屏风材质，赋予圆盘凹凸材质，赋予地面材质，添加反光板以及赋予其材质 8 个部分。

6.3.1　赋予化妆刷毛渐变材质以及调节化妆刷毛的形状

①在"Octane 实时渲染窗口"中执行菜单中的"材质｜创建｜Octane 光泽材质"命令，创建一个光泽材质，并将其名称重命名为"毛"，如图 6-84 所示，然后将该材质拖到"Octane 实时渲染窗口"中右侧化妆刷毛的模型上，此时渲染效果如图 6-85 所示。

②在材质栏中双击"毛"材质，进入材质编辑器，在左侧单击 节点编辑器 按钮，如图 6-86 所示，进入"OC 节点编辑器"窗口，如图 6-87 所示。再从左侧将"渐变"拖入窗口，再将其连接到"漫射"上。接着在右侧将"渐变"的两个颜色块的颜色分别设置为棕色〔HSV 的数值为（15，30%，70%）〕和棕白色〔HSV 的数值为（30，10%，100%）〕，如图 6-88 所示，最后在"Octane 实时渲染窗口"工具栏中单击 ■（渲染区域）按钮，再在窗口中右侧化妆刷毛的位置拖拉出一个渲染区域，渲染效果如图 6-89 所示。

图 6-84　将光泽材质重命名为"毛"

图 6-85　将"毛"材质拖给
化妆刷毛的模型的渲染效果

提示

利用区域渲染可以只渲染需要渲染的部分，从而加快渲染速度。

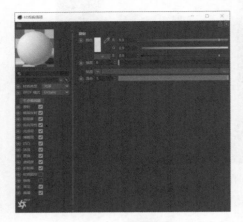

图 6-86　单击 节点编辑器 按钮

图 6-87　进入 "OC 节点编辑器" 窗口

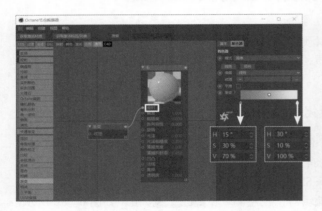

图 6-88　将 "渐变" 连接到 "漫射" 上并设置渐变色

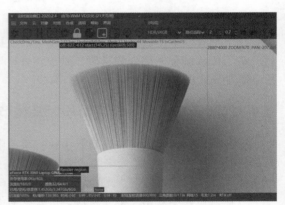

图 6-89　化妆刷毛的渐变色效果

③此时化妆刷毛的渐变色的方向是错误的，在 "OC 节点编辑器" 窗口中将 "世界坐标" 拖入窗口，再将其连接到 "渐变" 上，如图 6-90 所示，此时化妆刷毛的渐变色的方向就正确了，渲染效果如图 6-91 所示。最后再关闭 "OC 节点编辑器" 和 "材质编辑器" 窗口。

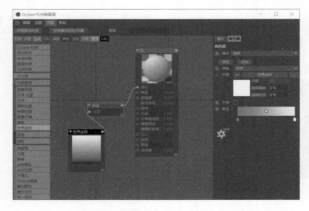

图 6-90　将 "世界坐标" 连接到 "渐变" 上

图 6-91　渲染效果

④为了使化妆刷毛的渐变色的分布更加真实，在右侧渐变条上单击，从而添加一个渐变色块，再将其颜色设置为一种浅棕色〔HSV 的数值为（15°，30%，90%）〕，如图 6-92 所示，渲染效果如图 6-93 所示。关闭节点编辑器和材质编辑器。

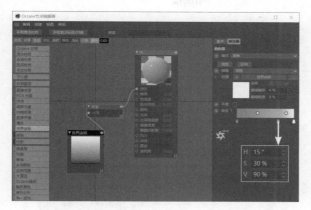

图 6-92　在渐变条上添加一个浅棕色颜色块

图 6-93　渲染效果

⑤制作化妆刷毛整体过粗，减小发根和发梢的粗度。方法：在材质栏中双击"毛发材质"，如图 6-94 所示，进入材质编辑器，在左侧选中"粗细"复选框，再在右侧将"发根"的数值设置为0.1 cm，将"发梢"的数值设置为 0.05 cm，如图 6-95 所示，渲染效果如图 6-96 所示。

图 6-94　双击"毛发材质"

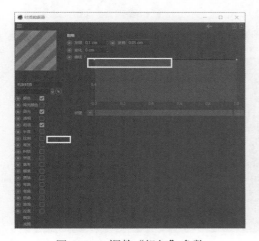

图 6-95　调整"粗细"参数

图 6-96　调整"粗细"参数后的渲染效果

⑥此时化妆刷毛顶部过于规则，很不自然，下面就来解决这个问题。方法：在材质编辑器左侧选中"比例"复选框，在右侧将"变化"的数值设置为 7%，如图 6-97 所示，此时化妆刷毛的顶部就很自然了，如图 6-98 所示。

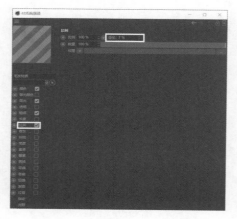

图 6-97　调整"比例"参数

图 6-98　调整"比例"参数后的渲染效果

⑦制作化妆刷毛侧面的弧形效果。方法：在材质编辑器左侧选中"弯曲"复选框，在右侧展开"集束"选项组，再将左侧顶点移动到最上面，将右侧顶点移动到最下面，如图 6-99 所示，此时化妆刷毛侧面就产生了弧形效果，如图 6-100 所示。

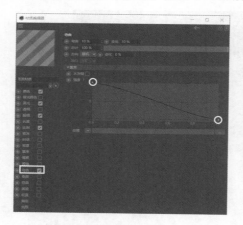

图 6-99　调整"弯曲"参数

图 6-100　调整"弯曲"参数后的渲染效果

⑧关闭材质编辑器，在"Octane 实时渲染窗口"中再次单击　(渲染区域) 按钮，退出区域渲染，进行整体渲染，此时渲染效果如图 6-101 所示。

6.3.2　赋予化妆刷手柄的材质

①在"Octane 实时渲染窗口"中执行菜单中的"材质 | 创建 | Octane 光泽材质"命令，创建一个光泽材质，并将其名称重命名为"手柄"，如图 6-102 所示，然后将该材质拖到

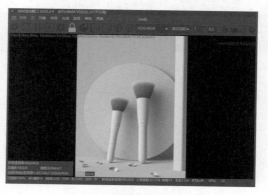

图 6-101　整体渲染效果

"Octane 实时渲染窗口"中右侧化妆刷手柄的模型上。

②在材质栏中双击"手柄"材质,进入材质编辑器。在左侧选择"漫射",再在右侧将"颜色"设置为一种粉色〔HSV 的数值为(15°,20%,90%)〕,如图 6-103 所示,接着在左侧选择"粗糙度",再在右侧将"强度"设置为 0.1,如图 6-104 所示,最后在"Octane 实时渲染窗口"工具栏中单击■(渲染区域)按钮,再在窗口中右侧化妆刷手柄的位置拖拉出一个渲染区域,渲染效果如图 6-105 所示。

③关闭材质编辑器,在"Octane 实时渲染窗口"中再次单击■(渲染区域)按钮,退出区域渲染,进行整体渲染,此时渲染效果如图 6-106 所示。

图 6-102　将光泽材质重命名为"手柄"

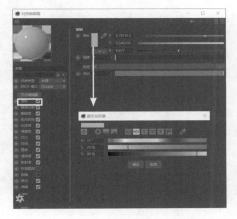

图 6-103　将"漫射"设置为一种粉色
〔HSV 的数值为(15°,20%,90%)〕

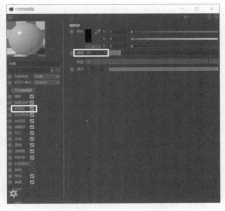

图 6-104　将"粗糙度"的"强度"设置为 0.1

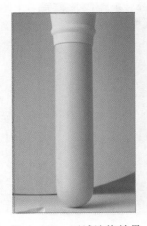

图 6-105　区域渲染效果

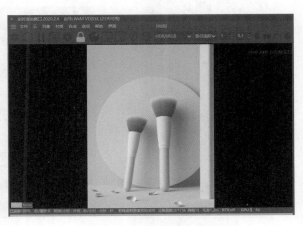

图 6-106　整体渲染效果

6.3.3 赋予化妆刷金属部分的材质

①在"Octane 实时渲染窗口"中执行菜单中的"材质 | 创建 | Octane 金属材质"命令，创建一个金属材质，并将其名称重命名为"金属"，如图 6-107 所示，然后将该材质拖到"Octane 实时渲染窗口"中右侧化妆刷金属部分的模型上。

图 6-107　将金属材质重命名为"金属"

②在材质栏中双击"金属"材质，进入材质编辑器。在左侧选择"镜面反射"，再在右侧将"颜色"设置为一种粉红色〔HSV 的数值为（0°，25%，100%）〕，如图 6-108 所示，然后在"Octane 实时渲染窗口"工具栏中单击▦（渲染区域）按钮，再在窗口中右侧化妆刷金属部分的位置拖拉出一个渲染区域，渲染效果如图 6-109 所示。

③此时金属部分的表面过于光滑，在"材质编辑器"左侧选择"粗糙度"，再在右侧将"强度"设置为0.3，如图 6-110 所示，渲染效果如图 6-111 所示。

④关闭材质编辑器，在"Octane 实时渲染窗口"中再次单击▦（渲染区域）按钮，退出区域渲染，进行整体渲染，此时渲染效果如图 6-112 所示。

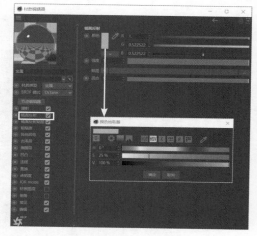

图 6-108　将"镜面反射"的颜色设置为一种粉红色〔HSV 的数值为（0°，25%，100%）〕

图 6-109　区域渲染效果

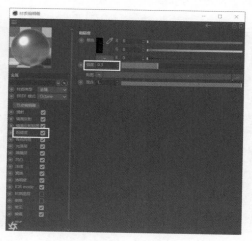

图 6-110　将"粗糙度"的"强度"设置为 0.3

图 6-111　区域渲染效果　　　　图 6-112　整体渲染效果

6.3.4　赋予背景材质

①在"Octane 实时渲染窗口"中执行菜单中的"材质|创建|Octane 漫射材质"命令，创建一个漫射材质，并将其名称重命名为"背景"，如图 6-113 所示，然后将该材质拖到"Octane 实时渲染窗口"中墙面模型上。

②在材质栏中双击"背景"材质，进入材质编辑器。在左侧选择"漫射"，再在右侧将"颜色"设置为一种深蓝色〔HSV 的数值为（200°，70%，30%)〕，如图 6-114 所示，再关闭材质编辑器，此时渲染效果如图 6-115 所示。

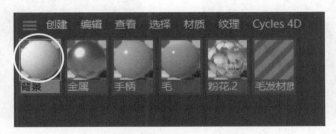

图 6-113　将漫射材质重命名为"背景"

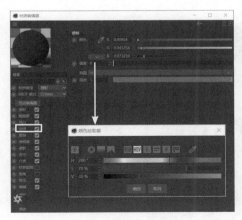

图 6-114　将"漫射"设置为一种粉色
〔HSV 的数值为（200°，70%，30%〕

图 6-115　整体渲染效果

6.3.5 赋予屏风材质

①在"Octane 实时渲染窗口"中执行菜单中的"材质|创建|Octane 光泽材质"命令，创建一个光泽材质，并将其名称重命名为"屏风"，如图 6-116 所示，然后将该材质拖到"Octane 实时渲染窗口"中墙面模型上。

②在材质栏中双击"屏风"材质，进入材质编辑器。在左侧选择"漫射"，再在右侧将"颜色"设置为一种粉色〔HSV 的数值为（0°，20%，95%）〕，如图 6-117 所示。接着在左侧选择"粗糙度"，再在右侧将"强度"设置为 0.1，如图 6-118 所示。最后关闭材质编辑器，此时渲染效果如图 6-119 所示。

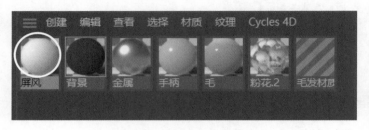

图 6-116　将光泽材质重命名为"屏风"

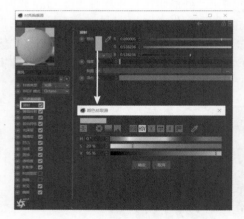

图 6-117　将"漫射"设置为一种粉色
〔HSV 的数值为 (0°，20%，95%)〕

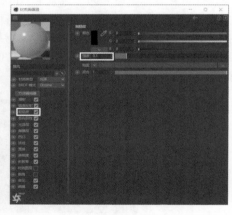

图 6-118　将"粗糙度"的"强度"设置为 0.1

图 6-119　整体渲染效果

6.3.6　赋予圆盘凹凸材质

①在"Octane 实时渲染窗口"中执行菜单中的"材质 | 创建 | Octane 光泽材质"命令，创建一个光泽材质，并将其名称重命名为"圆盘"，如图 6-120 所示，然后将该材质拖到"Octane 实时渲染窗口"中圆盘模型上。

②在材质栏中双击"圆盘"材质，进入材质编辑器。在左侧选择"漫射"，再在右侧将"颜色"设置为一种粉色〔HSV 的数值为（0°，20%，95%）〕，如图 6-121 所示。

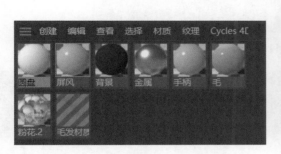

图 6-120　将光泽材质重命名为"圆盘"　　　图 6-121　将"漫射"设置为一种粉色
〔HSV 的数值为（0°，20%，95%）〕

③制作圆盘上的凹凸感。方法：在材质编辑器左侧单击 节点编辑器 按钮，进入"OC 节点编辑器"窗口，从左侧将"Octane 噪波"拖入窗口，再将其连接到"凹凸"上，此时渲染显示的凹凸效果是错误的，如图 6-122 所示。下面在右侧单击 投射 按钮，如图 6-123 所示，然后在窗口中选择"纹理投射"，再在右侧将"纹理投射"的方式设为"立方体"，并选中"锁定纵横比"复选框，再将"S 轴缩放"的数值设置为 0.3，如图 6-124 所示。接着在"Octane 实时渲染窗口"工具栏中单击 ▣（渲染区域）按钮，再在窗口中圆盘的位置拖拉出一个渲染区域，渲染效果如图 6-125 所示。

④关闭"OC 节点编辑器"和"材质编辑器"窗口，在"Octane 实时渲染窗口"中再次单击 ▣（渲染区域）按钮，退出区域渲染，进行整体渲染，此时渲染效果如图 6-126 所示。

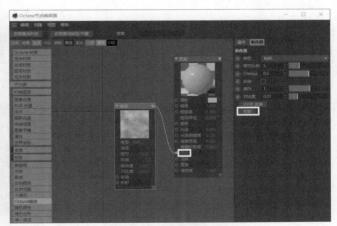

图 6-122　将"Octane 噪波"　　　　图 6-123　单击 投射 按钮
连接到"凹凸"上的渲染效果

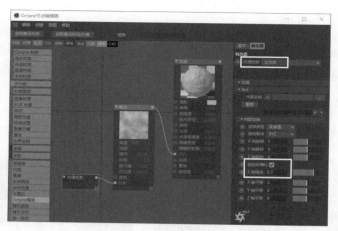

图 6-124　设置"纹理投射"参数

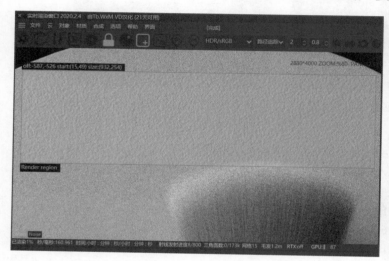

图 6-125　区域渲染效果

图 6-126　整体渲染效果

6.3.7　赋予地面材质

①在"Octane 实时渲染窗口"中执行菜单中的"材质 | 创建 |Octane 光泽材质"命令，创建一个光泽材质，并将其名称重命名为"地面"，如图 6-127 所示，然后将该材质拖到"Octane 实时渲染窗口"中地面模型上。

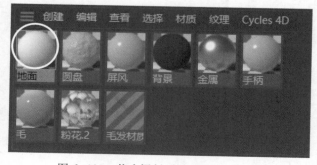

图 6-127　将光泽材质重命名为"地面"

②在材质栏中双击"地面"材质，进入材质编辑器，然后在左侧单击 节点编辑器 按钮，进入"OC节点编辑器"窗口。接着从左侧将"混合"节点拖入窗口，再将其连接到"漫射"上，如图 6-128 所示。最后在左侧将两个"RGB 光谱"拖入窗口，并分别连接到"混合纹理"的"纹理 1"和"纹理 2"上，再在右侧将"纹理 1"的颜色设置为粉色〔(HSV 的数值设置为（0°，30%，95%)〕，将"纹理 2"的数值设置为浅粉色〔HSV 的数值设置为（0°，25%，100%)〕，如图 6-129 所示。

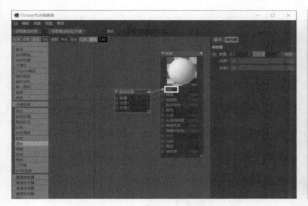

图 6-128　将"混合"连接到"漫射"上

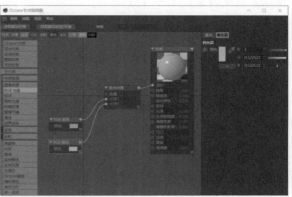

图 6-129　将两个"RGB 光谱"分别连接到"纹理 1"和"纹理 2"上并设置颜色

③将左侧"图像纹理"节点拖入窗口，在弹出的对话框中选择配套资源中的"源文件＼第 6 章化妆刷展示场景＼tex＼地面纹理 .jpg"文件，如图 6-130 所示，单击"打开"按钮。接着将"图像纹理"连接到"混合纹理"的"数量"上，如图 6-131 所示。最后在"Octane 实时渲染窗口"工具栏中单击 （渲染区域）按钮，再在窗口中地面的位置拖拉出一个渲染区域，渲染效果如图 6-132 所示。

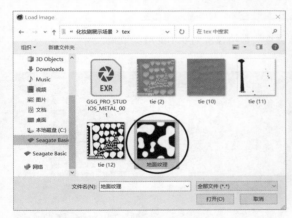

图 6-130　选择"地面纹理 .jpg"文件

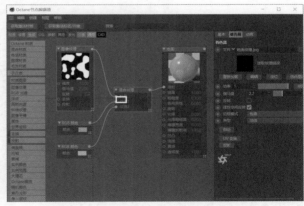

图 6-131　将"图像纹理"连接到"混合纹理"的"数量"上

图 6-132　地面渲染效果

④此时地面反射过强，在 OC 节点编辑器窗口中选择"地面"，在右侧选择进入"粗糙度"选项卡，将"强度"加大为 0.1，如图 6-133 所示，此时渲染后地面反射就很自然了，如图 6-134 所示。

⑤此时地面纹理分布不是很美观，下面调整一下地面的纹理分布。方法：在"OC 节点编辑器"窗口中选择"图像纹理"，然后在右侧单击 UV 变换 按钮，如图 6-135 所示。接着在窗口中选择"变换"，再在右侧将"X 轴平移"的数值设置为 0.3，将"Y 轴平移"的数值设置为 0.2，如图 6-136 所示，渲染效果如图 6-137 所示。

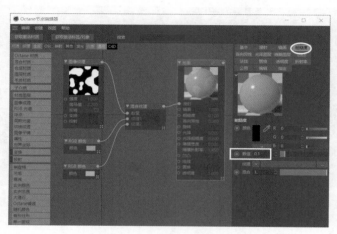

图 6-133　将"地面"的"粗糙度"的"强度"数值设置为 0.1

图 6-134　将"地面"的"粗糙度"的"强度"数值设置为 0.1 的渲染效果

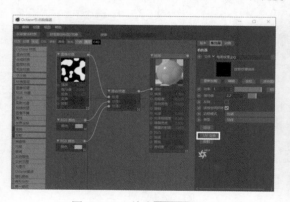

图 6-135　单击 UV 变换 按钮

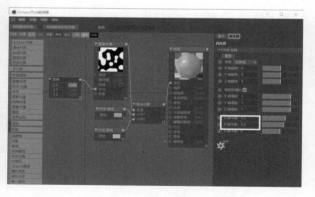

图 6-136　调整"变换"参数

图 6-137　地面渲染效果

⑥关闭"OC节点编辑器"和"材质编辑器"窗口，在"Octane实时渲染窗口"中再次单击 ![render] （渲染区域）按钮，退出区域渲染，进行整体渲染，此时渲染效果如图6-138所示。

图6-138 整体渲染效果

6.3.8 添加反光板以及赋予其材质

①此时化妆刷背光面偏暗，下面通过在背光面添加反光板来解决这个问题。为了便于操作，需要在透视视图中进行操作，而前面为了防止误操作，已经对透视视图添加了"保护"标签，无法对该视图进行旋转、移动等操作。为了能够在透视视图中进行操作，将顶视图切换为透视视图。方法：按【F2】键，切换到顶视图，然后执行视图菜单中的"摄像机|透视视图"命令，将顶视图切换为透视试图。接着执行视图菜单中的"显示|光影着色"（快捷键是【N+A】）命令，将模型以光影着色的方式进行显示，如图6-139所示。

②在"对象"面板中按住【Ctrl】键，复制出一个"地面"模型，并将其重命名为"反光板"，如图6-140所示。

③利用 ![rotate] （旋转工具）将反光板沿Z轴旋转 -90°，如图6-141所示。然后利用 ![scale] （缩放工具）将其沿Z轴适当缩小，并将其移动到屏风和墙面之间，并将"屏风"材质拖到反光板上，如

图6-139 将顶视图切换为透视视图，并将模型以
光影着色的方式进行显示

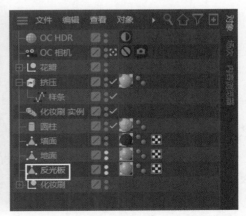

图6-140 将复制出的地面模型重命名为
"反光板"

图 6-142 所示。此时从渲染效果就可以看出化妆刷的背光面明显亮起来了，如图 6-143 所示。

④至此，化妆刷展示场景制作完毕，执行菜单中的"文件|保存工程（包含资源）"命令，将文件保存打包。

图 6-141　将反光板沿 Z 轴旋转 -90°

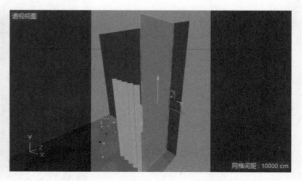

图 6-142　将反光板沿 Z 轴缩小后移动到屏风和墙面之间，并赋予"屏风"材质

图 6-143　化妆刷的背光面明显亮起来了

6.4　OC 渲染输出

①在"Octane 实时渲染窗口"中单击工具栏中的 ■（设置）按钮，在弹出的"OC 设置"对话框将"最大采样率"设置为 3 000，如图 6-144 所示，再关闭"OC 设置"对话框。

提示

前面将"最大采样率"的数值设置为 800，是为了加快渲染速度，从而便于预览。此时将"最大采样率"的数值设置为 3 000 的目的是保证最终输出图的质量。

②在工具栏中单击 ⚙（编辑渲染设置）按钮，在弹出的"渲染设置"对话框中将"渲染器"设置为"Octane 渲染器"，再在左侧选择"Octane 渲染器"，接着在右侧进入"渲染 AOV 组"选项卡，选中"启用"复选框，如图 6-145 所示。

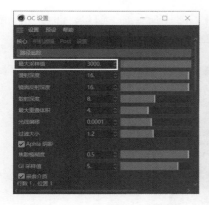

图 6-144　将"最大采样率"
的数值设置为 3 000

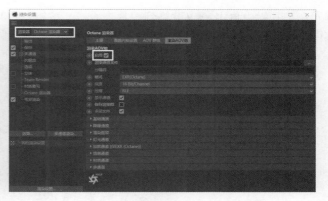

图 6-145　选中"启用"复选框

③单击"渲染通道文件"右侧的 ▨ 按钮，从弹出的"保存文件"对话框中指定文件保存的位置，并将要保持的文件名设置为"化妆刷展示场景（处理前）"，如图 6-146 所示，单击 保存(S) 按钮。

④将要保存的文件"格式"设置为"PSD"，"深度"设置为 16Bit/Channerl，并选中"保存渲染图"复选框，如图 6-147 所示。

图 6-146　设置文件保存的位置和名称

图 6-147　将"格式"设置为"PSD"，"深度"设置为
16Bit/Channerl，并选中"保存渲染图"复选框

⑤展开"基础通道"选项卡，选中"反射"复选框。然后展开"信息通道"选项卡，选中"材质 ID"复选框，如图 6-148 所示，接着关闭"渲染设置"对话框。

图 6-148　选中"反射"和"材质 ID"复选框

⑥在工具栏中单击 （渲染到图片查看器）按钮，打开"图片查看器"窗口，即可进行渲染，当渲染完成后效果如图 6-149 所示，此时图片会自动保存到前面指定好的位置。

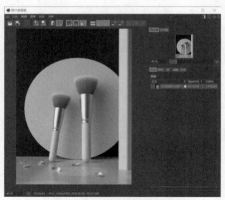

图 6-149　渲染的最终效果

6.5　利用 Photoshop 进行后期处理

①在 Photoshop CC 2018 中打开前面保存输出的配套资源中的"化妆刷展示场景（处理前）.psd"文件，在"图层"面板中将 Beauty 层移动到最上层，如图 6-150 所示。

②执行菜单中的"图像|模式|Lab 颜色"命令，将图像转为 Lab 模式，在弹出的图 6-151 所示的对话框中单击 不合并(D) 按钮。然后执行菜单中的"图像|模式|8 位／通道"命令，将当前 16 位图像转为 8 位图像，最后执行菜单中的"图像|模式|RGB 颜色"命令，再在弹出的上图 6-151 所示的对话框中单击 不合并(D) 按钮，从而将 Lab 图像转为 RGB 图像。

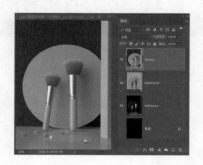

图 6-150　将 Beauty 层移动到最上层

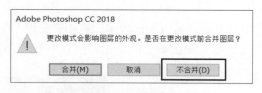

图 6-151　单击 不合并(D) 按钮

③在"图层"面板中选择 Beauty 层，按【Ctrl+J】组合键，复制出一个"Beauty 拷贝"层。然后右击，从弹出的快捷菜单中选择"转换为智能对象"命令，将其转换为智能图层，此时图层分布如图 6-152 所示。

④执行菜单中的"滤镜|Camera Raw 滤镜"命令，在弹出的对话框中调整参数如图 6-153 所示，单击"确定"按钮。

⑤此时可以通过单击"Beauty 拷贝"前面的 图标，如图 6-154 所示，来查看执行"Camera Raw 滤镜"前后的效果对比。执行菜单中的"文件|存储为"命令，将文件保存为"化妆刷展示场景（处理后）.psd"。

图 6-152　图层分布

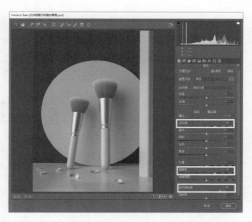

图 6-153　调整 Camera Raw 滤镜参数

图 6-154　通过单击 ⊙ 图标来查看执行"Camera Raw 滤镜"前后的效果对比

⑥至此，化妆刷展示效果图制作完毕。

课 后 练 习

制作图 6-155 所示的幸运球效果。

图 6-155　幸运球效果

消毒喷枪展示场景 第7章

✎ **本章重点**

本章将制作一个消毒喷枪展示场景，如图 7-1 所示。本章重点如下：

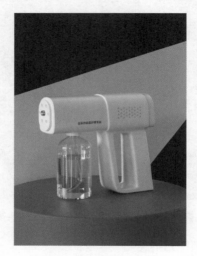

图 7-1　消毒喷枪展示场景

1．消毒喷枪的建模技巧；
2．HDR 灯光和 OC 材质的调节；
3．OC 输出渲染；
4．Photoshop 后期处理。

制作流程

本例制作过程分为制作消毒喷枪展示场景的模型，设置文件输出尺寸，在场景中添加 OC 摄像机和 HDR，赋予场景模型材质，OC 渲染输出和利用 Photoshop 进行后期处理五部分。

视频

消毒喷枪展示
场景 1.mp4

7.1　制作消毒喷枪展示场景的模型

制作消毒喷枪展示场景的模型分为制作消毒喷枪模型和制作消毒喷枪展示场景中的其余模型两部分。

7.1.1　制作消毒喷枪模型

制作消毒喷枪模型分为制作消毒喷枪的枪管模型，制作消毒喷枪的手柄模型，制作枪管下方的接口模型，制作瓶子和吸管部分模型，制作发射紫外线的模型，制作喷嘴模型和制作网状散热镂空结构七部分。

1. 制作消毒喷枪的枪管模型

①在正视图中放置一张背景图作为参照。方法：按【F4】键，切换到正视图，然后按【Shift+V】组合键，在属性面板"背景"选项卡中单击"图像"右侧的▇▇▇▇按钮，从弹出的对话框中选择配套资源中的"源文件 \ 第 7 章　消毒喷枪展示场景 \tex 消毒喷枪正视图参考图 .tif"图片，单击"打开"按钮，此时正视图中就会显示出背景图片。为了便于后续操作，将背景图的"透明"设置为 70%，如图 7-2 所示。

图 7-2　在正视图中显示背景图片

②在视图中创建一个立方体，参考背景图将其移动到消毒枪管的位置，然后在属性面板中将立方体的"尺寸 X\Y\Z"的数值均设置为 185 cm，如图 7-3 所示，使之与背景图中消毒枪管的高度大体一致。

图 7-3　调整立方体使之与背景图中消毒枪管的高度大体一致

提示

将立方体的参数设置为一个整数是为了便于读者学习，而在实际工作中，这些参数不一定设置为一个整数。

③在编辑模式工具栏中单击▇（转为可编辑对象）按钮（快捷键是【C】），将立方体转为可编辑对象。然后进入▇（点模式），利用▇（框选工具）框选相应位置的顶点，再参考背景图调整其位置，使之与背景图中消毒枪管的形状尽量匹配。效果如图 7-4 所示。

④按【F1】键，切换到透视视图，利用 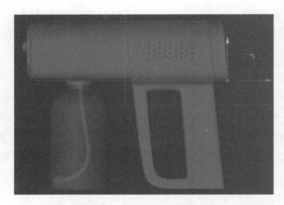（缩放工具）将其沿 Z 轴缩放为 90%，如图 7-5 所示。

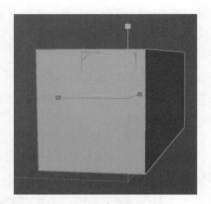

图 7-4　调整顶点的位置使之与背景图中消毒枪　　　　　图 7-5　沿 Z 轴缩放为 90%
管的高度大体一致

⑤对消毒枪管上方进行倒角处理。方法：单击 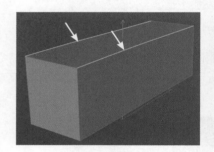（边模式），利用 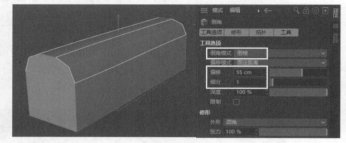（移动工具）选择立方体上方的两条边，如图 7-6 所示。然后右击，从弹出的快捷菜单中选择"倒角"（快捷键是【M+S】）命令，接着在视图中对这圈边进行倒角处理，并在属性面板中将"倒角模式"设置为"倒棱"，"偏移"的数值设置为 55 m，"细分"的数值设置为 1，效果如图 7-7 所示。

图 7-6　选择立方体上方的两条边　　　　　　　图 7-7　倒角效果

⑥同理，选择立方体底部的两条边，如图 7-8 所示，然后对其进行倒角处理，效果如图 7-9 所示。

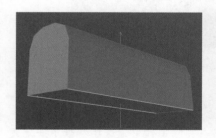
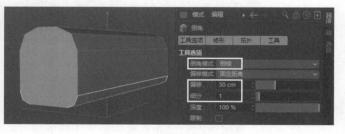

图 7-8　选择立方体底部的两条边　　　　　　　图 7-9　倒角效果

⑦对消毒枪管两端进行重新布线。方法：在视图中右击，从弹出的快捷菜单中选择"线性切割"（快捷键是【K+K】）命令，然后对立方体的两端进行重新布线，如图 7-10 所示，使之布线更加合理。

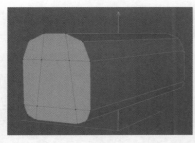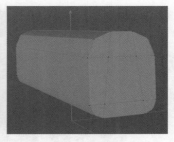

图 7-10　对立方体的两端进行重新布线

⑧制作喷枪枪管两端的斜角效果。方法：执行菜单中的"选择 | 循环选择"（快捷键是【U+L】）命令，选择立方体两端边缘的两圈边，如图 7-11 所示，然后按【M+S】组合键，切换到"倒角"工具，再对这两圈边进行倒角处理，并在属性面板中将"倒角模式"设置为"倒棱"，"偏移"的数值设置为 5 m，"细分"的数值设置为 0，效果如图 7-12 所示。

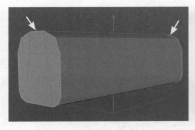

图 7-11　立方体两端边缘的两圈边　　　　　　　图 7-12　斜角效果

⑨为了稳定斜角结构，按【U+L】组合键，切换到"循环选择"工具，配合【Shift】键，同时选择两端斜角位置的 4 圈边，如图 7-13 所示，再按【M+S】组合键，切换到"倒角"工具，再对这两圈边进行倒角处理，并在属性面板中将"倒角模式"设置为"实体"，"偏移"的数值设置为 1 cm，效果如图 7-14 所示。

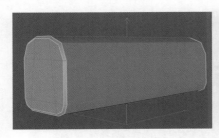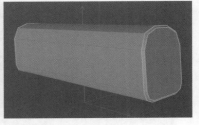

图 7-13　选择两端斜角位置的 4 圈边

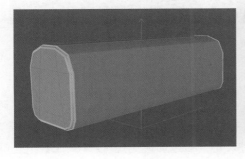

图 7-14　倒角效果

⑩对消毒枪管模型进行平滑处理，方法：按住键盘上的【Alt】键，单击工具栏中的 （细分曲面）工具，给其添加一个"细分曲面"生成器的父级，效果如图7-15所示。

图7-15　倒角效果

2. 制作消毒喷枪的手柄模型

①按【F4】键，切换到正视图，在"对象"面板中关闭"细分曲面"的显示，再选择"立方体"，如图7-16所示。接着右击，从弹出的快捷菜单中选择"线性切割"（快捷键是【K+K】）命令，并在属性面板中取消选中"仅可见"复选框，再参考背景图的手柄位置在立方体上切割出两圈边，如图7-17所示。

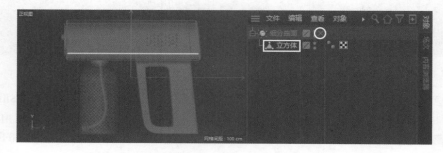

图7-16　关闭"细分曲面"的显示，再选择"立方体"

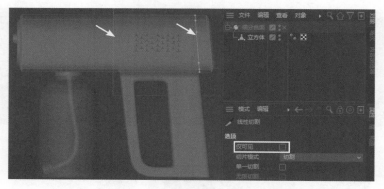

图7-17　在立方体上切割出两圈边

提示

此时一定要取消选中"仅可见"复选框，这样才可以在立方体上切割出完整的一圈边；如果选中"仅可见"复选框，则只会在可见的立方体的可见部分切割边，而在背面不会被切割。

②按【F1】键，切换到透视视图，进入 （多边形模式），按【U+L】组合键，切换到"循环选择"工具，然后选择切割出的一圈多边形，右击，从弹出的快捷菜单中选择"分裂"命令，将它

们从原来模型上分裂出来，再在"对象"面板中将分裂出的"立方体 1"移动到"细分曲面"的外面，如图 7-18 所示。

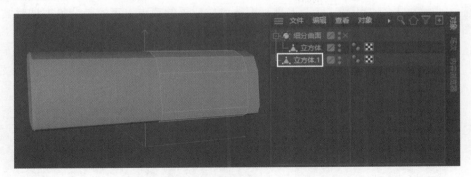

图 7-18　将切割出的一圈多边形分裂出来

③给分离出的多边形挤压一个厚度。方法：在视图中右击，从弹出的快捷菜单中选择"挤压"（快捷键是【D】）命令，然后对多边形进行挤压，并在属性面板中将挤压"偏移"的数值设置为 8 cm，再选中"创建封顶"复选框，效果如图 7-19 所示。

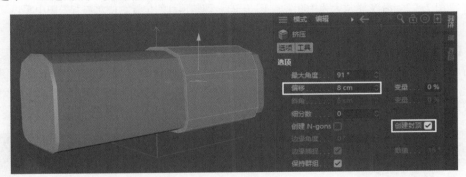

图 7-19　挤压效果

④挤压出手柄的大体形状。方法：利用 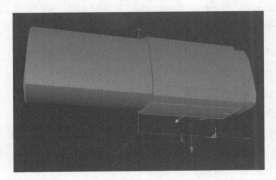（实体选择工具）选择底部的一个多边形，如图 7-20 所示，然后按【F4】键，切换到正视图，再按住【Ctrl】键，参考背景图将其沿 Z 轴向下挤压一段距离，接着将其沿 X 轴向右移动一段距离，效果如图 7-21 所示。最后按【F1】键，切换到透视视图，再利用 （缩放工具）将其沿 Y 轴放大的同时，按住键盘上的【Shift】键，将其缩放为原来的 160%，效果如图 7-22 所示。

图 7-20　选择底部的一个多边形　　　　图 7-21　沿 X 轴向右移动一段距离

⑤制作手柄部分的镂空效果。方法：按【F4】键，切换到正视图，在视图中创建一个正方体，再在编辑模式工具栏中单击 （转为可编辑对象）按钮（快捷键是【C】），将其转为可编辑对象。接着进入 （点模式），利用 （框选工具）框选相应位置的顶点，再参考背景图调整其位置，使之与背景图中手柄镂空位置尽量匹配，效果如图 7-23 所示。

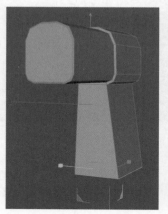 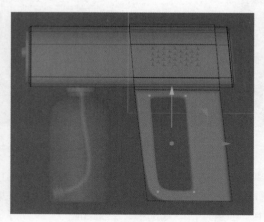

图 7-22　沿 Y 轴放大为 160%　　　图 7-23　调整顶点的位置，使之与背景图中手
柄镂空位置尽量匹配

⑥按【F1】键，切换到透视视图，将作为手柄的"立方体 1"移动到"立方体"上方，如图 7-24 所示。然后同时选择"立方体 1"和"立方体"，按住键盘上的【Ctrl+Alt】组合键，在工具栏 （细分曲面）工具上按住鼠标左键，从弹出的隐藏工具中选择 布尔，从而制作出镂空效果，如图 7-25 所示。

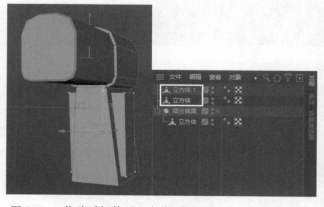 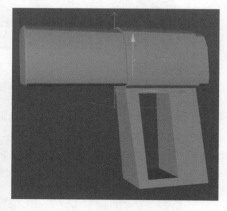

图 7-24　作为手柄的"立方体 1"移动到"立方体"上方　　　图 7-25　镂空效果

⑦制作手柄底部的弯角效果。方法：在"对象"面板中选择"布尔"，然后在属性面板中选中"创建单个对象"复选框，如图 7-26 所示。接着在"对象"面板中同时选择"布尔"、"立方体 1"和"立方体"，再右击，从弹出的快捷菜单中选择"连接对象 + 删除"命令，将它们转为一个名称为"立方体 1- 立方体"的可编辑对象，如图 7-27 所示。

⑧进入 （边）模式，利用 （实体选择工具）选择要制作弯角的外侧的一条边，如图 7-28 所示。再按【F4】键，切换到正视图，接着按【M+S】组合键，切换到"倒角"工具，再对其进行倒角处理，并在属性面板中将"倒角模式"设置为"倒棱"，"偏移"的数值设置为 50 cm，"细分"的数值设置为 1，效果如图 7-29 所示。

图 7-26　选中"创建单个对象"
复选框

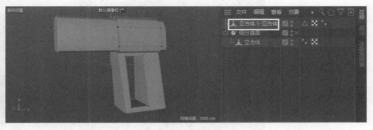

图 7-27　转为一个名称为"立方体 1- 立方体"的可编辑对象

图 7-28　选择要制作弯角的外侧的一条边

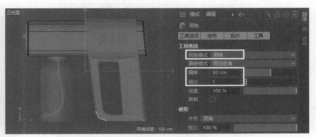

图 7-29　倒角效果

⑨同理，在透视视图中选择要制作弯角的内侧的一条边，如图 7-30 所示。然后在正视图对其进行倒角处理，并在属性面板中将"倒角模式"设置为"倒棱"，"偏移"的数值设置为 30 cm，"细分"的数值设置为 1，效果如图 7-31 所示。

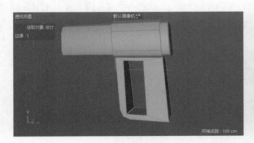

图 7-30　选择要制作弯角的内侧的一条边

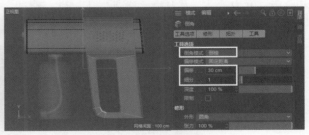

图 7-31　倒角效果

⑩对手柄模型进行重新布线。方法：在视图中右击，从弹出的快捷菜单中选择"线性切割"（快捷键是【K+K】）命令，然后在手柄模型的"立方体 1- 立方体"上切割出 6 圈边，如图 7-32 所示，使之布线更加合理。

提示 1：此时一定要取消选中"仅可见"复选框。

提示 2：切割时如果产生了多余的 N-gons 线，可以进入 ⬛（点模式），右击，从弹出的快捷菜单中选择"优化"命令，将其去除。

⑪将手柄左下方的 N-gons 线转为实体线。方法：进入 ⬛（多边形模式），按【Ctrl+A】组合键，

选择手柄位置的所有多边形，如图 7-33。接着右击，从弹出的快捷菜单中选择"移除 N-gongs"命令，即可将 N-gons 线转为实体线，如图 7-34 所示。

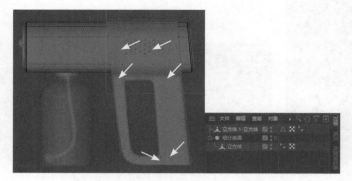

图 7-32　对作为手柄模型的"立方体 1- 立方体"进行重新布线

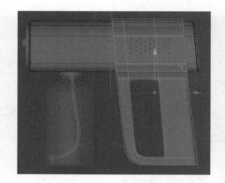　　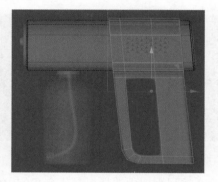

图 7-33　选择手柄位置的所有多边形　　图 7-34　将 N-gons 线转为实体线

⑫对手柄模型进行平滑处理。方法：按住键盘上的【Alt】键，单击工具栏中的 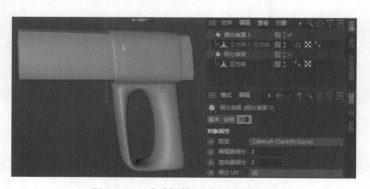（细分曲面）工具，给"立方体 1- 立方体"添加一个"细分曲面"生成器的父级，然后按【F1】键，切换到透视视图，效果如图 7-35 所示。

图 7-35　对手柄模型进行平滑处理

⑬此时手柄位置变形十分明显，这是因为布线不够的原因，下面就来解决这个问题。方法：在"对象"面板中关闭"细分曲面"的显示，选择"立方体 1- 立方体"，然后在视图中右击，从弹出的快捷菜单中选择"循环／路径切割"（快捷键是【K+L】）命令，再在手柄模型内外侧面各添加两圈边，如图 7-36 所示。接着在"对象"面板中恢复"细分曲面"的显示，再在手柄正面添加 9 圈边来稳定结构，效果如图 7-37 所示。

图 7-36　在手柄模型内外侧面各添加两圈边

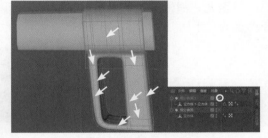
图 7-37　在手柄正面添加 9 圈边来稳定结构

⑭此时旋转视图会发现手柄上方不够硬朗，如图 7-38 所示。在"对象"面板中关闭"细分曲面 1"的显示，然后按【K+L】组合键，切换到"循环／路径切割"工具，再在手柄上方两侧各添加两圈边来稳定结构，如图 7-39 所示。接着在"对象"面板中恢复"细分曲面 1"的显示，效果如图 7-40 所示。

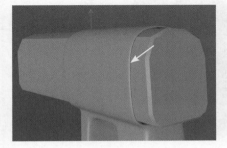
图 7-38　手柄上方不够硬朗

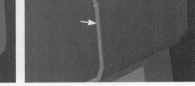
图 7-39　在手柄上方两侧各添加两圈边来稳定结构

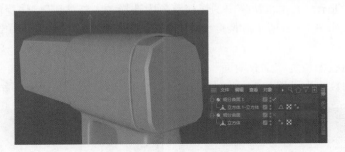
图 7-40　在手柄上方两侧各添加两圈边来稳定结构

⑮此时旋转视图会发现手柄镂空位置有些变形，如图 7-41 所示。在"对象"面板中选择"细分曲面 1"，然后在属性面板中将"编辑器细分"和"渲染器细分"的数值加大为 3，此时手柄镂空位置就圆滑了，效果如图 7-42 所示。

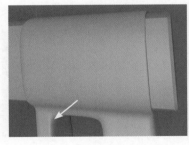
图 7-41　手柄镂空位置有些变形

图 7-42　手柄镂空位置就圆滑了

⑯至此，消毒喷枪的手柄模型制作完毕，为了便于区分，在"对象"面板中将"细分曲面1"重命名为"手柄"，如图7-43所示。

图7-43　将"细分曲面1"重命名为"手柄"

3．制作枪管下方的接口模型

①按【F4】键，切换到正视图。在"对象"面板中选择"立方体"，再按【K+K】组合键切换到"线性切割"工具，参考背景图在接口位置切割出两圈边，如图7-44所示。

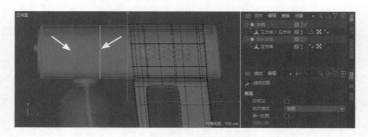

图7-44　在接口位置切割出两圈边

②按【F1】键，切换到透视视图，进入 （多边形模式），选择立方体底部要制作接口的一个多边形，如图7-45所示，右击，从弹出的快捷菜单中选择"内部挤压"（快捷键是【I】），接着将其向内挤压一段距离，如图7-46所示。最后按【Delete】键，删除多边形，形成镂空效果，如图7-47所示。

③在"对象"面板中恢复"细分曲面"的显示，在属性面板中将"细分曲面"的"编辑器细分"和"渲染器细分"的数值均设置为1，此时就可以看到四边形变为了八边形，如图7-48所示。

图7-45　选择立方体底部要制作接口 　　图7-46　其向内挤压一段距离
的一个多边形

图7-47　删除多边形的效果　　　　图7-48　四边形变为了八边形

④在"对象"面板中同时选择"细分曲面"和"立方体"，右击，从弹出的快捷菜单中选择"连接对象＋删除"命令，将它们转为一个可编辑对象。接着执行菜单中的"选择|循环选择"（快捷键是【U+L】）命令，选择镂空位置外侧的一圈多边形，如图 7-49 所示，按【Delete】键，进行删除。

⑤此时接口处的八边形并不是正八边形，下面将接口处的八边形处理为正八边形。方法：进入 （边模式），选择最内侧的一圈边，如图 7-50 所示。然后执行菜单中的"扩展|PolyCircle"命令，再在正八边形顶点所处的位置单击，如图 7-51 所示，即可将八边形处理为正八边形，按空格键，确认操作，效果如图 7-52 所示。

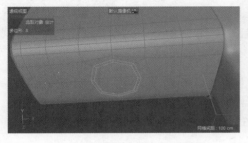

图 7-49　选择内侧的一圈多边形

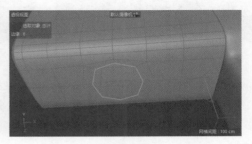

图 7-50　选择最内侧的一圈边

图 7-51　在相应的位置单击

图 7-52　将八边形处理为正八边形

提示

"PolyCircle"插件可以在网盘中下载，然后将其复制到"Maxon Cinema 4D R21\plugins"中，再重新启动软件即可。

⑥按【F4】键，切换到正视图，再参考背景图，利用 （缩放工具），按住【Ctrl】键，将其向内进行缩放挤压。利用 ＋（移动工具），按住【Ctrl】键，将其沿 Y 轴向下挤压，如图 7-53 所示。

⑦制作接口的厚度。方法：利用 （缩放工具），按住【Ctrl】键，将其向内进行缩放挤压，然后利用 ＋（移动工具），按住【Ctrl】键，将其沿 Y 轴向上挤压，从而制作出接口的厚度，如图 7-54 所示。

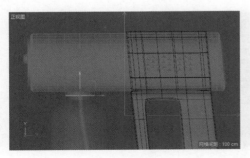

图 7-53　沿 Y 轴向下挤压

图 7-54　制作出接口的厚度

⑧制作接口边缘的倒角效果。方法：利用 ✛ （移动工具），选择接口位置的两圈边，如图 7-55 所示，然后右击，从弹出的快捷菜单中选择"倒角"（快捷键是【M+S】）命令，再在属性面板中将"倒角模式"设置为"实体"，"偏移"的数值设置为 1 cm，效果如图 7-56 所示。

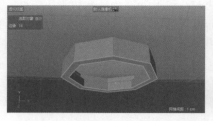 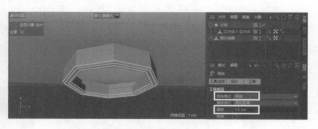

图 7-55　选择接口位置的两圈边 　　　　　　　图 7-56　属性面板

⑨对消毒枪管进行平滑处理。方法：按住键盘上的【Alt】键，单击工具栏中的 ⬚ （细分曲面）工具，给"细分曲面"添加一个"细分曲面"生成器的父级，效果如图 7-57 所示。

⑩为了便于区分，下面将"细分曲面 1"重命名为"消毒枪管"，如图 7-58 所示。

图 7-57　"细分曲面"效果 　　　　　　　图 7-58　将"细分曲面 1"重命名为"消
　　　　　　　　　　　　　　　　　　　　　　　　　毒枪管"

视频

消毒喷枪展示
场景 2.mp4

4. 制作瓶子和吸管部分模型

①按【F4】键，切换到正视图。然后在视图中创建一个圆柱，并参考背景图将其移动到合适位置。接着在属性面板的"对象"选项卡中将其"半径"设置为 90 cm，"高度分段"设置为 1，再在"封顶"选项卡中取消选中"封顶"复选框，效果如图 7-59 所示。

提示

将圆柱的参数设置为一个整数是为了便于读者学习，而在实际工作中，这些参数不一定设置为一个整数。

②挤压出瓶子的大体形状。方法：在编辑模式工具栏中单击 ⬚ （转为可编辑对象）按钮（快

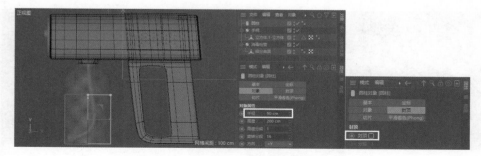

图 7-59　在正视图中创建圆柱

捷键是【C】），将圆柱转为可编辑对象，然后利用 ➕ （移动工具）在圆柱顶部双击，从而选中顶部的一圈边，如图 7-60 所示。接着按住【Ctrl】键，将其向上挤压两次，如图 7-61 所示，再参考背景图利用 ▦ （缩放工具）将其缩放到适当大小，如图 7-62 所示，最后利用 ➕ （移动工具），按住【Ctrl】键，将其向上挤压一段距离，效果如图 7-63 所示。

③按【K+L】组合键，切换到"循环／路径切割"工具，然后在瓶子转角处添加两圈边，参考背景图利用 ▦ （缩放工具），分别对它们进行适当缩小，效果如图 7-64 所示。

④制作瓶子底部的封口效果。方法：利用 ▦ （缩放工具）在圆柱底部双击，从而选中底部边

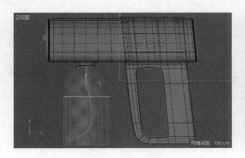 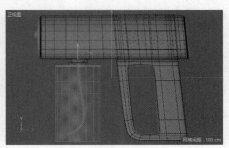

图 7-60　选中顶部的一圈边　　　　　图 7-61　选中顶部的一圈边

 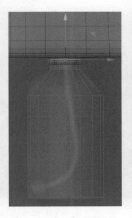 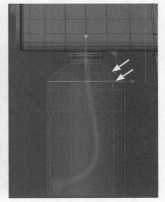

图 7-62　缩放到适当　　图 7-63　向上挤压　　图 7-64　适当缩小
　　大小　　　　　　一段距离

缘的一圈边，如图 7-65 所示，然后按住【Ctrl】键，将其向内挤压两次，并在变换栏中将"尺寸X\Y\Z"的数值均设置为 0 cm，从而形成底部的封口效果，如图 7-66 所示。

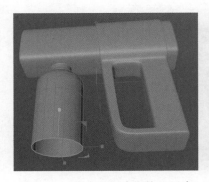 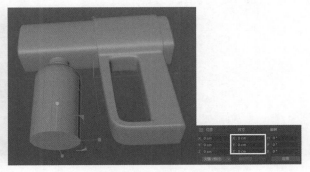

图 7-65　选中底部边缘的一圈边　　　　　图 7-66　底部的封口效果

⑤制作底部边缘的倒角效果。方法：利用■（缩放工具）在圆柱底部双击，从而选中底部边缘的一圈边，如图7-67所示，然后右击，从弹出的快捷菜单中选择"倒角"（快捷键是【M+S】）命令，接着在属性面板中将"倒角模式"设置为"倒棱"，"偏移"的数值设置为10 cm，"细分"的数值设置为1，效果如图7-68所示。

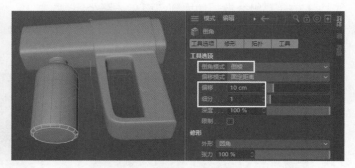

图7-67　选中底部边缘的一圈边　　　　　　　图7-68　底部边缘的倒角效果

⑥制作瓶口转折处的倒角效果。方法：将视图旋转到合适角度，利用■（缩放工具）在瓶口转折处双击，从而选中瓶口转折处的一圈边，如图7-69所示，接着右击，从弹出的快捷菜单中选择"倒角"（快捷键是【M+S】）命令，在属性面板中将"倒角模式"设置为"实体"，"偏移"的数值设置为3 cm，效果如图7-70所示。

图7-69　选中瓶口转折　　　　　　　　图7-70　倒角效果
　　　　　处的一圈边

⑦给瓶子模型添加一个厚度。方法：为了便于观看效果，下面在编辑模式工具栏中单击■（视窗单体独显）按钮，在视图中只显示出"圆柱"，然后按住键盘上的【Alt】键，在工具栏■（细分曲面）工具上按住鼠标左键，从弹出的隐藏工具中选择■布料曲面，在"布料曲面"属性面板中将"厚度"设置为1 cm，效果如图7-71所示。

图7-71　制作出瓶子的厚度

⑧给瓶子添加平滑效果。方法：按住键盘上的【Alt】键，单击工具栏中的 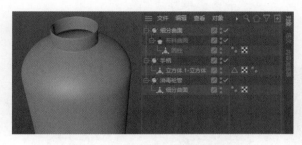（细分曲面）工具，给"圆柱"添加一个"细分曲面"生成器的父级，效果如图 7-72 所示。

⑨在编辑模式工具栏中单击 ⑤（关闭视窗独显）按钮，在视图中显示出所有模型，然后按快捷键【H】，将所有模型在视图中最大化显示，如图 7-73 所示。将"细分曲面"重命名为"瓶子"。

图 7-72　给瓶子添加平滑效果

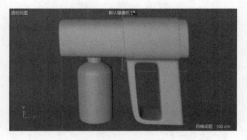

图 7-73　将所有模型在视图中最大化显示

⑩制作瓶子中的吸管模型。方法：按【F4】键，切换到正视图，在"对象"面板中隐藏"瓶子"，再参考背景图，利用 ✐（样条画笔工具）在吸管转折处单击绘制出吸管的大体形状，如图 7-74 所示。接着进入 ◈（点模式），利用 ◳（框选工具）框选样条上的所有顶点，右击，从弹出的快捷菜单中选择"柔性插值"命令，再利用 ✐（样条画笔工具）调整相应顶点的位置，使之与背景图中吸管相匹配，如图 7-75 所示。

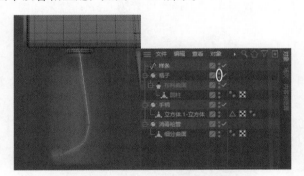

图 7-74　绘制出吸管的样条线

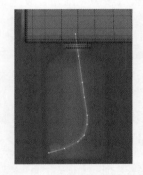

图 7-75　调整样条线的形状

⑪在视图中创建一个圆环，然后将其移动到吸管位置，并在属性面板中将其"半径"设置为 8 cm，如图 7-76 所示。

⑫按住键盘上的【Ctrl+Alt】组合键，在工具栏 ◈（挤压）工具上按住鼠标左键，从弹出的隐藏工具中选择 ◈ 扫描，从而创建出一个以样条为路径，以圆环为横截面的吸管模型，如图 7-77 所示。

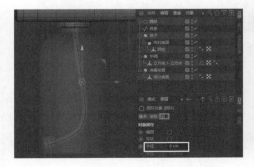

图 7-76　将圆环"半径"设置为 8 cm

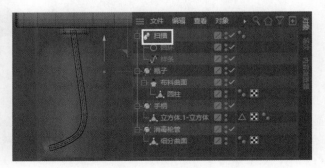

图 7-77　扫描效果

⑬此时吸管模型不是很圆滑，在"对象"面板中选择"样条"，然后在属性面板中将"点插值方式"设置为"统一"，"数量"设置为20，此时吸管就圆滑了，效果如图7-78所示。

⑭制作吸管头模型。方法：在视图中创建一个"管道"，右击，从弹出的快捷菜单中选择"动画标签|对齐曲线"命令，然后将"样条"拖到"对齐曲线"标签属性面板的"曲线路径"右侧，再将"位置"的数值设置为100%，效果如图7-79所示。

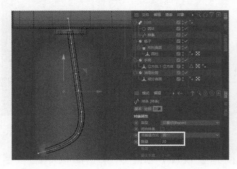
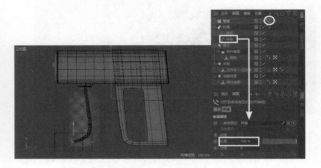

图7-78　设置"样条"的"点插值方式"　　　　图7-79　将"管道"绑定到"样条"上

⑮参考背景图，利用 （旋转工具）在视图中将管道旋转移动角度，在"管道"属性面板中将"内部半径"设置为2 cm，"外部半径"设置为16 cm，"高度"设置为30 cm，"高度分段"设置为1，然后选中"圆角"复选框，并将"分段"设置为4，"半径"设置为5 cm，效果如图7-80所示。

提示

将管道的参数设置为一个整数是为了便于读者学习，而在实际工作中，这些参数不一定设置为一个整数。

⑯按住【Ctrl】键，在"对象"面板中复制出一个"管道1"，并在属性面板中将其"外部半径"设置为20 cm，"高度"设置为8 cm，"半径"设置为2 cm，效果如图7-81所示。

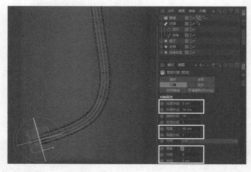
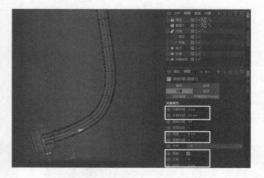

图7-80　将"管道"沿Z轴旋转一定角度并　　　图7-81　复制出"管道1"并调整参数
设置参数

⑰至此，吸管和吸管头模型制作完毕，按【F1】键，切换到透视视图。然后在"对象"面板中显示出"瓶子"，为了能够在视图中看到瓶子中的吸管和吸管头模型，下面在"对象"面板中选择"细分曲面"，再在属性面板"基本"选项卡中选中"透显"复选框，此时瓶子就会以透明的方式进行显示，效果如图7-82所示。

⑱为了便于管理，在"对象"面板中同时选择"管道"和"管道1"，然后按【Alt+G】组合

键，将它们组成一个组，并将组的名称重命名为"吸管头"。将"扫描"重命名为"吸管"，如图 7-83 所示。

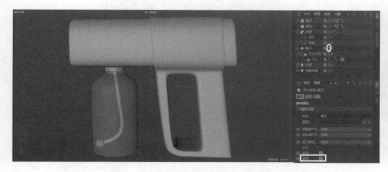

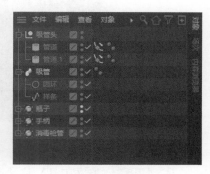

图 7-82　以透明的方式显示瓶子　　　　　　　图 7-83　重命名

5．制作发射紫外线的模型

①在"对象"面板中选择"消毒枪管"，按住【Ctrl】键，在视图中创建一个以与"消毒枪管"同轴心的矩形。然后在矩形属性面板中将"平面"设置为"ZY"，"宽度"设置为 120 cm，"高度"设置为 155 cm，再选中"圆角"复选框，并将"半径"设置为 55 cm，效果如图 7-84 所示。

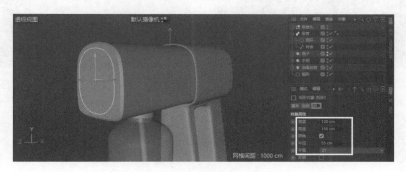

图 7-84　创建圆角矩形

②在"对象"面板中选择"矩形"，然后按住【Ctrl】键，在视图中创建一个与矩形同轴心的圆环，并在属性面板中将其"平面"设置为"ZY"，"半径"设置为 8 cm，效果如图 7-85 所示。

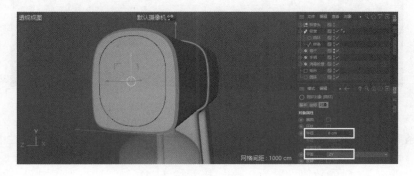

图 7-85　创建圆环

③按住键盘上的【Alt】键，单击工具栏中的 ■（克隆）工具，给"圆环"添加一个"克隆"的父级，然后在属性面板中将"模式"设置为"放射"，"平面"设置为"ZY"，"数量"设置为 6，"半径"设置为 45 cm，效果如图 7-86 所示。

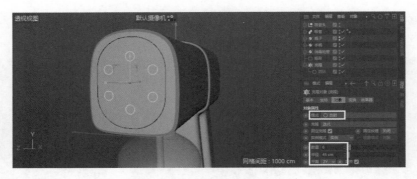

图 7-86　克隆效果

④利用 （旋转工具）将"克隆"沿 X 轴旋转 −90 度，如图 7-87 所示，然后将其沿 Y 轴向上移动 10 cm，效果如图 7-88 所示。

图 7-87　将"克隆"沿 X 轴旋转 −90 度

图 7-88　将"克隆"沿 Y 轴向上移动 10 cm

⑤在"对象"面板中同时选择"克隆"和"矩形"，按住键盘上的【Ctrl+Alt】组合键，在工具栏 （挤压）工具上按住鼠标左键，从弹出的隐藏工具中选择 ，从而将它们合并成一个对象，如图 7-89 所示。

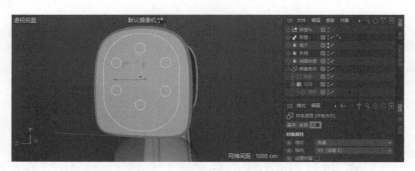

图 7-89　"样条布尔"效果

⑥给"样条布尔"添加挤压效果。方法：按住键盘上的【Alt】键，单击工具栏中的 （挤压）工具，从而给"样条布尔"添加一个"挤压"生成器的父级，然后在属性面板中将"移动"的 X 轴的数值设置为 15 cm，Z 轴的数值设置为 0 cm，接着按【F4】键，切换到正视图，再参考背景图将其移动到合适位置，如图 7-90 所示。

⑦给挤压后的模型添加圆角效果。方法：按【F1】键，切换到透视视图，效果如图 7-91 所示。然后在"挤压"属性面板"封盖"选项卡中将"倒角外形"设置为"圆角"，"尺寸"设置为 2 cm，效果如图 7-92 所示。

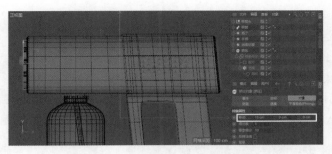

图 7-90　参考背景图将挤压后的模型移动到合适位置

图 7-91　切换到透视视图

图 7-92　圆角效果

⑧此时放大局部会发现圆形镂空的厚度部分不是很圆滑，如图 7-93 所示，在"对象"面板中选择"圆环"，然后在属性面板中将"点插值方式"设置为"自动适应"，"角度"设置为 0°，此时圆形镂空的厚度部分就圆滑了，效果如图 7-94 所示。

图 7-93　圆形镂空的厚度部分不是很圆滑

图 7-94　将"圆环"的"点插值方式"设置为"自动适应"，"角度"设置为 0°的效果

⑨同理，在"对象"面板中选择"矩形"，在属性面板中将"点插值方式"设置为"自动适应"，"角度"设置为 0°，此时挤压后模型的边缘部分就圆滑了，效果如图 7-95 所示。

⑩至此，发射紫外线的模型制作完毕。为了加快运算速度，在"对象"面板中选择"挤压"和其下的所有对象，右击，从弹出的快捷菜单中选择"连接对象 + 删除"命令，将它们转为一个可编辑对象，然后将其重命名为"紫外线"，如图 7-96 所示。

图 7-95　挤压后模型的边缘的圆滑效果

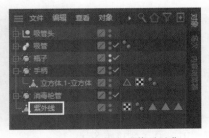

图 7-96　重命名为"紫外线"

6. 制作喷嘴模型

①在"对象"面板中选择"紫外线"，按住【Ctrl】键，在视图中创建一个与紫外线同轴心的圆柱，然后在属性面板中将其"方向"设置为"+X"，"半径"设置为 18 cm，"高度"设置为 15 cm，"高度分段"设置为 1，效果如图 7-97 所示。

②按【F4】键，切换到正视图，参考背景图将其移动到合适位置。然后在编辑模式工具栏中单击 🌐（转为可编辑对象）按钮（快捷键是【C】），将圆柱转为可编辑对象，如图 7-98 所示。

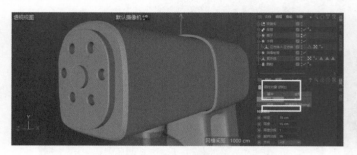
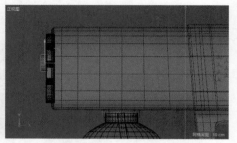

图 7-97　创建圆柱　　　　　　　　　　图 7-98　将圆柱移动到合适位置并转为可
　　　　　　　　　　　　　　　　　　　　　　　　编辑对象的效果

③进入 🟦（多边形模式），利用 🔲（框选工具）框选左侧的一圈多边形，然后利用 🔳（缩放工具）将其缩放的同时，按住【Shift】键，将其缩放为原来的 70%，如图 7-99 所示。

④按【F1】键，切换到透视视图，在视图中右击，从弹出的快捷菜单中选择"内部挤压"命令，再对这圈多边形向内挤压一段距离，并在属性面板中将颗部挤压"偏移"的数值设置为 3 cm，效果如图 7-100 所示。

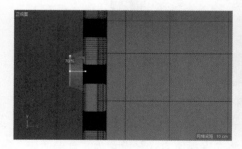
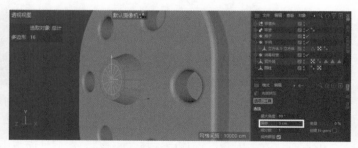

图 7-99　缩放为原来的 70%　　　　　图 7-100　将颗部挤压"偏移"的数值设置为 3cm

⑤利用 ➕（移动工具），按住【Ctrl】键，将其沿 X 轴挤压 8 cm，如图 7-101 所示。然后利用 🔳（缩放工具）将其缩放的同时，按住【Shift】键，将其缩放为原来的 30%，如图 7-102 所示。接着按【Delete】键，删除这圈多边形，效果如图 7-103 所示。

图 7-101　沿 X 轴挤压 8 cm　　　　图 7-102　缩放为原来的 30%　　　　图 7-103　删除多边形的效果

⑥制作喷嘴边缘的倒角效果。方法：利用 ，在喷嘴边缘处双击，从而选中喷嘴边缘的一圈边，配合【Shift】键，加选一圈边，如图 7-104 所示。右击，从弹出的快捷菜单中选择"倒角"命令，再对这两圈边进行倒角处理，并在属性面板中将"倒角模式"设置为"实体"，"偏移"的数值设置为 0.5 cm，效果如图 7-105 所示。

⑦对喷嘴模型进行平滑处理。方法：按住键盘上的【Alt】键，单击工具栏中的 工具，给"圆柱"添加一个"细分曲面"生成器的父级，效果如图 7-106 所示。

⑧此时喷嘴底部过于圆滑，在"对象"面板中选择"圆柱"，然后按【K+L】组合键，切换到"循环／路径切割"工具，接着在圆柱底部切割出一圈边来稳定结构，如图 7-107 所示，

图 7-104　选中喷嘴边缘的两圈边

图 7-105　倒角效果

图 7-106　"细分曲面"效果

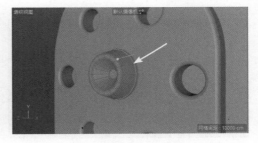

图 7-107　在圆柱底部切割出一圈边

⑨至此，喷嘴模型制作完毕，为了便于区分，在"对象"面板中将"细分曲面"重命名为"喷嘴"，效果如图 7-108 所示。

图 7-108　喷嘴整体效果

7. 制作网状散热镂空结构

①按【F4】键，切换到正视图，在工具栏 上按住鼠标左键，从弹出的隐藏工具中选择 ，从而在视图中创建一个星形，在编辑模式工具栏中单击 按钮，从而在视图中只显示出星形，如图 7-109 所示。

②在"星形"属性面板中将"点"设置为3，利用 （旋转工具）将其沿Z轴旋转 −90°，效果如图7−110所示。

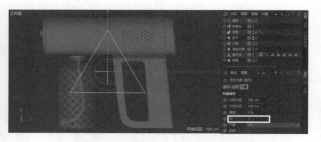

图7−109　在视图中只显示出星形　　　　　图7−110　将星形沿Z轴旋转 −90°

③在编辑模式工具栏中单击 （转为可编辑对象）按钮（快捷键是【C】），将星形转为可编辑对象。然后利用 （框选工具）框选星形中间的3个顶点，再利用 （缩放工具）将其缩放为35%，如图7−111所示。接着执行菜单中的"选择|反选"（快捷键是【U+I】）命令，反选其余的3个顶点，如图7−112所示。最后右击，从弹出的快捷菜单中选择"倒角"命令，再对它们进行倒角处理，并在属性面板中将"半径"设置为10 cm，效果如图7−113所示。

④进入 （模型模式），利用 （缩放工具）将其缩放为原来的5%，参考背景图将其移动到合适位置，如图7−114所示。

　　　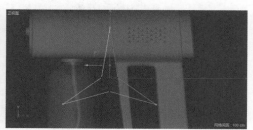

图7−111　缩放为35%　　　　　　　　　图7−112　反选其余的3个顶点

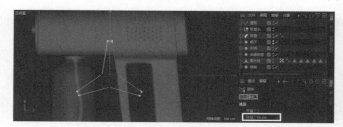　　　

图7−113　倒角10 cm的效果　　　　　图7−114　参考背景图将其移动到合
　　　　　　　　　　　　　　　　　　　　　　适位置

⑤按住键盘上的【Alt】键，单击工具栏中的 （克隆）工具，给"星形"添加一个"克隆"的父级，然后在属性面板中将"模式"设置为"网状排列"，"数量"分别设置为"4、5、1"，"尺寸"分别设置为"17 cm，33 cm，0 cm"，效果如图7−115所示。

⑥在"对象"面板中按住【Ctrl】键，复制出"克隆1"，然后在"克隆1"属性面板中将"数量"分别设置为"3、4、1"，效果如图7−116所示。

⑦在"对象"面板中同时选择"克隆"和"克隆1"，右击，从弹出的快捷菜单中选择"连接对象 + 删除"命令，将它们转为一个可编辑对象。

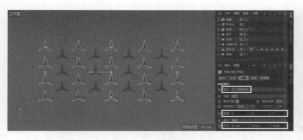

图 7-115　克隆效果

图 7-116　克隆效果

⑧按住键盘上的【Alt】键，单击工具栏中的 （挤压）工具，从而给"克隆"添加一个"挤压"生成器的父级，然后按【F1】键，切换到透视视图，效果如图 7-117 所示。

⑨在编辑模式工具栏中单击 （关闭视窗独显）按钮，在视图中显示出所有模型，然后将"挤压"沿 Z 轴移动一段距离，效果如图 7-118 所示。

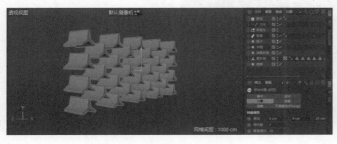

图 7-117　挤压效果

图 7-118　沿 Z 轴移动一段距离

⑩在"对象"面板中将"手柄"移动到"挤压"上面，同时选择"手柄"和"挤压"，按住键盘上的【Ctrl+Alt】组合键，在工具栏 （细分曲面）工具上按住鼠标左键，从弹出的隐藏工具中选择  布尔，从而出现网状散热镂空结构，如图 7-119 所示。

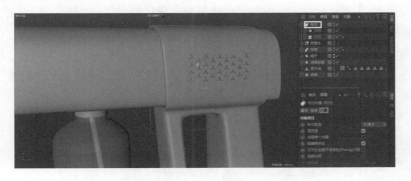

图 7-119　网状散热镂空结构

⑪为了加快运算速度，在"对象"面板中选择"布尔"和其下的所有对象，右击，从弹出的快捷菜单中选择"连接对象＋删除"命令，将它们转为一个可编辑对象，将其重命名为"手柄"，如图 7-120 所示。

⑫至此，整个消毒喷枪的模型制作完毕。按【H】键，将所有模型在视图中最大化显示，效果如图 7-121 所示。

⑬在"对象"面板中选择所有的对象，按【Alt+G】组合键，将它们组成一个组，并将组的名称重命名为"消毒喷枪"，如图 7-122 所示。

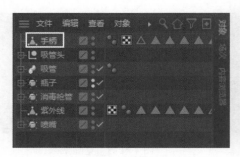

图 7-120　重命名为"手柄"

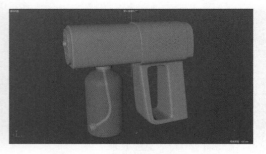

图 7-121　消毒喷枪的整体效果

图 7-122　将组的名称重命名为"消毒喷枪"

⑭执行菜单中的"插件|Drop2Floor"命令，将消毒喷枪对齐到地面。

提示

"Drop2Floor"插件可以在配套资源中下载，将其复制到"Maxon Cinema 4D R21\plugins"中，再重新启动软件即可。

⑮至此，消毒喷枪的模型制作完毕。执行菜单中的"文件|保存项目"命令，将其保存为"消毒喷枪（白模）.c4d"。

7.1.2　制作消毒喷枪展示场景中的其余模型

视频

消毒喷枪展示
场景 3.mp4

制作消毒喷枪展示场景中的其余模型分为制作展示圆柱和制作背景两部分。

1．制作展示圆柱

在视图中创建一个圆柱，在属性面板中将"半径"设置为 500 cm，"高度"设置为 800 cm，"高度分段"设置为 1，"旋转分段"设置为 60。然后进入"封顶"选项卡，选中"圆角"复选框，并将圆角"半径"设置为 10 cm，最后将其移动到消毒喷枪的底部，如图 7-123 所示。

图 7-123　创建圆柱并将其移动到消毒喷枪的底部

2．制作背景

①在视图中创建一个平面作为背景，在平面属性面板中将其方向设置为"+Z"，将"宽度"和"高度"均设置为 2 000 cm，将"宽度分段"和"高度分段"均设置为 1。然后将其沿 Z 轴向外移动

一段距离，如图 7-124 所示。

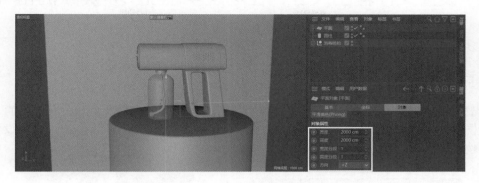

图 7-124 创建平面作为背景

②制作背景中的光束模型。方法：在"对象"面板中按住【Ctrl】键，复制出一个"平面1"，利用 ◎（旋转工具）将其沿 Z 轴旋转 −30°，如图 7-125 所示。

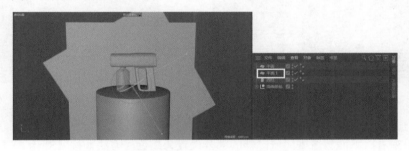

图 7-125 将复制出的"平面1"沿 Z 轴旋转 −30°

③在编辑模式工具栏中单击 （转为可编辑对象）按钮，将其转为一个可编辑对象，然后进入 （点模式），调整"平面1"上相应顶点的位置，使之形成光束的形状，如图 7-126 所示。

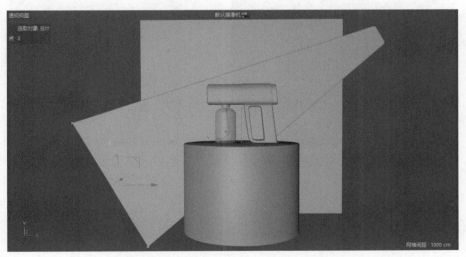

图 7-126 调整"平面1"上相应顶点的位置，使之形成光束的形状

④至此，消毒喷枪展示场景的模型制作完毕。执行菜单中的"文件|保存项目"命令，将其保存为"消毒喷枪展示场景 .c4d"。

7.2 设置文件输出尺寸，在场景中添加 OC 摄像机和 HDR

本节分为设置文件输出尺寸，在场景中添加 OC 摄像机和 HDR 三部分。

7.2.1 设置文件输出尺寸

①设置文件输出尺寸。方法：在工具栏中单击 按钮，从弹出的"渲染设置"对话框中将输出尺寸设置为 1 280×1 800 像素，如图 7-127 所示，然后关闭"渲染设置"对话框，接着按【F1】键，切换到透视视图，效果如图 7-128 所示。

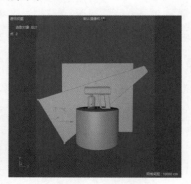

图 7-127 将输出尺寸设置为 1 280×1 600 像素　　　图 7-128 将输出尺寸设置为 1 280×1 800 像素的效果

②为了便于观看，下面将渲染区域以外的部分设置为黑色。方法：按【Shift+V】组合键，在属性面板"查看"选项卡中将"透明"设置为 95%，如图 7-129 所示，此时渲染区域以外的部分就显示为黑色了，如图 7-130 所示。

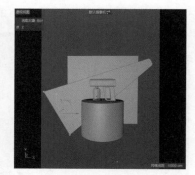

图 7-129 将"透明"设置为 95%　　　图 7-130 渲染区域以外的部分显示为黑色

7.2.2 在场景中添加 OC 摄像机

①执行菜单中的"Octane|实时渲染窗口"命令，在弹出的"Octane 实时渲染窗口"中执行菜单中的"对象|OC 摄像机"命令，从而给场景添加一个 OC 摄像机。接着在"对象"面板中激活 OctaneCamera 的 ![icon] 按钮，进入摄像机视角，在属性面板中将"焦距"设置为"电视（135 毫米）"，如图 7-131 所示。

②在"Octane 实时渲染窗口"工具栏中单击 ■ （发送场景并重新启动新渲染）按钮，进行实时预览，默认渲染效果如图 7-132 所示。

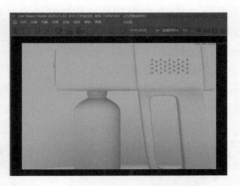

图 7-131　进入摄像机视角，并将"焦　　　　图 7-132　默认渲染效果
距"设置为"电视（135 毫米）"

③此时 OC 渲染器中的渲染效果与视图不一致，在"Octane 实时渲染窗口"工具栏中单击 ■ 按钮，切换为 🔒 （锁定分辨率）状态，此时 OC 渲染器中显示的内容和透视视图中显示的内容就一致了。为了便于定位，在 OctaneCamera 属性面板"合成"选项卡中选中"网格"复选框，再将视图调整到合适角度，使消毒喷枪位于视图中心位置，如图 7-133 所示，此时"Octane 实时渲染窗口"会自动更新，效果如图 7-134 所示。

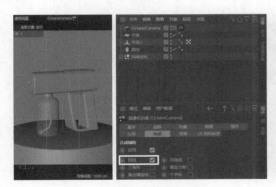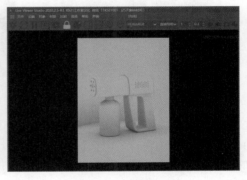

图 7-133　将视图调整到合适角度　　　　　　图 7-134　渲染效果

④为了防止对当前视图进行误操作，下面给 OC 相机添加一个"保护"标签。方法：在"对象"面板中右击"OC 相机"，从弹出的快捷菜单中选择"装配标签|保护"命令，从而给它添加一个"保护"标签，如图 7-135 所示。

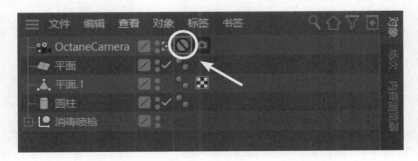

图 7-135　给 OC 相机添加一个"保护"标签

7.2.3　给场景添加 HDR

①给场景添加 HDR 的目的是模拟自然环境中真实的光照效果。在给场景添加 HDR 之前先设置 OC 渲染器的参数。方法：在"Octane 实时渲染窗口"中单击工具栏中的██（设置）按钮，在弹出的"OC 设置"对话框的"核心"选项卡中将渲染方式改为"路径追踪"，并将"最大采样率"设置为 800，"焦散模糊度"设置为 0.5，"GI 采样值"设置为 5，然后选中"自适应采样"复选框，如图 7-136 所示。接着进入"相机滤镜"选项卡，将"滤镜"设置为"DSCS315_2"，如图 7-137 所示，再关闭"OC 设置"对话框。

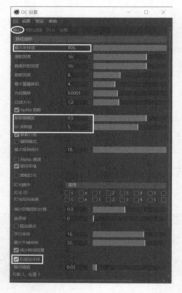

图 7-136　"OC 设置"对话框

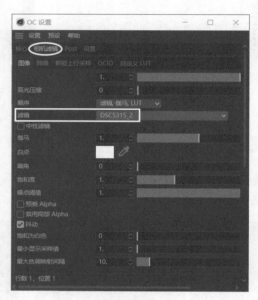

图 7-137　设置"相机滤镜"选项卡参数

②此时 OC 渲染效果如图 7-138 所示，下面给场景添加 HDR 来模拟真实环境的光照效果。方法：在"Octane 实时渲染窗口"中执行菜单中的"对象 | 纹理 HDR"命令，在"对象"面板中单击██按钮，如图 7-139 所示，进入驾驶舱。然后按【Shift+F8】组合键，打开"内容浏览器"，再将"真实室内模拟 .hdr"拖到██按钮上，如图 7-140 所示，最后关闭"内容浏览器"。此时 OC 渲染器会自动更新，渲染效果如图 7-141 所示。

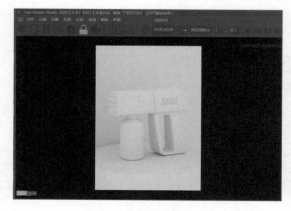

图 7-138　OC 渲染效果

图 7-139　单击██按钮

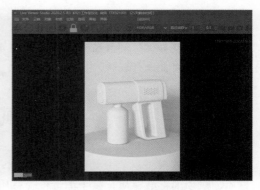

图 7-140　将"真实室内模拟 .hdr"拖到■按钮上　　　　图 7-141　OC 渲染器的渲染效果

③此时添加了 HDR 后的渲染效果会带有 HDR 中的黄色，这是错误的，下面就来解决这个问题。方法：在 OctaneSky 属性面板中将"类型"由"法线"改为"数值"，如图 7-142 所示，此时 HDR 中的黄色就被去除了，渲染效果如图 7-143 所示。

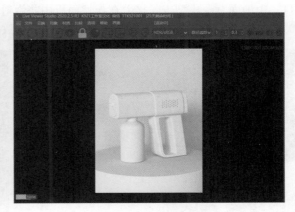

图 7-142　将"类型"由"法线"　　　　图 7-143　OC 渲染器的渲染效果
改为"数值"

④调整 HDR 的方向，使矿泉水瓶产生明显的明暗对比。方法：在"对象"面板中单击■按钮，回到上一级，将"旋转 X"的数值设置为 -0.12，如图 7-144 所示，此时 OC 渲染效果如图 7-145 所示。

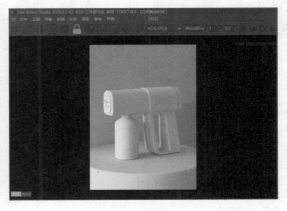

图 7-144　将"旋转 X"的数值　　　　图 7-145　将"旋转 X"的数值设置为 -0.12 的效果
设置为 -0.12

提 示

调整"旋转X"的数值可以使光源在水平方向上进行旋转，调整"旋转Y"的数值可以使光源在垂直方向上进行旋转。

7.3 赋予场景模型材质

赋予场景模型材质分为赋予背景材质，赋予蓝色圆柱材质，赋予瓶子材质，赋予吸管和吸管头材质，赋予消毒液材质，赋予消毒枪管材质，赋予喷嘴金属材质和赋予文字材质八部分。

7.3.1 赋予背景材质

①在"Octane 实时渲染窗口"中执行菜单中的"材质 | 创建 |Octanem 漫射材质"命令，创建一个漫射材质，并将其名称重命名为"蓝色背景"，如图 7-146 所示，然后将该材质拖到"Octane 实时渲染窗口"中地面背景模型上。接着在属性面板中将漫射"颜色"设置为一种深蓝色〔HSV 的数值为（240°，100%，50%）〕，如图 7-147 所示，此时渲染效果如图 7-148 所示。

图 7-146 创建一个名称为"蓝色背景"的漫射材质

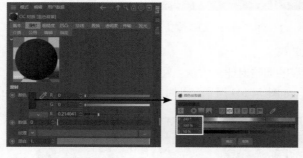

图 7-147 将漫射"颜色"设置为一种深蓝色〔HSV 的数值为（240°，100%，50%）〕

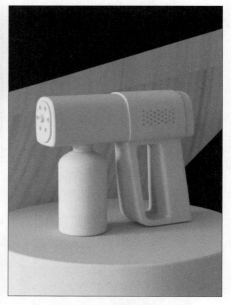

图 7-148 渲染效果

 提 示

在材质编辑器和属性面板中均可以对材质的颜色、折射率、粗糙度等参数进行设置，两者作用是一样的。本书我们采用的是简单材质参数直接在属性面板中调节，而对于复杂材质参数则在材质编辑器中进行调节。

②在材质栏中按住【Ctrl】键复制出一个漫射材质，并将其名称重命名"光束"，然后将该材质拖到"对象"面板的"平面 1"对象上，如图 7-149 所示。接着在属性栏中将漫射"颜色"设置为一种黄色〔HSV 的数值为（50°，80%，100%）〕，如图 7-150 所示，此时渲染效果如图 7-151 所示。

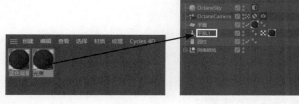

图 7-149　将"光束"材质拖到"对象"面板的"平面 1"对象上

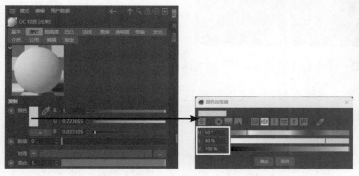

图 7-150　将漫射"颜色"设置为一种黄色〔HSV 的数值为（50°，80%，100%）〕

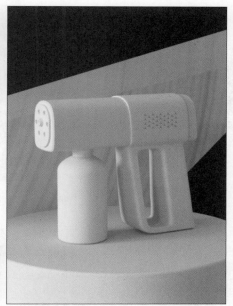

图 7-151　渲染效果

提示

　　与直接将材质拖到"OC 实时渲染窗口"中相应模型上相比，通过将材质拖给"对象"面板中的相应对象上来赋予材质会更加精准。通常对于比较简单的模型，会通过将材质拖到"OC 实时渲染窗口"中相应模型上赋予其材质；而对于细小的模型以及要将材质赋予到指定区域的模型，会通过将材质拖给"对象"面板中相应对象上的方式来赋予其材质。

　　③此时黄色光束由于和蓝色背景 Z 轴位置完全重合，所以会出现穿帮的错误，下面在变换栏中将"平面 1"的"位置 Z"的数值减小一点，如图 7-152 所示，此时穿帮的错误就解决了，渲染效果如图 7-153 所示。

图 7-152　将"位置 Z"的数值减小一点

图 7-153　渲染效果

7.3.2　赋予蓝色圆柱材质

①在"Octane 实时渲染窗口"中执行菜单中的"材质 | 创建 | Octane 光泽材质"命令，创建一个光泽材质，并将其名称重命名为"蓝色圆柱"，如图 7-154 所示，然后将该材质拖到"Octane 实时渲染窗口"中圆柱模型上。

图 7-154　创建一个名称为"蓝色背景"的光泽材质

②在材质栏中选择"蓝色圆柱"材质，属性面板中"漫射"颜色设置为一种蓝色〔HSV 的数值为（240°，60%，70%）〕，渲染效果如图 7-156 所示。

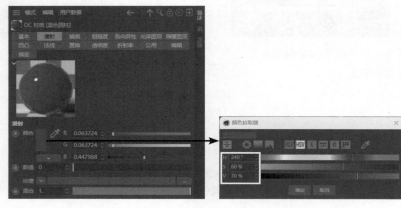

图 7-155　将漫射"颜色"设置为一种深蓝色〔HSV 的数值为（240°，60%，70%）〕

图 7-156　渲染效果

③此时圆柱的光泽度过高了，在属性面板中将蓝色圆柱的"粗糙度"数值设置为 0.2，如图 7-157 所示，渲染效果如图 7-158 所示。

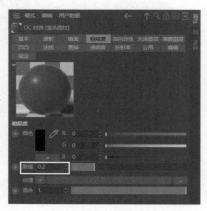

图 7-157　将蓝色圆柱的"粗糙度"的数值设置为 0.2

图 7-158　将蓝色圆柱的"粗糙度"的数值设置为 0.2 的效果

④给蓝色圆柱添加凹凸效果。方法：在材质栏中双击"蓝色圆柱"材质，进入材质编辑器，再在左侧单击 节点编辑器 按钮，进入"OC 节点编辑器"窗口。接着从左侧将"Octane 噪波"节点拖入窗口，再将其连接到"凹凸"上，如图 7-159 所示，渲染效果如图 7-160 所示。

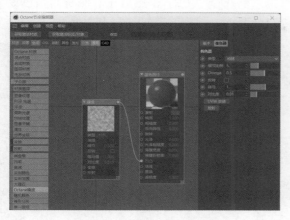

图 7-159　将"Octane 噪波"节点连接到"凹凸"上

图 7-160　渲染效果

⑤此时凹凸效果很不真实，在节点编辑器的右侧单击 投射 按钮，然后选择"纹理投射"节点，再在右侧将"纹理投射"设置为"立方体"，选中"锁定纵横比"复选框，再将"S 轴缩放"的数值设置为 0.2，如图 7-161 所示，此时蓝色圆柱上的凹凸效果就很自然了，如图 7-162 所示。

⑥关闭"Octane 节点编辑器"和"材质编辑器"窗口。

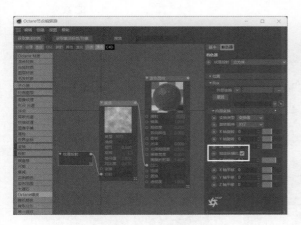

图 7-161　设置纹理投射参数

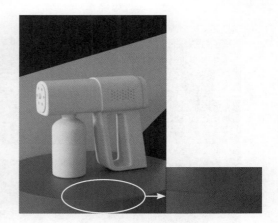

图 7-162　渲染效果

7.3.3　赋予瓶子材质

①在"Octane 实时渲染窗口"中执行菜单中的"材质 | 创建 | Octane 透明材质"命令，创建一个透明材质，并将其名称重命名为"瓶子"，如图 7-163 所示，然后将该材质拖到"Octane 实时渲染窗口"中的瓶子模型上，此时渲染效果如图 7-164a 所示。

②为了使瓶身折射效果更加真实，在材质栏中双击"瓶子"材质，进入材质编辑器，然后在左侧选择"折射率"，再在右侧将"折射率"设置为 1.517，如图 7-165 所示，此时渲染效果如图 7-166 所示。

提 示

通常将玻璃的折射率设置为1.517。

③此时瓶子的颜色发黑，在材质编辑器左侧选择"传输"，然后在右侧将其颜色设置为白色〔HSV 的数值为（0°，0%，100%)〕，如图 7-166 所示，渲染效果如图 7-167 所示。

图 7-163　创建一个名称为"瓶子"的透明材质

图 7-165　将"折射率"设置为 1.517

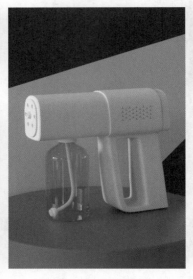

图 7-164　渲染效果

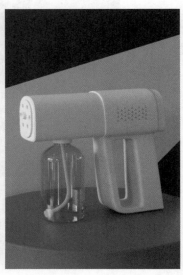

图 7-166　将"折射率"设置为 1.517 的效果

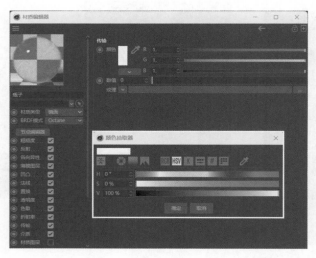

图 7-167　将"传输"颜色设置为白色〔HSV 的数值为（0°，0%，100%)〕

图 7-168　渲染效果

7.3.4　赋予吸管和吸管头材质

①赋予吸管材质。方法：在"Octane 实时渲染窗口"中执行菜单中的"材质 | 创建 |Octane 透明材质"命令，创建一个透明材质，并将其名称重命名为"吸管"，然后将该材质拖到"对象"面板的"吸管"对象上，如图 7-169 所示，此时渲染效果如图 7-170 所示。

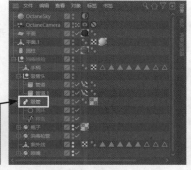
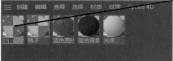

图 7-169　将"吸管"材质拖到"对象"面板的"吸管"对象上　　　　图 7-170　渲染效果

②赋予吸管头材质。方法：在"Octane 实时渲染窗口"中执行菜单中的"材质 | 创建 |Octane 漫射材质"命令，创建一个漫射材质，并将其名称重命名为"吸管头"，然后将该材质拖到"对象"面板的"吸管头"对象上，如图 7-171 所示，此时渲染效果如图 7-172 所示。

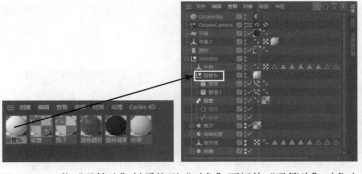

图 7-171　将"吸管头"材质拖到"对象"面板的"吸管头"对象上　　　　图 7-172　渲染效果

7.3.5　赋予消毒液材质

①在"对象"面板中选择"瓶子"，然后按住【Ctrl】键，在视图中创建一个与瓶子同轴心的圆柱，并将其重命名为"消毒液"，接着在属性面板中将圆柱"半径"设置为 88 cm，如图 7-173 所示，渲染效果如图 7-174 所示。

图 7-173　将圆柱"半　　　　　图 7-174　渲染效果
径"设置为 88 cm

②在"Octane 实时渲染窗口"执行菜单中的"材质丨创建丨Octane 透明材质"命令，创建一个透明材质，并将其名称重命名为"消毒液"，然后将该材质拖到"对象"面板的"消毒液"对象上，如图 7-175 所示，此时渲染效果如图 7-176 所示。

图 7-175 将"消毒液"材质拖到"对象"面板的"消毒液"对象上   图 7-176 渲染效果

③此时吸管材质的显示效果很不明显，下面解决这个问题。方法：在材质栏中双击"吸管"材质，进入材质编辑器，然后在左侧选择"折射率"，再在右侧将"折射率"设置为 1.8，如图 7-177 所示，渲染效果如图 7-178 所示。

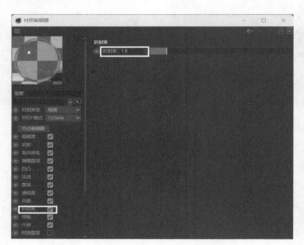
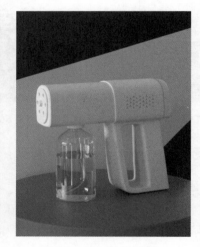

图 7-177 将"折射率"设置为 1.8   图 7-178 渲染效果

7.3.6 赋予消毒枪管材质

①在"Octane 实时渲染窗口"中执行菜单中的"材质丨创建丨Octane 光泽材质"命令，创建一个光泽材质，并将其名称重命名为"消毒枪管"，然后将该材质拖到"对象"面板的"手柄"、"消毒枪管"和"紫外线"对象上，如图 7-179 所示，渲染效果如图 7-180 所示。

②将"消毒枪管"的颜色调整为灰白色。方法：在材质栏中选择"消毒枪管"材质，然后在属性面板中将"漫射"颜色设置为一种灰白色〔HSV 的数值为（0°，0%，90%）〕，如图 7-181 所示，渲染效果如图 7-182 所示。

③在属性面板中选择"折射率"选项卡，将"折射率"加大为 1.6，如图 7-183 所示，此时渲染效果如图 7-184 所示。

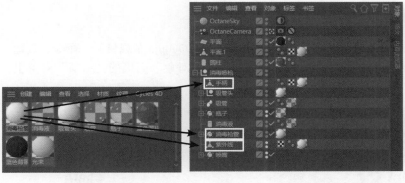 

图 7-179　将"消毒枪管"材质拖到"对象"面板的"手柄"、"消毒枪管"和"紫外线"对象上　　图 7-180　渲染效果

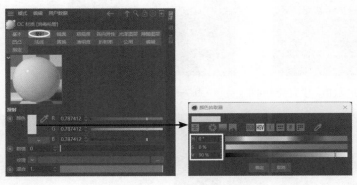 

图 7-181　将"传输"颜色设置为灰白色〔HSV 的数值为（0°，0%，90%）〕　　图 7-182　渲染效果

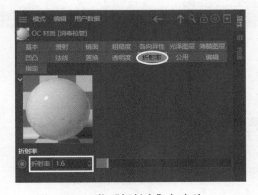 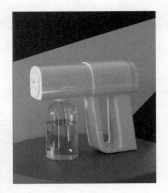

图 7-183　将"折射率"加大为 1.6　　图 7-184　渲染效果

提示

在材质编辑器和材质的属性面板中均可以设置材质的折射率、颜色、粗糙度等参数。

④此时消毒枪管的反射过强，在属性面板中选择"粗糙度"选项卡，将粗糙度"数值"设置为 0.1，如图 7-185 所示，渲染效果如图 7-186 所示。

7.3.7 赋予喷嘴金属材质

①在"Octane 实时渲染窗口"中执行菜单中的"材质 | 创建 | Octane 金属材质"命令，创建一个金属材质，并将其名称重命名为"喷嘴"，然后将该材质拖到"对象"面板的"喷嘴"对象上，如图 7-187 所示，渲染效果如图 7-188 所示。

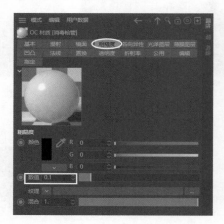

图 7-185　将"粗糙度"的"数值"设置为 0.1　　　　图 7-186　渲染效果

图 7-187　将"喷嘴"材质拖到"对象"面板的"喷嘴"对象上　　　图 7-188　渲染效果

②此时金属喷嘴过于光滑，在材质栏中选择"喷嘴"材质，然后在属性栏中进入"粗糙度"选项卡，将粗糙度"数值"设置为 0.1，如图 7-189 所示，渲染效果如图 7-190 所示。

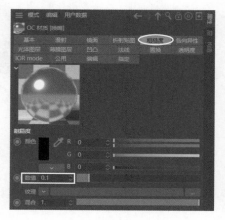

图 7-189　将"粗糙度"的"数值"设置为 0.1　　　　图 7-190　渲染效果

7.3.8 赋予文字材质

①创建三维文字。方法：按住【Alt】键，在工具栏 ![克隆图标] （克隆）工具上按住鼠标左键，从弹出的隐藏工具中选择 ![文本图标] 文本，从而创建一个三维文本。然后在属性面板中将"文本"设置为"全面的家庭护理专家"，"深度"设置为 0.1cm，"对齐"设置为"中对齐"，"高度"设置为 15cm，如图 7-191 所示。

②调整文字的位置。为了便于操作，需要在透视视图中进行操作，而前面为了防止误操作，已经对透视视图添加了"保护"标签，无法对该视图进行旋转、移动等操作。为了能够在透视视图中进行操作，下面将顶视图切换为透视视图。方法：按【F2】键，切换到顶视图，然后执行视图菜单中的"摄像机 | 透视视图"命令，将顶视图切换为透视视图。接着执行视图菜单中的"显示 | 光影着色"（快捷键是【N+A】）命令，将模型以光影着色的方式进行显示。

③利用 ![移动工具图标] （移动工具）将文字移动到消毒枪管侧面相应位置，如图 7-192 所示。

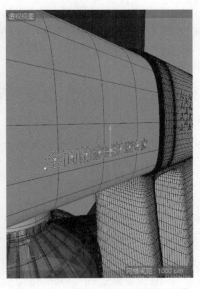

图 7-191 设置文字参数　　图 7-192 将文字移动到消毒枪管
侧面相应位置

④在"Octane 实时渲染窗口"中执行菜单中的"材质 | 创建 |Octane 漫射材质"命令，创建一个漫射材质，并将其名称重命名为"文字"，然后将该材质拖到"对象"面板的"文本"对象上，如图 7-193 所示。

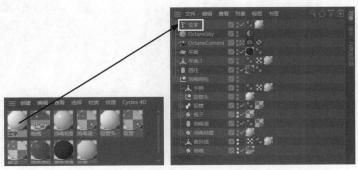

图 7-193 将"文字"材质拖到"对象"面板的"文本"对象上

⑤将文字颜色设置为黑色。方法：在材质栏中选择"文字"材质，然后在属性栏中进入"漫射"选项卡，将漫射"数值"设置黑色〔HSV 的数值为（0°，0%，0%）〕，如图 7-194 所示，渲染效果如图 7-195 所示。

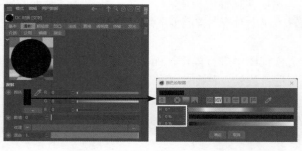

图 7-194 将漫射"数值"设置黑色〔HSV 的数值为（0°，0%，0%）〕

图 7-195 渲染效果

⑥至此，消毒喷枪展示场景制作完毕，执行菜单中的"文件|保存工程（包含资源）"命令，将文件保存打包。

7.4 OC 渲染输出

①在"Octane 实时渲染窗口"中单击工具栏中的■（设置）按钮，在弹出的"OC 设置"对话框将"最大采样率"设置为 3 000，如图 7-196 所示，再关闭"OC 设置"对话框。

提示

前面将"最大采样率"的数值设置为800，是为了加快渲染速度，从而便于预览。此时将"最大采样率"的数值设置为 3 000 的目的是保证最终输出图的质量。

②在工具栏中单击 ⚙（编辑渲染设置）按钮，在弹出的"渲染设置"对话框中将"渲染器"设置为"Octane 渲染器"，再在左侧选择"Octane 渲染器"，接着在右侧进入"渲染 AOV 组"选项卡，选中"启用"复选框，如图 7-197 所示。

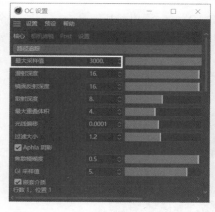

图 7-196 将"最大采样率"的数值设置为 3 000

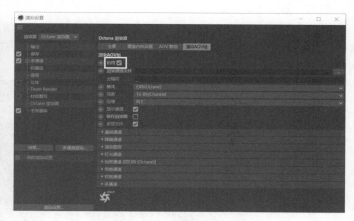

图 7-197 选中"启用"复选框

③单击"渲染通道文件"右侧的 ▇▇ 按钮，从弹出的"保存文件"对话框中指定文件保存的位置，并将要保持的文件名设置为"消毒喷枪展示场景（处理前）"，如图 7-198 所示，单击 保存(S) 按钮。

④将要保存的文件"格式"设置为"PSD"，"深度"设置为 16Bit/Channerl，并选中"保存渲染图"复选框，如图 7-199 所示。

图 7-198　设置文件保存的位置和名称

图 7-199　将"格式"设置为"PSD"，"深度"设置为 16Bit/Channerl，并选中"保存渲染图"复选框

⑤展开"基础通道"选项卡，选中"反射"复选框。然后展开"信息通道"选项卡，选中"材质 ID"复选框，如图 7-200 所示，接着关闭"渲染设置"对话框。

⑥在工具栏中单击 ▇ （渲染到图片查看器）按钮，打开"图片查看器"窗口，即可进行渲染，当渲染完成后效果如图 7-201 所示，此时图片会自动保存到前面指定好的位置。

图 7-200　选中"反射"和"材质 ID"复选框

图 7-201　渲染的最终效果

7.5　利用 Photoshop 进行后期处理

①在 Photoshop CC 2018 中打开前面保存输出的配套资源中的"消毒喷枪展示场景（处理前）.psd"文件，在"图层"面板中将 Beauty 层移动到最上层，如图 7-202 所示。

②执行菜单中的"图像 | 模式 | Lab 颜色"命令，将图像转为 Lab 模式，然后在弹出的图 7-203 所示的对话框中单击 不合并(D) 按钮。接着执行菜单中的"图像 | 模式 | 8 位／通道"命令，将当前 16 位图像转为 8 位图像，最后执行菜单中的"图像 | 模式 | RGB 颜色"命令，再在弹出的上图 7-203 所示的对话框中单击 不合并(D) 按钮，从而将 Lab 图像转为 RGB 图像。

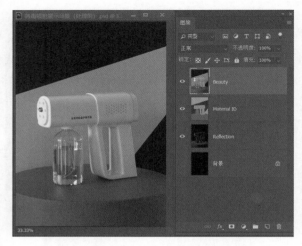

图 7-202 将 Beauty 层移动到最上层　　　　图 7-203 单击 不合并(D) 按钮

③在"图层"面板中选择 Beauty 层，按【Ctrl+J】组合键，复制出一个"Beauty 拷贝"层。然后右击，从弹出的快捷菜单中选择"转换为智能对象"命令，将其转换为智能图层，此时图层分布如图 7-204 所示。

④执行菜单中的"滤镜 | Camera Raw 滤镜"命令，在弹出的对话框中调整参数如图 7-205 所示，单击"确定"按钮。

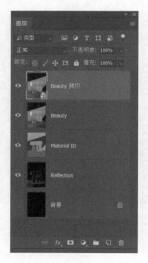

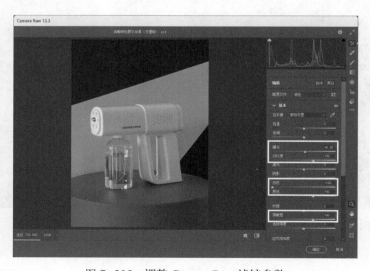

图 7-204 图层分布　　　　图 7-205 调整 Camera Raw 滤镜参数

⑤此时可以通过单击"Beauty 拷贝"前面的◉图标，如图 7-206 所示，来查看执行"Camera Raw 滤镜"前后的效果对比。然后执行菜单中的"文件 | 存储为"命令，将文件保存为"消毒喷枪展示场景（处理后）.psd"。

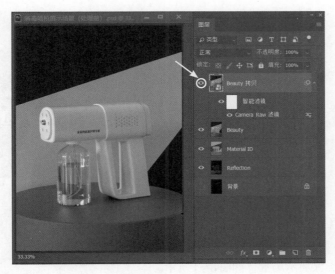

图 7-206　通过单击 👁 图标来查看执行 "Camera Raw 滤镜"
前后的效果对比

⑥至此，消毒喷枪展示场景效果图制作完毕。

课 后 练 习

制作图 7-207 所示的洁面膏效果。

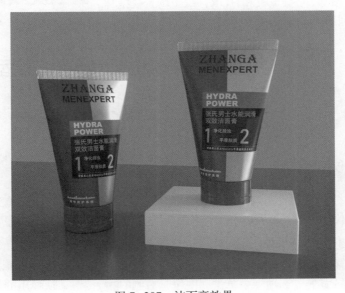

图 7-207　洁面膏效果

投影仪展示场景　第8章

本章要点

本章将制作一个投影仪展示场景，如图8-1所示。本章重点如下：

1．投影仪的建模技巧；

2．HDR灯光和OC材质的调节；

3．OC输出渲染；

4．Photoshop后期处理。

制作流程

本例制作过程分为制作投影仪展示场景的模型，设置文件输出尺寸，在场景中添加OC摄像机和HDR，赋予场景模型材质，OC渲染输出和利用Photoshop进行后期处理五部分。

图 8-1　投影仪展示场景

视频

投影仪展示
场景 1.mp4

8.1　制作投影仪展示场景的模型

制作投影仪展示场景的模型分为制作投影仪模型和制作展示场景中的地面以及背景模型两部分。

8.1.1　制作投影仪模型

制作投影仪模型分为制作投影仪主体的大体模型、制作投影仪上的圆形镜头结构，制作信息接收窗结构，制作投影仪上方的按钮及其相关结构和制作手柄部分的结构五部分。

1．制作投影仪主体的大体模型

①在正视图中放置一张背景图作为参照。方法：按【F4】键，切换到正视图，然后按【Shift+V】组合键，在属性面板"背景"选项卡中单击"图像"右侧的██按钮，从弹出的对话框中选择配套资源中的"源文件\第8章　投影仪展示场景\tex\投影仪正视图参考图 . tif"图片，单击"打开"按钮，此时正视图中就会显示出背景图片。为了便于后续操作，将背景图的"透明"设置为70%，如图8-2所示。

②在视图中创建一个立方体，然后按【Shift+V】组合键，在属性面板"背景"选项卡将"水平尺寸"设置为470，"水平偏移"设置为-3，从而使背景图中投影仪的宽度与立方体的宽度进行匹配，

如图8-3所示。

图8-2　在正视图中显示背景图片

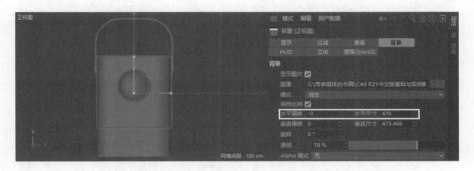

图8-3　使背景图中投影仪的宽度与立方体的宽度进行匹配

③调整立方体的高度，使之与背景图中投影仪的高度进行匹配，为了便于操作，在属性面板中将立方体的"尺寸.Y"的数值设置为285 cm，效果如图8-4所示。

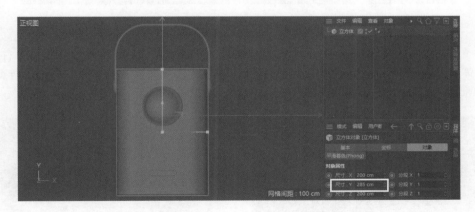

图8-4　调整立方体的高度，使之与背景图中投影仪的高度进行匹配

提示

将立方体的参数设置为一个整数是为了便于用户学习，而在实际工作中，这些参数不一定设置为一个整数。

④在编辑模式工具栏中单击 （转为可编辑对象）按钮（快捷键是【C】），将立方体转为可编辑对象。

⑤对立方体侧面进行倒角处理。方法：按【F1】键，切换到透视视图，然后进入 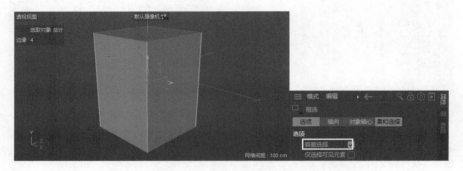（边模式），利用 （框选工具）在属性栏中选中"容差选择"复选框，接着在视图中框选4条垂直的边，如图8-5所示，右击，从弹出的快捷菜单中选择"倒角"（快捷键是【M+S】）命令，再对这4条边进行倒角处理，并在属性面板中将"倒角模式"设置为"倒棱"，"偏移"的数值设置为35 m，"细分"的数值设置为1，效果如图8-6所示。

图8-5　框选4条垂直的边

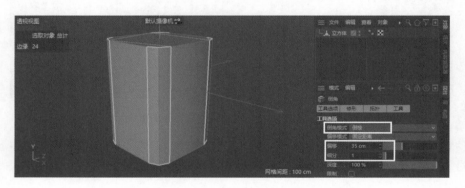

图8-6　倒角效果

⑥为了使布线更加合理，下面对立方体顶部和底部进行重新布线。方法：在视图中右击，从弹出的快捷菜单中选择"线性切割"（快捷键是【K+K】）命令，然后对立方体的顶部进行重新布线，如图8-7所示。同理，对立方体的底部进行重新布线，如图8-8所示。

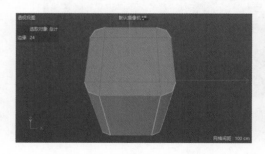

图8-7　对立方体的顶部进行重新布线

图8-8　对立方体的底部进行重新布线

⑦对立方体顶部和底部边缘进行倒角处理。方法：执行菜单中的"选择|循环选择"（快捷键是【U+L】）命令，然后选择立方体顶部和底部边缘的两圈边，如图8-9所示，右击，从弹出的快捷菜单中选择"倒角"（快捷键是【M+S】）命令，再对这两圈边进行倒角处理，并在属性面板中将

"倒角模式"设置为"倒棱","偏移"的数值设置为 3 m,"细分"的数值设置为 0,效果如图 8-10 所示。

图 8-9　选择立方体顶部和底部边缘的两圈边　　　　　图 8-10　倒角效果

⑧制作顶部和底部边缘处略微凹陷的效果。方法:进入 ▣(多边形模式),利用 ◉(实体选择工具)选择顶部和底部的所有多边形,如图 8-11 所示,然后右击,从弹出的快捷菜单中选择"内部挤压"(快捷键是【I】)命令,在对它们进行内部挤压处理,并在属性面板中将内部挤压"偏移"的数值设置为 1cm,效果如图 8-12 所示。

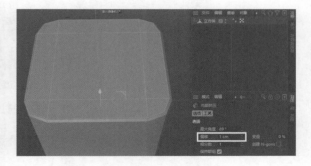

图 8-11　选择顶部和底部的所有多边形　　　　　图 8-12　内部挤压效果

⑨利用 ▣(缩放工具)将内部挤压后的多边形沿 Y 轴缩放的同时,按住【Shift】键,将其缩放为原来的 95%,如图 8-13 所示。

⑩由于投影仪顶部和底部的材质与主体材质是两种不同的材质,为了便于后面赋予材质,下面将顶部和底部分裂出来。方法:右击,从弹出的快捷菜单中选择"分裂"命令,此时"对象"面板中会分裂出一个"立方体 1",如图 8-14 所示,为了便于区分,将"立方体 1"重命名为"塑料",将"立方体"重命名为"金属外壳",如图 8-15 所示。

图 8-13　将内部挤压后的多边形沿 Y 轴缩放为原来的 95%

⑪在"对象"面板中隐藏"塑料",然后选择"金属外壳",按【Delete】键,将顶部和底部的多边形进行删除,效果如图 8-16 所示。

⑫对分裂出的顶部和底部模型进行挤压处理。方法:在"对象"面板中恢复"塑料"的显示,右击,从弹出的快捷菜单中选择"挤压"命令,再在视图中对其进行挤压处理,并在属性面板中将

挤压"偏移"的数值设置为5cm，并选中"创建封顶"复选框，效果如图8-17所示。同理，对其进行再次挤压，并在属性面板中将挤压"偏移"的数值设置为5cm，并取消选中"创建封顶"复选框，效果如图8-18所示。

图8-14　分裂出一个"立方体1"

图8-15　重命名对象

图8-16　将顶部和底部的多边形进行删除

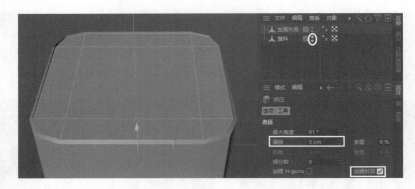

图8-17　挤压效果

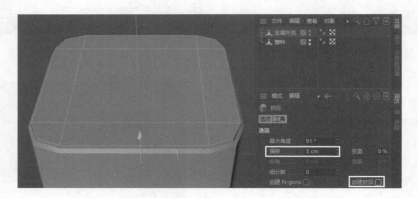

图8-18　再次挤压效果

提示

第一次挤压选中"创建封顶"复选框是为了使挤压后的模型形成封闭效果，图8-19为选中"创建封顶"复选框前后的挤压效果比较；第二次挤压取消选中"创建封顶"复选框，是为了防止挤压后中间产生多余的多边形，避免后面添加"细分曲面"生成器后产生错误。

⑬对顶部和底部进行缩放处理。方法：在视图中单右击，从弹出的快捷菜单中选择"沿法线缩放"命令，然后对顶部和底部进行缩放处理，并在属性面板中将"缩放"设置为70%，效果如图8-20所示。

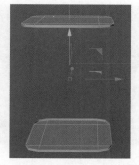

（a）选中"创建封顶"复选框　　（b）未选中"创建封顶"复选框

图 8-19　选中"创建封顶"复选框前后的挤压效果比较

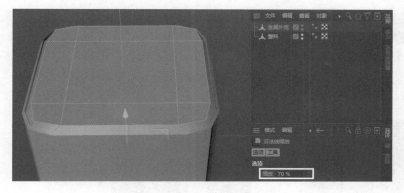

图 8-20　沿法线缩放效果

⑭对顶部和底部模型进行平滑处理。方法：按住键盘上的【Alt】键，单击工具栏中的 ⬛（细分曲面）工具，给"塑料"添加一个"细分曲面"生成器的父级，效果如图 8-21 所示。

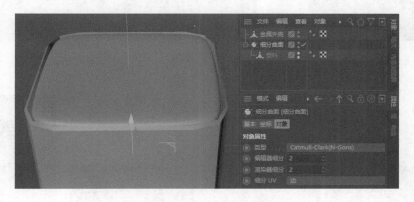

图 8-21　"细分曲面"效果

⑮在编辑模式工具栏中单击 ⬛（视窗层级独显）按钮，从而在视图中只显示出"细分曲面"对象，如图 8-22 所示。此时会发现塑料模型整体过于圆滑了，下面通过添加边来解决这个问题。方法：在"对象"面板中选择"塑料"，右击，从弹出的快捷菜单中选择"循环／路径切割"（快捷键是【K+L】）命令，再在顶部切割出水平和垂直各一圈边，并单击 ⬛ 按钮，将它们居中对齐，此时塑料模型的顶部就硬朗起来了，效果如图 8-23 所示。同理，再在底部切割出水平和垂直各一圈边，并居中对齐。

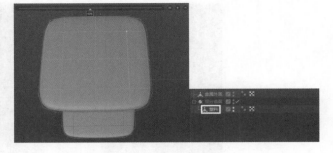

图8-22　只显示出"细分曲面"对象　　图8-23　在顶部切割出水平和垂直各一圈边，并居中对齐

⑯在编辑模式工具栏中单击⑤（关闭视窗单体独显）按钮，在视图中显示出所有模型，如图8-24所示。

⑰在金属外壳上添加边来稳定结构。方法：在"对象"面板中选择"金属外壳"，然后在编辑模式工具栏中单击⑤（视窗单体独显）按钮，从而在视图中只显示出金属外壳，如图8-25所示。接着按【K+L】组合键，切换到"循环／路径切割"工具，再分别在金属外壳顶部和底部边缘位置各切割出4圈边来稳定结构，如图8-26所示。同理，在金属外壳四个侧面各切割出一圈边，并单击▦按钮，将它们居中对齐，效果如图8-27所示。

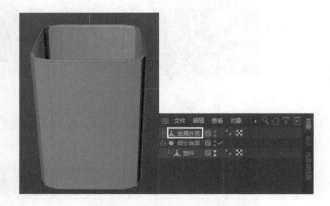

图8-24　在视图中显示出所有模型　　　图8-25　在视图中只显示出金属外壳

图8-26　分别在金属外壳顶部和底部边缘位置各切割出4圈边来稳定结构　　图8-27　在金属外壳四个侧面各切割出一圈边，并居中对齐

⑱对金属外壳进行平滑处理。方法：按住键盘上的【Alt】键，单击工具栏中的⚙（细分曲面）工具，给"金属外壳"添加一个"细分曲面"生成器的父级，然后在编辑模式工具栏中单击⑤（关闭

视窗单体独显）按钮，显示出所有模型，效果如图 8-28 所示。

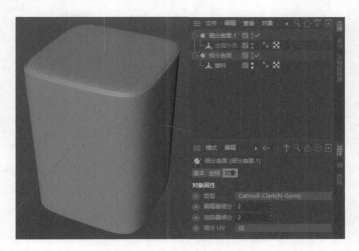

图 8-28　显示出所有模型

2. 制作投影仪上的圆形镜头结构

①按【F4】键，切换到正视图，如图 8-29 所示。然后在视图中创建一个圆柱，并在属性面板中将圆柱"方向"设置为"+Z"，接着参考背景图将其移动到合适位置，再在属性面板中将其"半径"设置为 45 cm，"高度分段"设置为 1，"旋转分段"设置为 8，效果如图 8-30 所示。

提示

将圆柱的"旋转分段"设置为 8 的目的是保证后面圆柱被镂空后能产生出一个标准的圆形。

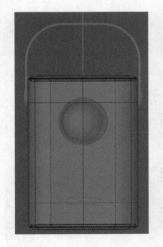
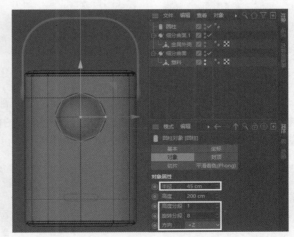

图 8-29　切换到正视图　　图 8-30　创建圆柱并参考背景图将其移动到镜头所在的位置

②在"对象"面板中关闭"细分曲面 1"的显示，然后选择"金属外壳"，在视图中按【K+L】组合键，切换到"循环/路径切割"工具，接着参考圆柱的中心位置，在金属外壳上切割出一圈水平边，如图 8-31 所示。最后在"对象"面板中选择"圆柱"，进入 ■（模型模式），再在编辑模式工具栏中激活 ◎（启用捕捉）按钮，再利用 ✛（移动工具）将圆柱的轴心移动到水平和垂直两圈边的交叉点上，如图 8-32 所示。

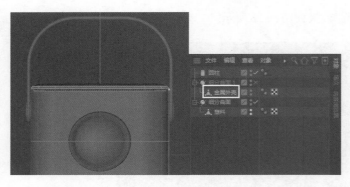

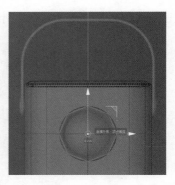

图8-31　参考圆柱的中心位置，在金属外壳上切割出一圈水平边　　　图8-32　将圆柱的中心点移动
到水平和垂直两圈边的交叉点上

③根据圆柱的位置关系，在金属外壳上进行重新布线。方法：在"对象"面板中选择"金属外壳"，然后进入 ▣（边）模式，利用 ✛（移动工具）在水平的边上双击，从而选中水平的一圈边，如图8-33所示，接着按【M+S】组合键，切换到"倒角"工具，再对这圈边进行倒角处理，并在属性面板中将"倒角模式"设置为"倒棱"，"偏移"的数值设置为55 cm，"细分"的数值设置为1，效果如图8-34所示。

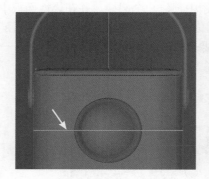

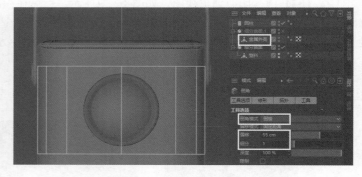

图8-33　选择水平一圈边　　　　　　　　　　图8-34　倒角效果

④同理，利用 ✛（移动工具）选择金属外壳上垂直的一圈边，如图8-35所示，然后按【M+S】组合键，切换到"倒角"工具，再对这圈边进行倒角处理，并在属性面板中将"倒角模式"设置为"倒棱"，"偏移"的数值设置为50 cm，"细分"的数值设置为1，效果如图8-36所示。

图8-35　选择垂直的一圈边　　　　　　　　　图8-36　倒角效果

⑤按【F1】键，切换到透视视图，然后利用 ■（移动工具）将圆柱沿 Z 轴部分移出金属外壳，如图 8-37 所示。再在"对象"面板中将"金属外壳"移动到"圆柱"上方，如图 8-38 所示，接着在"对象"面板中同时选择"金属外壳"和"圆柱"，按住【Ctrl+Alt】给合键，在工具栏 ■（细分曲面）工具上按住鼠标左键，从弹出的隐藏工具中选择 ■ 布尔，从而从金属外壳中减去圆柱部分，效果如图 8-39 所示。最后利用 ■（移动工具）将圆柱沿 Z 轴向外移动一段距离，如图 8-40 所示。

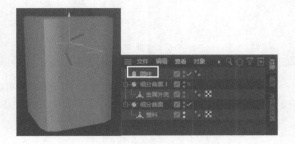

图 8-37　将圆柱沿 Z 轴部分移出金属外壳　　　图 8-38　将"金属外壳"移动到"圆柱"上方

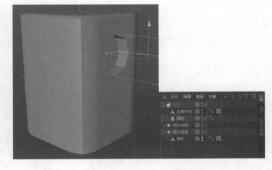

图 8-39　布尔效果　　　　　　　　图 8-40　将圆柱沿 Z 轴向外移动一段距离

⑥将布尔后的对象转为一个可编辑对象。方法：在"对象"面板中选择"布尔"，然后在属性面板中选中"创建单个对象"复选框，如图 8-41 所示，接着同时选择"布尔"、"金属外壳"和"圆柱"，右击，从弹出的快捷菜单中选择"连接对象＋删除"命令，将它们转为一个可编辑对象，如图 8-42 所示。最后再在"对象"面板中选择"细分曲面 1"，按【Delete】键进行删除。

⑦将布尔后产生的 4 条 N-gons 线转为实体线。方法：在"对象"面板中选择"金属外壳－圆柱"，然后进入 ■（多边形模式），利用 ■（实体选择工具）选择 4 个存在 N-gons 线的多边形，如图 8-43 所示，右击，从弹出的快捷菜单中选择"移除 N-gons"命令，即可将 N-gons 线转为实体线，效果如图 8-44 所示。

图 8-41　选中"创建单个对象"　　图 8-42　转为一个可编辑对象
　　　　　复选框

⑧利用◉（实体选择工具）选择内部的一圈多边形，如图8-45所示，按【Delete】键进行删除，效果如图8-46所示。

图8-43　选择4个
存在N-gons线的
多边形

图8-44　将N-
gons线转为实
体线的效果

图8-45　选择内部
的一圈多边形

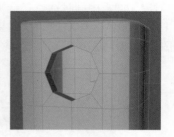

图8-46　删除内部的
一圈多边形效果

⑨制作镜头边缘的凸起效果。方法：进入▣（多边形模式），按【U+L】组合键，切换到"循环选择"工具，然后选择镜头内部的一圈多边形，如图8-47所示。接着右击，从弹出的快捷菜单中选择"挤压"命令，再按住【Ctrl】键，将这圈多边形向内挤压复制，并在属性面板中将挤压"偏移"的数值设置为3 cm，效果如图8-48所示。同理，对这圈多边形进行再次向内挤压复制，并在属性面板中将挤压"偏移"的数值设置为3 cm，效果如图8-49所示。

图8-47　选择镜头内部的一圈多边形

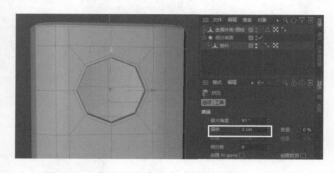

图8-48　将这圈多边形向内挤压复制3cm的效果

⑩进入▣（边）模式，利用✛（移动工具）在要凸起的边的位置双击，从而选中这圈边，如图8-50所示，然后将其沿Z轴向外移动3 cm，效果如图8-51所示。

⑪制作镜头内侧的黑圈结构，由于黑圈结构和金属外壳属于两种材质，因此要将其分离出来。方法：进入▣（多边形模式），右击，从弹出的快捷菜单中选择"分裂"命令，从而将这圈多边形分裂出来，如图8-52所示。然后将分裂出来的"金属外壳-圆柱1"重命名为"黑圈"，如图8-53所示。

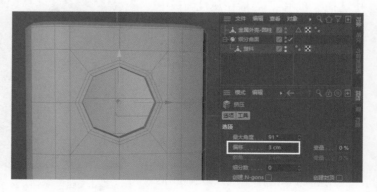

图8-49　将这圈多边形再次向内挤压复制3 cm的效果

⑫进入▣（边）模式，利用▣（缩放工具）选中内侧边缘的一圈边，将其缩放为原来的80%，如图8-54所示。然后利用✛（移动工具）将这圈边沿Z轴向外移动一段距离，如图8-55所示，再按

住【Ctrl】键，将其沿 Z 轴向内挤压一段距离，如图 8-56 所示。

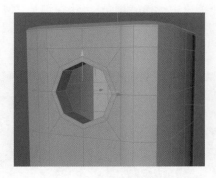

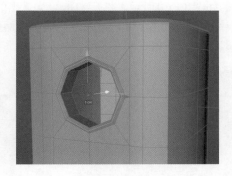

图 8-50 选中要凸起的一圈边   图 8-51 将这圈多边形沿 Z 轴向外移动 3 cm

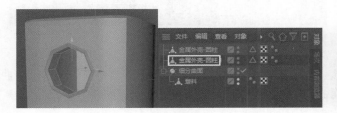

图 8-52 将内侧一圈多边形分裂出来   图 8-53 重命名为"黑圈"

图 8-54 缩放为原来的 80%   图 8-55 沿 Z 轴向外移动一段距离   图 8-56 沿 Z 轴向内挤压一段距离

⑬ 在编辑模式工具栏中单击 ⑤（视窗单体独显）按钮，从而在视图中只显示黑圈模型，如图 8-57 所示，然后利用 ✛（移动工具）选中黑圈外侧的一圈边，如图 8-58 所示，再将其沿 Z 轴向内挤压一段距离，如图 8-59 所示。

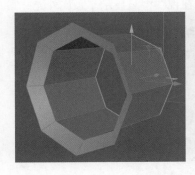

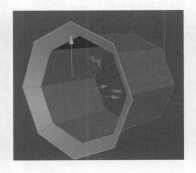

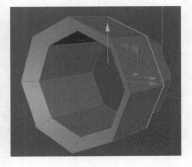

图 8-57 在视图中只显示黑圈模型   图 8-58 选中黑圈外侧的一圈边   图 8-59 将其沿 Z 轴向内挤压一段距离

⑭对黑圈模型添加倒角效果。方法：利用 ⊕（移动工具），配合【Shift】键，选择黑圈转折位置的两圈边，如图8-60所示，然后右击，从弹出的快捷菜单中选择"倒角"（快捷键是【M+S】）命令，接着对这两圈边进行倒角处理，并在属性面板中将"倒角模式"设置为"实体"，"偏移"的数值设置为3 cm，效果如图8-61所示。

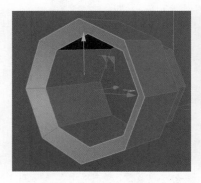

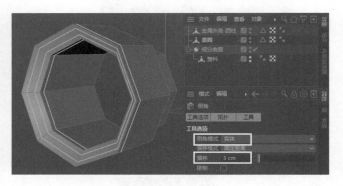

图8-60　选择黑圈转折位置的两圈边　　　　　图8-61　倒角效果

⑮对黑圈模型进行平滑处理。方法：按住键盘上的【Alt】键，单击工具栏中的 ◎（细分曲面）工具，给"黑圈"添加一个"细分曲面1"生成器的父级，然后在属性面板中将"编辑器细分"和"渲染器细分"的数值均设置为3，效果如图8-62所示。

⑯在编辑模式工具栏中单击 ⑤（关闭视窗单体独显）按钮，显示出所有模型，效果如图8-63所示。

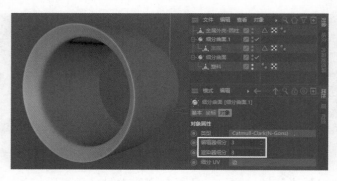

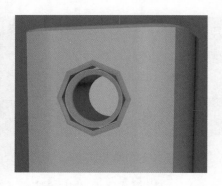

图8-62　"细分曲面"效果　　　　　　　图8-63　显示出所有模型

⑰制作金属外壳上凸起的镜头边缘的倒角效果。方法：在"对象"面板中选择"金属外壳－圆柱"，然后在编辑模式工具栏中单击 ⑤（视窗单体独显）按钮，从而在视图中只显示"金属外壳－圆柱"模型，如图8-64所示。接着利用 ⊕（移动工具），配合【Shift】键，选择凸起的镜头边缘的三圈边，如图8-65所示，再右击，从弹出的快捷菜单中选择"倒角"（快捷键是【M+S】）命令，再对这两圈边进行倒角处理，并在属性面板中

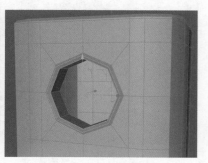

图8-64　在视图中只显示
"金属外壳－圆柱"模型

图8-65　选择凸起的镜头边缘
的三圈边

将"倒角模式"设置为"倒棱","偏移"的数值设置为0.5 cm,"细分"的数值设置为1,效果如图8-66所示。

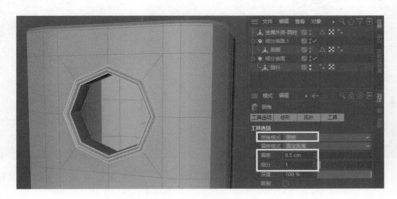

图8-66　倒角效果

⑱对金属外壳模型进行平滑处理。方法:按住键盘上的【Alt】键,单击工具栏中的 （细分曲面）工具,给"黑圈"添加一个"细分曲面2"生成器的父级,然后在属性面板中将"编辑器细分"和"渲染器细分"的数值均设置为3,效果如图8-67所示。

图8-67　"细分曲面"效果

⑲在编辑模式工具栏中单击 （关闭视窗单体独显）按钮,显示出所有模型,此时就可以看到金属外壳上凸起的镜头结构和黑圈结构完美的衔接在一起了,效果如图8-68所示。

⑳制作镜头中央圆形的镜片模型。方法:在"对象"面板中选择"细分曲面1",然后在编辑模式工具栏中单击 （视窗层级独显）按钮,将其在视图中单独显示,再选择 （移动工具）,执行菜单中的"扩展|MagicCenter"命令,将其轴心对齐到中心,如图8-69所示。接着按住【Ctrl】键,在视图中创建一个与黑圈同轴心的球体,并在属性面板中将其"半径"设置为35 cm,"分段"设置为60,"类型"设置为"半球体",如图8-70所示。最后利用 （旋转工具）将其沿X轴旋转-90°,效果如

图8-68　显示出所有模型

图8-69　将轴心对齐到中心

图8-71所示。

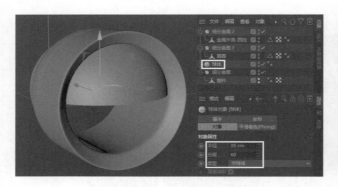 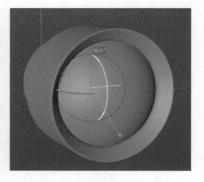

图8-70　将轴心对齐到中心　　　　图8-71　将球体沿X轴旋转-90°

㉑将球体压扁。方法：在编辑模式工具栏中单击 （转为可编辑对象）按钮（快捷键是【C】），将球体转为一个可编辑对象，如图8-72所示。然后利用 （缩放工具）将其沿Y轴适当缩小，再将其移动到合适位置，如图8-73所示。接着在编辑模式工具栏中单击 （关闭视窗单体独显）按钮，显示出所有模型，效果如图8-74所示。

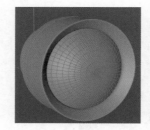  

图8-72　将球体沿X轴　　　图8-73　将压扁的球体　　　图8-74　显示出所有模型
　　　旋转-90°　　　　　　　　移动到合适位置

视频

投影仪展示
场景2.mp4

3. 制作信息接收窗结构

①按【F4】键，切换到正视图，然后在视图中创建一个圆盘作为基础模型，并在属性面板中将"方向"设置为"+Z"，"外部半径"设置为8 cm，"旋转分段"设置为10，参考背景图将其移动到信息接收窗的位置，如图8-75所示。

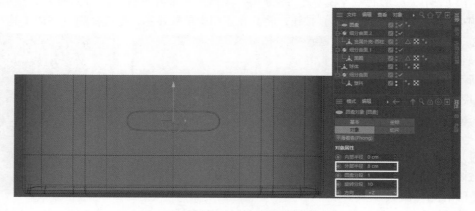

图8-75　创建一个圆盘作为基础模型

②在编辑模式工具栏中单击（转为可编辑对象）按钮（快捷键是【C】），将圆盘转为一个可编辑对象。

③对圆盘进行重新布线。方法：进入（边）模式，利用（实体选择工具）选择中间除水平方向以外的8条边，如图8-76所示，然后右击，从弹出的快捷菜单中选择"融解"命令，将它们融解掉，如图8-77所示。接着右击键，从弹出的快捷菜单中选择"线性切割"（快捷键是【K+K】）命令，再对圆盘进行重新布线，如图8-78所示。

图8-76　选择中间除水平方向以外的8条边

图8-77　将选择的
边融解掉

图8-78　对圆盘进行
重新布线

④删除多余的顶点。方法：进入（点模式），然后利用（框选工具）框选中间一个多余的顶点，如图8-79所示，接着按【Delete】键进行删除，效果如图8-80所示。

⑤利用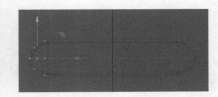（框选工具）框选相应位置的顶点并调整其位置，使之与背景图中的信息接收窗的大小尽量匹配，如图8-81所示。

图8-79　框选中间一个
多余的顶点

图8-80　删除中间多
余的顶点

图8-81　调整相应顶点的位置，使之与
背景图中的信息接收窗尽量匹配

⑥将圆盘挤压出一个厚度。方法：在"对象"面板中选择"圆盘"，然后在编辑模式工具栏中单击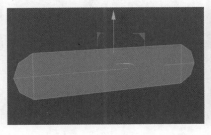（视窗单体独显）按钮，从而在视图中只显示"圆盘"模型。接着按【F1】键，切换到透视视图，再进入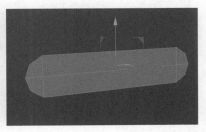（多边形模式），按【Ctrl+A】组合键，选中圆盘上所有的多边形，如图8-82所示。此时多边形显示为蓝色，表示此时法线方向是反的。右击，从弹出的快捷菜单中选择"反转法线"命令，反转法线，此时圆盘上的多边形显示为黄色，如图8-83所示，表示此时法线方向是正确的。最后再右击，从弹出的快捷菜单中选择"挤压"命令，再对其挤压一个厚度，并在属性面板中选中"创建封顶"复选框，效果如图8-84所示。

⑦在编辑模式工具栏中单击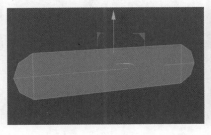（关闭视窗单体独显）按钮，显示出所有模型。然后进入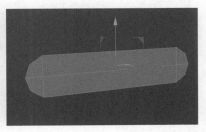（模型模式），利用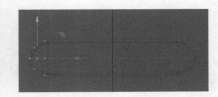（移动工具）将圆盘沿Z轴移动到与金属外壳相交的位置。执行菜单中的"显示|光影着色（线

图8-82　选中圆盘上所有的多边形

图8-83　反转法线的效果

条)"（快捷键是【N+B】）命令，将模型以光影着色（线条）的方式进行显示，效果如图8-85所示。

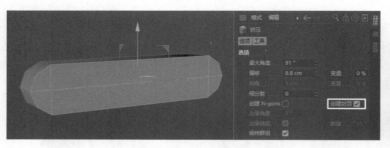

图8-84　挤压效果

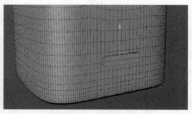

图8-85　将模型以光影着色（线条）
的方式进行显示

⑧调整金属外壳模型上的布线。方法：在"对象"面板中选择"细分曲面2"，在属性面板中将"编辑器细分"和"渲染器细分"的数值均设置为2，如图8-86所示。然后在编辑模式工具栏中单击 ▣（转为可编辑对象）按钮（快捷键是【C】），将金属外壳转为一个可编辑对象。

⑨按【F4】键，切换到正视图。进入 ▣（边）模式，利用 ▣（移动工具）参考圆盘位置，在金属外壳上选择水平方向上的一圈边，如图8-87所示，再将其沿Y轴向上移动，使之位于圆盘中央位置，如图8-88所示。

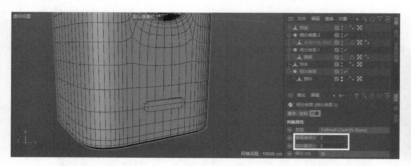

图8-86　将"编辑器细分"和"渲染器细分"的数值均设置为2

图8-87　在金属外壳上选择水平
方向上的一圈边

⑩此时这圈边上面的两圈边变形严重，为了使金属外壳上的布线更加合理，下面分别选中这两圈边，利用 ▣（缩放工具）将它们沿Y轴缩小为0%，从而使它们完全水平，如图8-89所示。

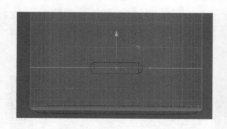

图8-88　将这圈边移动到圆盘中央位置

图8-89　使两圈边完全水平

⑪按【F1】键，切换到透视视图。在"对象"面板中选择"圆盘"，进入 ▣（模型模式），利用 ▣（缩放工具）参考金属外壳的布线分布，将其沿X轴适当缩小，如图8-90所示。

⑫从金属外壳中减去圆盘模型。方法：在"对象"面板中将"细分曲面2"移动到"圆盘"上

方，如图 8-91 所示，然后在"对象"面板中同时选择"细分曲面 2"和"圆盘"，按住【Ctrl+Alt】键，在工具栏 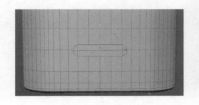（细分曲面）工具上按住鼠标左键，从弹出的隐藏工具中选择 布尔，从而从金属外壳中减去圆盘部分，效果如图 8-91 所示。

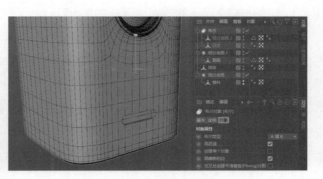

图 8-90　参考金属外壳的布线分布　　　　　图 8-91　从金属外壳中减去圆盘部分
　　　　　　将圆盘沿 X 轴适当缩小

⑬在"布尔"属性面板中选中"创建单个对象"复选框，如图 8-92 所示，在"对象"面板中同时选择"布尔"、"细分曲面 2"和"圆盘"，右击，从弹出的快捷菜单中选择"连接对象+删除"命令，将它们转为一个可编辑对象，如图 8-93 所示。

⑭此时金属外壳信息接收窗的位置布线很混乱，如图 8-94 所示，下面对其进行重新布线。方法：在"对象"面板中选择"细分曲面 2-圆盘"，进入 （点模式），右击，从弹出的快捷菜单中选择"焊接"（快捷键是【M+Q】）命令，接着按住【Ctrl】键对图 8-95 所示的两个顶点进行焊接处理，如图 8-96 所示。同理，对其余位置的顶点进行焊接处理，效果如图 8-97 所示。

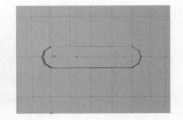

图 8-92　选中"创建单个　图 8-93　转为一个可编辑对象　图 8-94　金属外壳信息接收窗
　　　　　对象"复选框　　　　　　　　　　　　　　　　　　　　　的位置布线很混乱

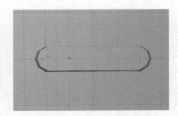

图 8-95　两个要焊接的顶点　　图 8-96　焊接后的顶点　图 8-97　对其余位置的顶点进行焊接处理

⑮按【K+L】组合键，切换到"循环／路径切割"工具，在信息接收窗的位置切割出3圈边来稳定结构，如图8-98所示。

⑯将信息接收窗周围的N-gons线转换为实体线。方法：进入 （多边形模式），利用 （实体选择工具）选择存在N-gons线的多边形，如9-99所示，然后右击，从弹出的快捷菜单中选择"移除N-gons"命令，即可将N-gons线转换为实体线，效果如图8-100所示。

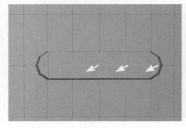
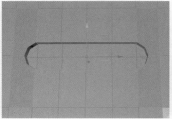

图8-98　在信息接收窗的位置
切割出3圈边来稳定结构

图8-99　选择存在N-gons线的多边形

⑰对金属外壳进行平滑处理。方法：按住键盘上的【Alt】键，单击工具栏中的 （细分曲面）工具，给"细分曲面2-圆盘"添加一个"细分曲面2"生成器的父级，为了便于观看效果，执行视图菜单中的"显示|光影着色"（快捷键是【N+A】）命令，将模型以光影着色的方式进行显示，效果如图8-101所示。

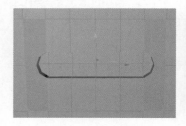
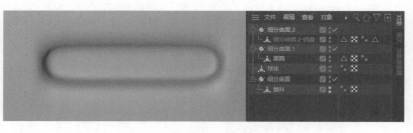

图8-100　将N-gons线转换为
实体线

图8-101　"细分曲面"效果

⑱此时信息接收窗边缘的结构不够硬朗，这是因为缺少布线的缘故，下面就来解决这个问题。方法：在"对象"面板中关闭"细分曲面2"的显示，选择"细分曲面2-圆盘"，再进入 （边）模式，利用 （移动工具）选择信息接收窗外围的一圈边，如图8-102所示，右击，从弹出的快捷菜单中选择"滑动"（快捷键是【N+O】）命令，再按住【Ctrl】键，向外滑动复制出一圈边，如图8-103所示。再接着按【K+L】组合键，切换到"循环／路径切割"工具，再在信息接收窗内侧切割出一圈边，如图8-104所示。最后在"对象"面板中恢复"细分曲面2"的显示，此时信息接收窗边缘的结构就硬朗起来了，效果如图8-105所示。

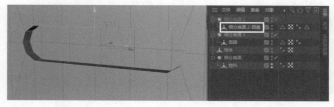

图8-102　关闭"细分曲面2"的显示，选择"细分曲面2-圆盘"

图8-103　向外滑动复制出一圈边

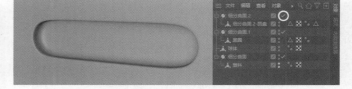

图 8-104 在内侧切割出一圈边　　　　　　图 8-105 信息接收窗的边缘已硬朗效果

⑲ 制作信息接收窗的内部结构。方法：在"对象"面板中关闭"细分曲面 2"的显示，然后选择"细分曲面 2-圆盘"，再进入 （多边形模式），利用 （实体选择工具）选择信息接收窗内部的多边形，右击，从弹出的快捷菜单中选择"分裂"命令，将它们分裂出来，如图 8-106 所示。最后将分裂出来的"细分曲面 2-圆盘 1"移动到"细分曲面 2"的外面，并将其重命名为"黑色信息接收窗"，如图 8-107 所示。

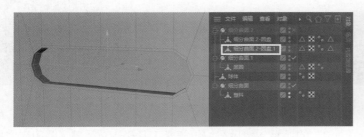

图 8-106 将信息接收窗内部的多边形分裂出来　　　图 8-107 重命名为"黑色信息接收窗"

⑳ 在"对象"面板中选择"细分曲面 2-圆盘"，然后按【Delete】键，删除金属外壳上信息接收窗内部多余的多边形。

提 示

删除金属外壳上信息接收窗内部多余的多边形后会形成镂空效果，如图 8-108 所示。

㉑ 在"对象"面板中选择"黑色信息接收窗"，在编辑模式工具栏中单击 S（视窗单体独显）按钮，从而在视图中只显示"黑色信息接收窗"模型，如图 8-109 所示。

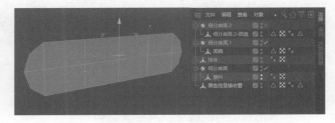

图 8-108 镂空效果　　　　　图 8-109 在视图中只显示"黑色信息接收窗"模型

㉒ 将"黑色信息接收窗"挤压出一个厚度。方法：在视图中右击，从弹出的快捷菜单中选择"挤压"命令，对其挤压出一个厚度，并在属性面板中选中"创建封顶"复选框，效果如图 8-110 所示。

㉓ 制作黑色信息接收窗边缘的倒角效果。方法：在视图中右击，从弹出的快捷菜单中选择"内部挤压"命令，然后对其向内挤压，从而产生一圈边，效果如图 8-111 所示。接着按【K+L】组合键，切换到"循环/路径切割"工具，再在信息接收窗侧面切割出一圈边，如图 8-112 所示。

㉔ 对黑色信息接收窗模型进行平滑处理。方法：按住键盘上的【Alt】键，单击工具栏中的 （细分曲面）工具，给"黑色信息接收窗"添加一个"细分曲面 3"生成器的父级，效果如图 8-113 所示。

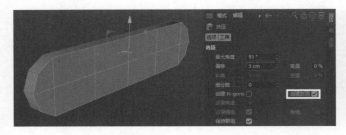

图 8-110　挤压一个厚度

图 8-111　向内挤压

图 8-112　在侧面切割出一圈边

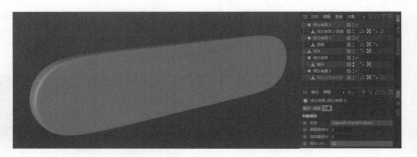

图 8-113　"细分曲面"效果

㉕在"对象"面板中恢复"细分曲面 2"的显示，然后在编辑模式工具栏中单击 S（关闭视窗单体独显）按钮，显示出所有模型，效果如图 8-114 所示。接着按【H】键，将所有模型在视图中最大化显示，如图 8-115 所示。

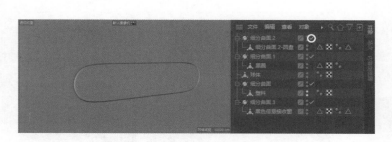

图 8-114　显示出所有模型

图 8-115　将所有模型在视图中最大化显示

4. 制作投影仪上方的按钮及其相关结构

①在顶视图中放置一张背景图作为参照。方法：按【F2】键，切换到顶视图，然后按【Shift+V】组合键，在属性面板"背景"选项卡中单击"图像"右侧的█████按钮，从弹出的对话框中选择配套资源中的"源文件 \ 第 8 章　投影仪展示场景 \tex\ 投影仪顶视图参考图 .tif"图片，单击"打开"按钮，此时正视图中就会显示出背景图片。接着将"水平尺寸"设置为 230，使背景图与投影仪的模型匹配。为了便于后续操作，再将背景图的"透明"设置为 70%，如图 8-116 所示。

②在顶视图中创建一个圆柱，在属性面板中将圆柱"半径"设置为 19 cm，"高度"设置为 3 cm，"高度分段"设置为 1，然后进入"封顶"选项卡，取消选中"封顶"复选框，再将其参考背景图移动到按钮的位置，效果如图 8-117 所示。

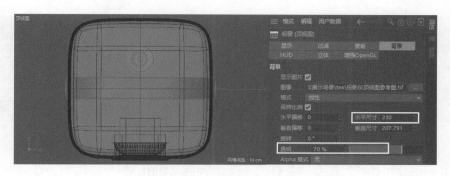

图 8-116　在顶视图中显示背景图片

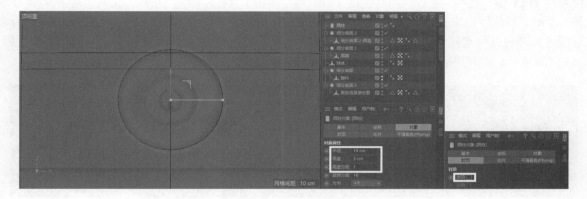

图 8-117　创建圆柱

③在编辑模式工具栏中单击 （转为可编辑对象）按钮（快捷键是【C】），将圆柱转为一个可编辑对象。

④按【F1】键，切换到透视视图。在编辑模式工具栏中单击 （视窗单体独显）按钮，从而在视图中只显示"圆柱"模型，再利用 （移动工具）选择圆柱顶部的一圈边，如图 8-118 所示，再按【F2】键，切换到顶视图，接着利用 （缩放工具），按住【Ctrl】键，将其向内缩放挤压 3 次，如图 8-119 所示，再在属性变换栏中将"尺寸 X、Y、Z"的数值均设置为 0 cm，从而形成圆柱顶部的封口效果，如图 8-120 所示。

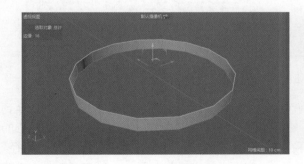

图 8-118　选择圆柱顶部的一圈边

图 8-119　向内缩放挤压 3 次

⑤制作按钮外围的内陷结构。方法：按【F1】键，切换到透视视图。利用 （移动工具）选择圆柱顶部的一圈边，再将其沿 Y 轴向上移动 1 cm，效果如图 8-121 所示。然后按住键盘上的【Alt】键，单击工具栏中的 （细分曲面）工具，给"圆柱"添加一个"细分曲面 4"生成器的父级，效果如图 8-122 所示。

图 8-120　圆柱顶部的封口效果

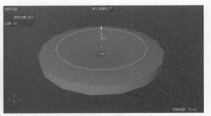

图 8-121　将选择的边向上移动 1cm

⑥制作中间的按钮模型。方法：按【F2】键，切换到顶视图，然后按住【Ctrl】键，创建一个以"细分曲面 4"同轴心的圆环，再利用 （缩放工具）参考背景图将其适当缩小，如图 8-123 所示，接着按【F1】键，切换到透视视图，按住【Alt】键，单击工具栏中的 （挤压）工具，给"圆环"添加一个的"挤压"生成器的父级，并在属性面板中将"移动"的数值设置为（0 cm，3 cm，0 cm），最后进入"封盖"选项卡，将"尺寸"设置为 1 cm，从而给挤压后的对象添加一个倒角效果，如图 8-124 所示。再利用 （移动工具）将其沿 Y 轴向下移动一段距离，效果如图 8-125 所示。

图 8-122　按钮外围的内陷结构

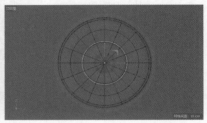

图 8-123　参考背景图将圆环适当缩小

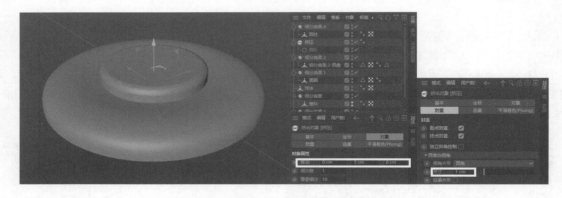

图 8-124　按钮外围的内陷结构

图 8-125　沿 Y 轴向下移动一段距离

⑦制作按钮上的开关图标。方法：按【F2】键，切换到顶视图，然后按住【Ctrl】键，创建一个以"挤压"同轴心的圆环，再在属性面板中选中"环状"复选框，并将"半径"设置为 4.5 cm，内部半径设置为 3.5 cm，使之与背景图中的开关尽量匹配，效果如图 8-126 所示。接着按住【Ctrl】键，创建一个以"圆环"同轴心的矩形，并在属性面板中将其"宽度"设置为 1 cm，"高度"设置为 5 cm，再参考背景图将其移动到合适位置，如图 8-127 所示。

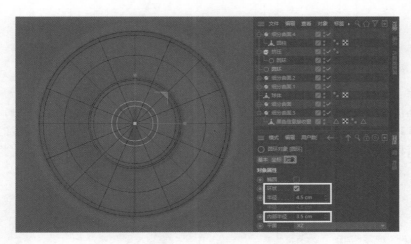

图 8-126　创建圆环

提示

将圆环和矩形的参数设置为整数的目的是为了便于大家操作，在实际工作中这些参数不一定设置为整数。

⑧在"对象"面板中按住【Ctrl】键，复制出一个"矩形 1"，在属性面板中将其"宽度"设置为 2 cm，效果如图 8-128 所示。

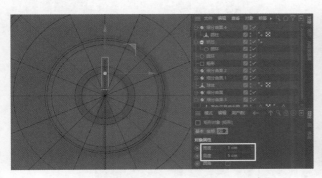

图 8-127　创建矩形

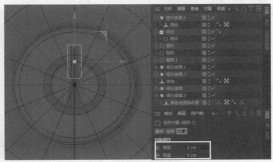

图 8-128　复制矩形并调整参数

⑨在"对象"面板中先选择"矩形 1"，然后按住【Ctrl】键，加选"圆环"，如图 8-129 所示，再在工具栏 （样条画笔）工具上按住鼠标左键，从弹出的隐藏工具中选择 ，从而从"圆环"中减去"矩形 1"，效果如图 8-130 所示。

图 8-129　先选择"矩形 1"，
再按住【Ctrl】键，加选"圆环"

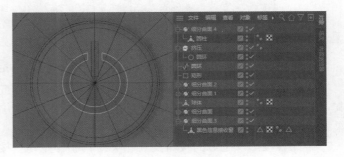

图 8-130　从"圆环"中减去"矩形 1"

提 示

此时一定要先选择"矩形1"，然后选择"圆环"。如果先选择"圆环"，再选择"矩形1"，则"样条差集"计算会出现错误。

⑩在"对象"面板中同时选择"圆环"和"矩形"，如图8-131所示，然后右击，从弹出的快捷菜单中选择"连接对象+删除"命令，将它们转为一个可编辑对象。接着按【F1】键，切换到透视视图，按住【Alt】键，单击工具栏中的 (挤压)工具，给其添加一个"挤压"生成器的父级，并在属性面板中将"移动"的数值设置为（0 cm，3 cm，0 cm），再利用 (移动工具)将其沿Y轴向上移动一段距离，效果如图8-132所示。

图8-131 同时选择"圆环"
和"矩形"

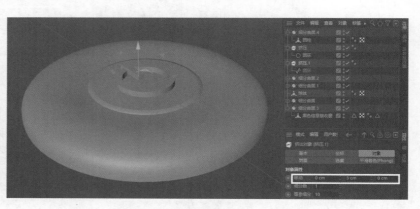

图8-132 沿Y轴向上移动一段距离

⑪在"对象"面板中同时选择"挤压"和"挤压1"，然后按住【Ctrl+Alt】组合键，在工具栏 (细分曲面)工具上按住鼠标左键，从弹出的隐藏工具中选择 ，从而制作出开关按钮效果，效果如图8-133所示。

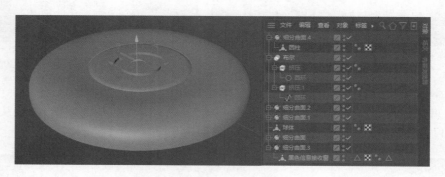

图8-133 制作出开关按钮效果

⑫制作开关按钮外围的发光模型。方法：按【F2】键，切换到顶视图，然后在"对象"面板中选择"细分曲面4"，再按住【Ctrl】键，创建一个以"细分曲面4"同轴心的圆柱，接着在属性面板中将其"半径"设置为20.5 cm，"高度"设置为3 cm，"高度分段"设置为1，"旋转分段"设置为60，效果如图8-134所示。

⑬至此，投影仪上方的按钮及其相关结构制作完毕。按【F1】键，切换到透视视图，然后在"对象"面板中同时选择"细分曲面4"、"圆柱"和"布尔"，按【Alt+G】组合键，组成一个组，并将组的名称重命名为"开关按钮"，如图8-135所示。

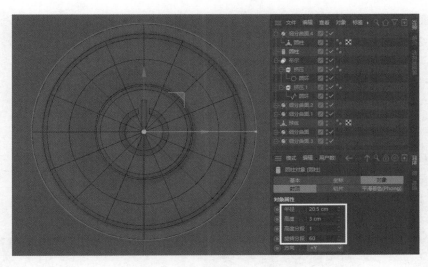

图 8-134　创建圆柱并设置参数

⑭在编辑模式工具栏中单击◻（关闭视窗单体独显）按钮，显示出所有模型，利用➕（移动工具），将"开关按钮"沿 Y 轴向上移动到略微高于投影仪顶部的位置，效果如图 8-136 所示。

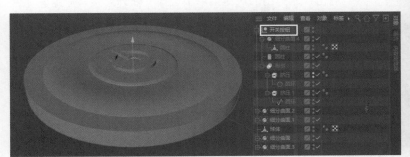

图 8-135　将按钮及其相关结构组成一个名称为"开关按钮"的组

图 8-136　将"开关按钮"沿 Y 轴向上移动到略微高于投影仪顶部的位置

5. 制作手柄部分的结构

①创建固定扣结构。方法：按【F4】键，切换到正视图。然后在视图中创建一个圆柱，并在属性面板中将其"方向"设置为"+X"，"半径"设置为 15 cm，"高度"设置为 215 cm，"高度分段"设置为 1，"旋转分段"设置为 60。接着进入"封顶"选项卡，选中"圆角"复选框，并将圆角"半径"设置为 1 cm，效果如图 8-137 所示。

视频

投影仪展示
场景 3. mp4

📖提示

将圆柱的参数设置为整数的目的是为了便于大家操作，在实际工作中这些参数不一定设置为整数。

②创建出手柄的轮廓线。方法：在视图中创建一个矩形，在属性面板中将"宽度"设置为

205 cm，"高度"设置为400 cm，然后选中"圆角"复选框，并将圆角"半径"设置为70 cm，效果如图8-138所示。

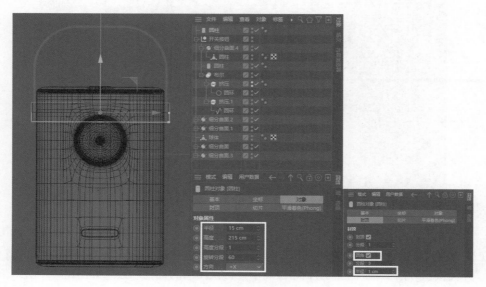

图8-137　创建圆柱

③在编辑模式工具栏中单击 (转为可编辑对象) 按钮 (快捷键是【C】)，将矩形转为可编辑对象。然后进入 (点模式)，利用 (框选工具) 框选图8-139所示的顶点，右击，从弹出的快捷菜单中选择"点顺序|设置起点"命令。接着右击，从弹出的快捷菜单中选择"断开连接"命令。

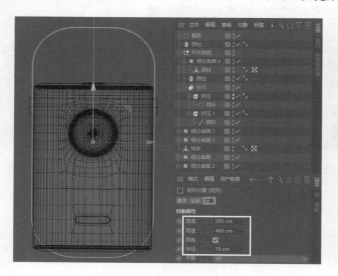

图8-138　创建圆角矩形

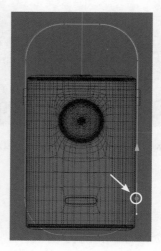

图8-139　框选顶点

④按【Delete】键，删除断开的顶点，如图8-140所示。利用 (框选工具) 框选要删除的底部的另外两个顶点，按【Delete】键，进行删除，效果如图8-141所示，右击，从弹出的快捷菜单中选择"优化"命令，对矩形上的顶点进行优化处理。最后利用 (框选工具) 框选下方的两个顶点，参考背景图将它们沿Y轴向上移动到合适位置，效果如图8-142所示。

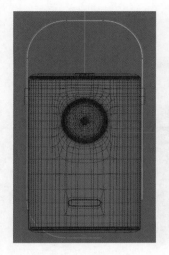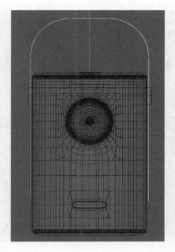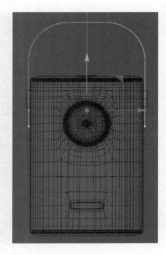

图 8-140　删除断开的顶点　　　图 8-141　删除底部的另外　　　图 8-142　调整下方两个顶点
　　　　　　　　　　　　　　　　　　　两个顶点　　　　　　　　　　　的位置

提示

此时"优化"是必须的步骤，否则后面会出现多余的顶点。

⑤制作手柄的模型。方法：按【F1】键，切换到透视视图，在视图中创建出一个矩形，并在属性面板中将其"平面"设置为"ZY"，宽度"设置为32 cm，"高度"设置为400 cm，然后选中"圆角"复选框，并将"半径"设置为15 cm，为了便于观看，再将矩形沿X轴向外移动一段距离，效果如图 8-143 所示。

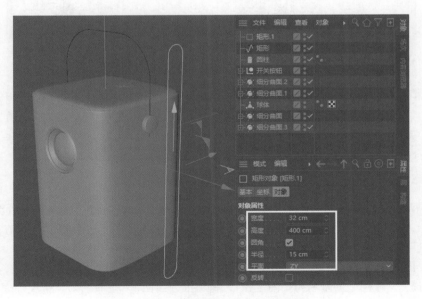

图 8-143　调整下方两个顶点的位置

⑥按住【Alt】键，单击工具栏中的 （挤压）工具，给"矩形1"添加一个"挤压"生成器的父级，然后在属性面板中将"移动"的数值设置为（2 cm，0 cm，0 cm），接着进入"封顶"选项卡，将圆角"半径"设置为1 cm，效果如图 8-144 所示。

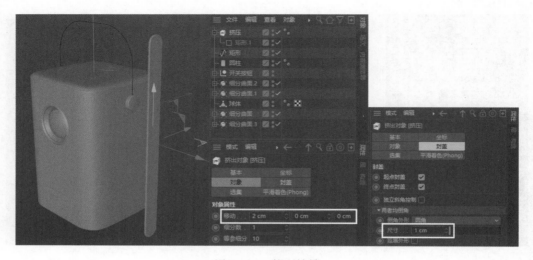

图8-144 挤压效果

⑦制作手柄的弯曲效果。方法：在"对象"面板中选择"挤压"，按住键盘上的【Shift】键，在工具栏 （扭曲）工具上按住鼠标左键，从弹出的隐藏工具中选择 ，从而给"挤压"添加一个"样条约束"变形器的子集，然后将"矩形"拖到"样条约束"属性面板的"样条"右侧，此时就可以看到挤压后的矩形的弯曲效果了，如图8-145所示。

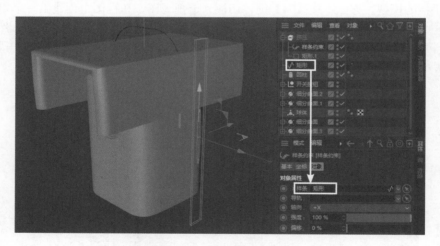

图8-145 手柄的弯曲效果

⑧此时手柄的变形是错误的，下面在"样条约束"属性面板中将"轴向"设置为"+Y"，如图8-146所示，然后在"对象"面板中选择"矩形1"，再在属性面板中将"点插值方式"设置为"统一"，"数量"设置为30，此时手柄的变形就正确了，效果如图8-147所示。

⑨为了便于观看效果，下面在视图中隐藏"样条约束"的显示。为了便于区分，再将"挤压"重命名为"手提"，"圆柱"重命名为"固定扣"，将"细分曲面2"重命名为"金属外壳"，将"球体"重命名为"镜头"，按住【Alt】键+鼠标中键，将视图旋转到一个合适角度，如图8-148所示。

⑩在"对象"面板中选择所有的对象，按【Alt+G】组合键，将它们组成一个组，并将组的名称重命名为"投影仪"，如图8-149所示。

⑪执行菜单中的"插件|Drop2Floor"命令，将投影仪对齐到地面。至此，整个投影仪的模型制作完毕。

 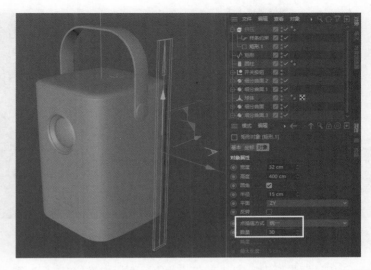

图 8-146　将"轴向"设置为"+Y"　　图 8-147　将"点插值方式"设置为"统一","数量"设置为30的效果

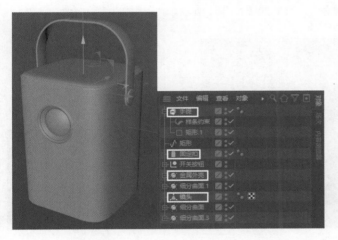 

图 8-148　重命名对象,并将视图旋转到一个合适角度　　　图 8-149　将组的名称重命名为"投影仪"

提示

"Drop2Floor"插件可以在配套资源中下载,将其复制到"Maxon Cinema 4D R21\plugins"中,再重新启动软件即可。

⑫至此,投影仪的模型制作完毕。执行菜单中的"文件|保存项目"命令,将其保存为"投影仪(白模).c4d"。

8.1.2　制作展示场景中的地面以及背景模型

①创建地面模型。方法:在透视视图中创建一个平面,然后在属性面板中将其"宽度"设置为1 400 cm,"高度"设置为1 200 cm,"高度分段"和"宽度分段"均设置为1。接着在"对象"面板中将"平面"重命名为"地面",再执行菜单中的"插件|Drop2Floor"命令,将其对齐到地面,效果如图 8-150 所示。

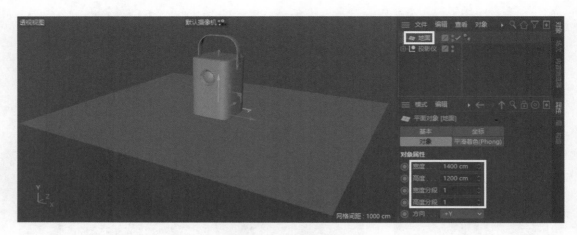

图8-150　创建地面模型

②创建背景模型。方法：在"对象"面板中按住【Ctrl】键，复制出一个"地面1"，然后利用 (旋转工具)将其沿X轴旋转-90°，再利用 (移动工具)将其沿Y轴向后移动一段距离，接着在"对象"面板中将"地面1"重命名为"背景"，效果如图8-151所示。

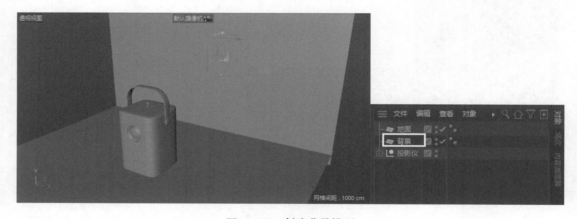

图8-151　创建背景模型

③至此，投影仪展示场景的模型制作完毕。执行菜单中的"文件|保存项目"命令，将其保存为"投影仪展示场景.c4d"。

8.2　设置文件输出尺寸，在场景中添加 OC 摄像机和 HDR

本节分为设置文件输出尺寸，在场景中添加OC摄像机和HDR三部分。

8.2.1　设置文件输出尺寸

①设置文件输出尺寸。方法：在工具栏中单击 (编辑渲染设置)按钮，从弹出的"渲染设置"对话框中将输出尺寸设置为2 000×1 800像素，如图8-152所示，然后再关闭"渲染设置"对话框，效果如图8-153所示。

②为了便于观看，下面将渲染区域以外的部分设置为黑色。方法：按【Shift+V】组合键，在属性面板"查看"选项卡中将"透明"设置为95%，如图8-154所示，此时渲染区域以外的部分就显示为黑色了，如图8-155所示。

图8-152　将输出尺寸设置为2 000×1 800像素

图8-153　将输出尺寸设置为2 000×1 800
像素的效果

图8-154　将"透明"设置为95%

图8-155　渲染区域以外的部分显示为黑色

8.2.2　在场景中添加 OC 摄像机

①执行菜单中的"Octane|实时渲染窗口"命令，在弹出的"Octane实时渲染窗口"中执行菜单中的"对象|OC摄像机"命令，从而给场景添加一个OC摄像机。接着在"对象"面板中激活OctaneCamera的■按钮，进入摄像机视角，然后在属性面板中将"焦距"设置为"电视（135毫米）"，如图8-156所示。

②在"Octane实时渲染窗口"工具栏中单击■（发送场景并重新启动新渲染）按钮，进行实时预览，默认渲染效果如图8-157所示。

③此时OC渲染器中的渲染效果与视图不一致，在"Octane实时渲染窗口"工具栏中单击■按钮，切换为■（锁定分辨率）状态，此时OC渲染器中显示的内容和透视视图中显示的内容就一致了。为了便于定位，在OctaneCamera属性面板"合成"选项卡中选中"网格"复选框，再将视图调整到合适角度，使投影仪位于视图中心位置，如图8-158所示，此时"Octane实时渲染窗口"会自动更新，效果如图8-159所示。

图8-156　进入摄像机视角,并将"焦距"
设置为"电视(135毫米)"

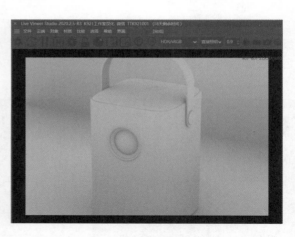

图8-157　默认渲染效果

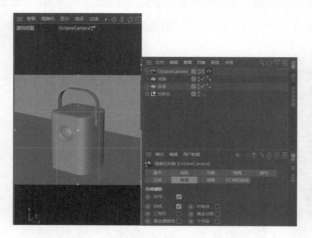

图8-158　将视图调整到合适角度

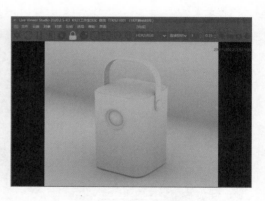

图8-159　渲染效果

④为了防止对当前视图进行误操作,下面给OC相机添加一个"保护"标签。方法:在"对象"面板中右击"OC相机",从弹出的快捷菜单中选择"装配标签|保护"命令,从而给它添加一个"保护"标签,如图8-160所示。

图8-160　给OC相机添加一个"保护"标签

8.2.3　给场景添加HDR

①给场景添加HDR的目的是模拟自然环境中真实的光照效果。在给场景添加HDR之前先设置OC渲染器的参数。方法:在"Octane实时渲染窗口"中单击工具栏中的■(设置)按钮,然后在弹出的"OC设置"对话框的"核心"选项卡中将渲染方式改为"路径追踪",并将"最大采样率"设置为800,"焦散模糊度"设置为0.5,"GI采样值"设置为5,然后选中"自适应采样"复选框,如

图 8−161 所示。接着进入"相机滤镜"选项卡，将"滤镜"设置为"DSCS315_2"，如图 8−162 所示，再关闭"OC 设置"对话框。

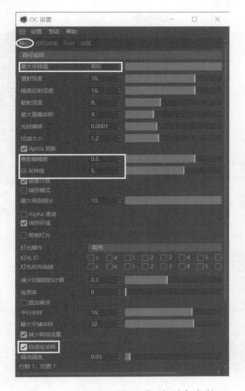

图 8−161　设置"核心"选项卡参数

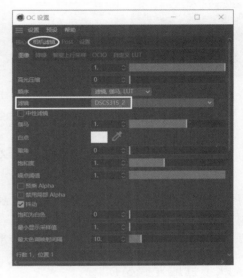

图 8−162　设置"相机滤镜"选项卡参数

②此时 OC 渲染效果如图 8−163 所示，下面给场景添加 HDR 来模拟真实环境的光照效果。方法：在"Octane 实时渲染窗口"中执行菜单中的"对象|纹理 HDR"命令，然后在"对象"面板中单击█按钮，如图 8−164 所示，进入驾驶舱。接着单击▇▇按钮，从弹出的"打开文件"对话框中选择配套资源中的"源文件＼第 8 章　投影仪展示场景＼tex＼影棚类 001.exr"文件，如图 8−165 所示，单击"打开"按钮，再在弹出的对话框中单击"否"按钮，如图 8−166 所示。此时 OC 渲染器会自动更新，渲染效果如图 8−167 所示。

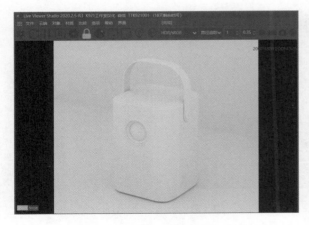

图 8−163　OC 渲染效果

图 8−164　单击█按钮

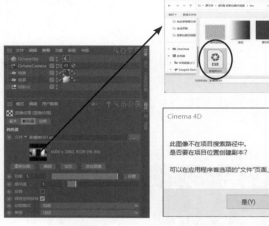

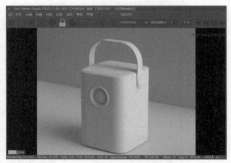

图 8-165　指定 HDR 贴图　　　图 8-166　单击"否"按钮　　　图 8-167　OC 渲染器的渲染效果

8.3　赋予场景模型材质

赋予场景模型材质分为赋予金属外壳材质，赋予散热孔材质，赋予黑圈以及信息接收窗材质，赋予镜头材质，赋予顶部塑料材质，赋予开关按钮边缘发光材质，赋予固定扣金属材质，赋予手柄皮革材质，赋予背景以及地面材质，赋予镜头前面光束材质和添加遮光板来去除多余的反光十一个部分。

8.3.1　赋予金属外壳材质

①在"Octane 实时渲染窗口"中执行菜单中的"材质|创建|Octanem 金属材质"命令，创建一个金属材质，并将其名称重命名为"金属外壳"，如图 8-168 所示，然后将该材质拖到"Octane 实时渲染窗口"金属外壳模型上，此时渲染效果如图 8-169 所示。

②此时金属发射效果过于强烈，很不真实，在"金属材质"的属性面板中将"粗糙度"的"数值"设置为 0.4，如图 8-170 所示，此时渲染效果如图 8-171 所示。

图 8-168　创建一个名称为"金属外壳"的金属材质

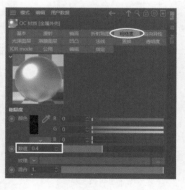

图 8-169　渲染效果　　　图 8-170　将"粗糙度"的"数值"　　　图 8-171　渲染效果
　　　　　　　　　　　　　　　　设置为 0.4

提示

在材质编辑器和属性面板中均可以对材质的颜色、折射率、粗糙度等参数进行设置，两者作用是一样的。本书采用的是简单材质参数直接在属性面板中调节，而对于复杂材质参数则在材质编辑器中进行调节。

8.3.2　赋予散热孔材质

①在材质栏中按住【Ctrl】键复制出一个"金属外壳"材质，并将其名称重命名为"散热孔"，如图 8-172 所示，然后将该材质拖到"Octane 实时渲染窗口"中金属外壳模型上。

②在材质栏中双击"散热孔"材质，进入材质编辑器，然后在左侧单击"节点编辑器"按钮，如图 8-173 所示，打开"Octane 节点编辑器"窗口，如图 8-174 所示，接着从左侧将"图像纹理"节点拖出来，再在弹出的对话框中选择"不透明度贴图.jpg"贴图，如图 8-175 所示，单击"打开"按钮。最后将"图像纹理"节点分别连接到"凹凸"和"透明度"上，如图 8-176 所示，此时渲染效果如图 8-177 所示。

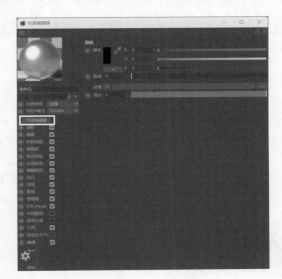

图 8-172　创建名称为"散热孔"的金属材质　　　　图 8-173　单击"节点编辑器"按钮

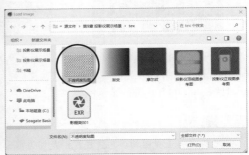

图 8-174　打开"Octane 节点编辑器"窗口　　　　图 8-175　选择"不透明度贴图.jpg"贴图

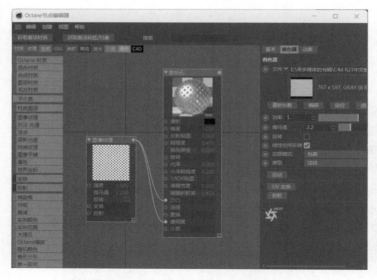

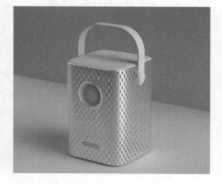

图8-176　将"图像纹理"节点分别连接到"凹凸"和"透明度"上　　　　图8-177　渲染效果

③关闭"Octane节点编辑器"和"材质编辑器"窗口。

④此时整个金属外壳上都被赋予了散热孔材质，这是错误的，下面将散热孔材质指定到相应位置。方法：按【F2】键，切换到顶视图，然后执行视图菜单中的"摄像机|透视视图"命令，将顶视图切换为透视视图，再执行视图菜单中的"显示|光影着色（线条）"命令，将模型在视图中以"光影着色（线条）"的方式进行显示，如图8-178所示。接着在"对象"面板中选择"细分曲面2-圆盘"，如图8-179所示，再进入■（多边形模式），利用■（实体选择工具）选择要赋予散热孔材质的多边形，如图8-180所示，最后将"散热孔"材质拖到视图中选择的多边形上，如图8-181所示。

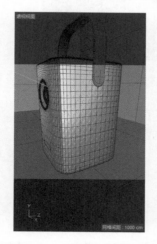

图8-178　将顶视图切换为
透视视图，并以"光影着色
（线条）"的方式进行显示模型

图8-179　选择"细分曲面2-圆盘"

图8-180　选择要赋予散热孔
材质的多边形

提示

之所以将正视图切换为透视视图是因为前面为了防止误操作，已经对透视视图添加了"保护"标签，无法对该视图进行旋转、移动等操作。为了能够在透视视图中进行旋转、移动等操作，所以将顶视图切换为透视视图。

图 8-181 将"散热孔"材质拖到视图中选择的多边形上

⑤此时渲染效果并没有变化，执行菜单中的"选择|反选"（快捷键是【U+I】）命令，反选多边形，然后将"金属外壳"材质拖到反选后的多边形上，如图 8-182 所示，此时渲染效果如图 8-183 所示。

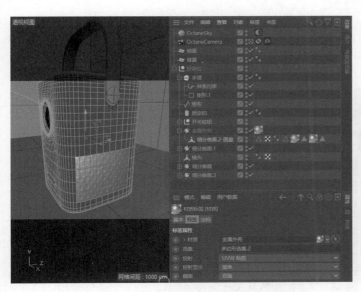

图 8-182 将"金属外壳"材质拖到反选后的多边形上

图 8-183 渲染效果

⑥此时散热孔贴图显示比例过大，在"对象"面板中选择"散热孔"材质标签，然后在属性面板中将"投射"设置为"立方体"，"长度 U"的数值设置为 49.3%，"长度 V"的数值设置为 52.9%，"偏移 V"的数值设置为-13.5%，如图 8-184 所示，此时渲染后散热孔显示比例就自然了，如图 8-185 所示。

图8-184 设置"散热孔"材质标签参数

图8-185 渲染效果

8.3.3 赋予黑圈以及信息接收窗材质

①在"Octane实时渲染窗口"中执行菜单中的"材质|创建|Octane光泽材质"命令,创建一个光泽材质,并将其名称重命名为"黑圈和信息接收窗",如图8-186所示,然后将该材质分别拖到"Octane实时渲染窗口"中的黑圈和信息接收窗模型上。

②在材质栏中选择"黑圈和信息接收窗"材质,在属性面板中将"漫射"颜色设置为一种黑色〔HSV的数值为(0,0%,25%)〕,如图8-187所示,接着进入"折射率"选项卡,将"折射率"的数值加大为1.8,如图8-188所示,渲染效果如图8-189所示。

图8-186 创建名称为"黑圈和信息
接收窗"的光泽材质

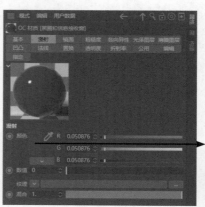

图8-187 将"漫射"颜色设置为一种黑色〔HSV的数值为
(0,0%,25%)〕

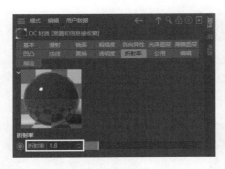

图 8-188　将"折射率"的数值加大为 1.8

图 8-189　渲染效果

8.3.4　赋予镜头材质

①在"Octane 实时渲染窗口"中执行菜单中的"材质|创建|Octane 透明材质"命令，创建一个透明材质，并将其名称重命名为"镜头"，如图 8-190 所示，然后将该材质拖到"Octane 实时渲染窗口"中的镜头模型上，渲染效果如图 8-191 所示。

②此时镜头过于透明，在材质栏中选择"镜头"材质，然后在属性面板的"折射率"选项卡中将"折射率"的数值设置为 2.2，如图 8-192 所示，渲染效果如图 8-193 所示。

图 8-190　创建名称为"镜头"
的透明材质

图 8-191　渲染效果

图 8-192　将"折射率"的数值设
置为 2.2

③制作镜头的彩色效果。方法：在"镜头"材质属性面板的"薄膜图层"选项卡中将"数值"设置为 0.26，如图 8-194 所示，渲染效果如图 8-195 所示，此时镜头就产生了彩色效果。

图 8-193　渲染效果

图 8-194　将"薄膜图层"的
"数值"设置为 0.26

图 8-195　渲染效果

8.3.5 赋予顶部塑料材质

①在材质栏中按住【Ctrl】键复制出一个"黑圈和信息接收窗"材质，并将其名称重命名为"塑料"，如图8-196所示，然后将该材质分别拖到"Octane实时渲染窗口"中顶部塑料模型和按钮上，渲染效果如图8-197所示。

图8-196 创建"塑料"材质

图8-197 将"塑料"材质赋予顶部塑料模型和按钮上

②此时塑料的反射过强，在材质栏中选择"塑料"材质，然后在属性面板的"粗糙度"选项卡中将"数值"设置为0.1，如图8-198所示，渲染效果如图8-199所示。

图8-198 将"粗糙度"的"数值"设置为0.1

图8-199 渲染效果

8.3.6 赋予开关按钮边缘发光材质

①在"Octane实时渲染窗口"中执行菜单中的"材质|创建|Octane漫射材质"命令，创建一个漫射材质，并将其名称重命名为"发光"，如图8-200所示，然后将该材质拖到"Octane实时渲染窗口"中发光模型上。

②在材质栏中双击"发光"材质，进入材质编辑器，然后在左侧单击"节点编辑器"按钮，如图8-201所示，进入"节点编辑器"窗口。接着在右侧选择"发光"选项卡，再单击 纹理发光 按钮，如图8-202所示，此时渲染效果如图8-203所示。

提示

这里需要说明的是在材质编辑器和材质的属性面板中均可以设置材质的折射率、颜色、粗糙度等参数。本书我们采用的是简单材质参数直接在属性面板中调节，而对于复杂材质参数则在材质编辑器中进行调节。"发光"材质相对参数比较多，所以我们在材质编辑器中进行调整。

图 8-200　创建"发光"漫射材质　　　　图 8-201　单击"节点编辑器"按钮

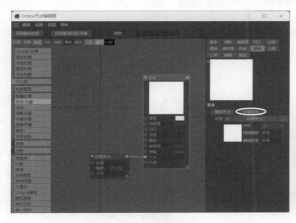

图 8-202　单击 纹理发光 按钮　　　　　　图 8-203　渲染效果

③此时发光色是白色的,下面将发光色设置为蓝色。方法:从左侧将"RGB光谱"节点拖入窗口,再将其连接到"纹理发光"上,然后在右侧将其颜色设置为一种蓝色〔HSV的数值为(235,75%,95%)〕,如图8-204所示,渲染效果如图8-205所示。

图 8-204　将颜色设置为一种蓝色〔HSV的数值为(235,75%,95%)〕　　　图 8-205　渲染效果

④此时整个场景都被蓝色照亮了,这是错误的,选择"纹理发光"节点,在属性面板中选中"表面亮度"复选框,并将"功率"的数值设置为1,如图8-206所示,渲染效果如图8-207所示,此时就只有开关按钮边缘产生蓝色的发光效果了。

⑤关闭"Octane节点编辑器"和"材质编辑器"窗口。

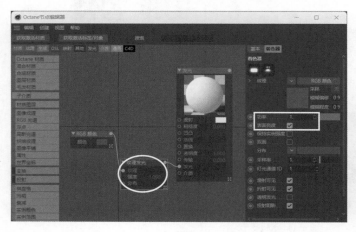

图8-206　选中"表面亮度"复选框，并将"功率"的数值设置为1　　　　图8-207　渲染效果

8.3.7　赋予固定扣金属材质

①在"Octane实时渲染窗口"中执行菜单中的"材质|创建|Octane金属材质"命令，创建一个金属材质，并将其名称重命名为"固定扣"，如图8-208所示，然后将该材质拖到"Octane实时渲染窗口"中固定扣模型上，此时渲染效果如图8-209所示。

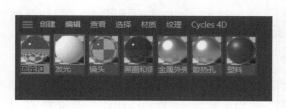

图8-208　创建"固定扣"金属材质

图8-209　渲染效果

②此时固定扣过于光亮，下面制作固定扣上的摩尔纹效果。方法：在材质栏中双击"固定扣"材质，进入材质编辑器，然后在左侧单击"节点编辑器"按钮，进入"节点编辑器"窗口，再从左侧将"图像纹理"节点拖出来，接着在弹出的对话框中选择配套资源中的"源文件\第9章　投影仪展示场景\tex\摩尔纹.jpg"图片，如图8-210所示，单击"打开"按钮，再将"图像纹理"节点连接到"凹凸"上，再接着在属性面板中单击 UV 变换 按钮，如图8-211所示，最后选择"变换"节点，在属性面板中选中"锁定纵横比"复选框，并将"X轴缩放"数值设置为0.3，如图8-212所示，渲染效果如图8-213所示，此时固定扣就产生了一种金属摩尔纹效果。

③关闭"Octane节点编辑器"和"材质编辑器"窗口。

8.3.8　赋予手柄皮革材质

①在"Octane实时渲染窗口"中执行菜单中的"材质|创建|Octane光泽材质"命令，创建一个光泽材质，并将其名称重命名为"皮革"，如图8-214所示，然后将该材质拖到"Octane实时渲染窗口"中手柄模型上。

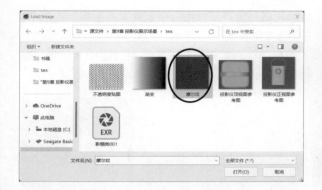

图 8-210　选择"摩尔纹 .jpg"图片

图 8-211　单击 UV 变换 按钮

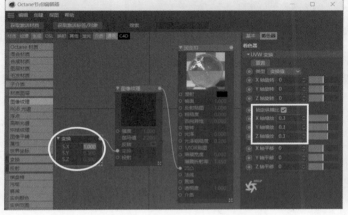

图 8-212　设置"变换"参数

图 8-213　金属摩尔纹效果

②将皮革颜色设置为棕黄色。方法：在材质栏中双击"皮革"材质，进入材质编辑器，然后在左侧单击"节点编辑器"按钮，进入"节点编辑器"窗口，接着在右侧属性面板中将"漫射"颜色设置为一种棕黄色〔HSV 的数值为（20，40%，85%）〕，如图 8-215 所示，渲染效果如图 8-216 所示。

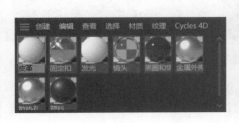

图 8-214　创建"皮革"光泽材质

图 8-215　将"漫射"颜色设置为一种棕黄色〔HSV 的数值为（20，40%，85%）〕

③此时皮革光泽度不是很明显，在"Octane节点编辑器"窗口属性面板中选择"折射率"选项卡，将"折射率"的数值设置为2，如图8-217所示，渲染效果如图8-218所示。

④此时皮革反射过强，在"Octane节点编辑器"窗口属性面板中选择"粗糙度"选项卡，将"数值"设置为0.1，如图8-219所示，渲染效果如图8-220所示。

图8-216 渲染效果

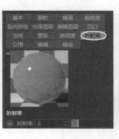
图8-217 将"折射率"的数值设置为2

图8-218 渲染效果

图8-219 将"粗糙度"的"数值"设置为0.1

⑤制作皮革上的凹凸感。方法：在"Octane节点编辑器"窗口中从左侧将"Octane噪波"节点拖出来，然后将其连接到"凹凸"上，再在右侧属性面板中单击 投射 按钮，如图8-221所示，接着选择"纹理投射"节点，再在右侧将"纹理投射"设置为"立方体"，并选中"锁定纵横比"复选框，将"S轴缩放"的数值设置为0.05，如图8-222所示，渲染效果如图8-223所示。

图8-220 渲染效果

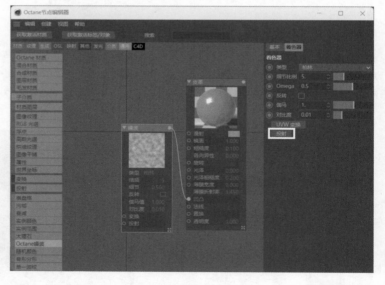
图8-221 将"Octane噪波"连接到"凹凸"上，并单击 投射 按钮

⑥此时皮革上添加了凹凸效果后没有了光泽效果，这是错误的，在"Octane节点编辑器"窗口中选择"噪波"节点，然后在右侧属性面板中将"伽马"的数值设置为0.15，如图8-224所示，渲染效果如图8-225所示，此时皮革上就产生了光泽感。

⑦关闭"Octane节点编辑器"和"材质编辑器"窗口。

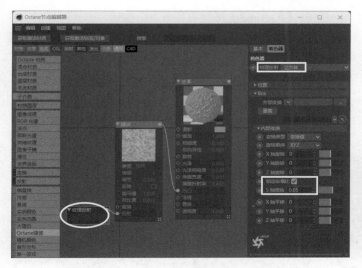

图 8-222　设置"纹理投射"节点的参数

图 8-223　渲染效果

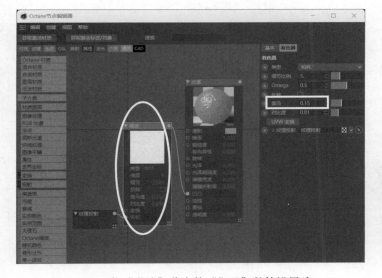

图 8-224　将"噪波"节点的"伽马"数值设置为0.15

图 8-225　渲染效果

8.3.9　赋予背景以及地面材质

①赋予背景材质。方法：在"Octane实时渲染窗口"中执行菜单中的"材质|创建|Octane漫射材质"命令，创建一个漫射材质，并将其名称重命名为"背景"，如图8-226所示，然后将该材质拖到"Octane实时渲染窗口"中背景模型上，渲染效果如图8-227所示。

②赋予地面材质。方法：在

图 8-226　创建名称为"背景"
的漫射材质

图 8-227　渲染效果

"Octane实时渲染窗口"中执行菜单中的"材质|创建|Octane光泽材质"命令，创建一个光泽材质，并将其名称重命名为"地面"，如图8-228所示，然后将该材质拖到"Octane实时渲染窗口"中地面模型上。接着在材质栏中选择"地面"材质，再在属性面板中将"漫射"的颜色设置为黑色〔HSV的数值为（0，0%，0%）〕，如图8-229所示，渲染效果如图8-230所示。

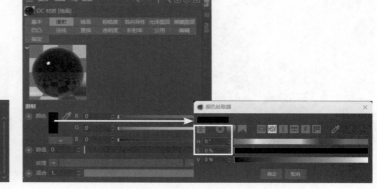

图8-228　创建名称为"地面"的漫　　　　　　　　图8-229　创建名称为"地面"的漫射材质
　　　　　射材质

③此时地面颜色过暗，在属性面板中选择"折射率"选项卡，然后将"折射率"的数值加大为2.4，如图8-231所示，渲染效果如图8-232所示，此时地面就亮起来了。

图8-230　渲染效果　　　　　图8-231　将"折射率"的数值加　　　　图8-232　渲染效果
　　　　　　　　　　　　　　　　　大为2.4

④此时地面反射过强了，在属性面板中选择"粗糙度"选项卡，然后将"数值"加大为0.1，如图8-233所示，渲染效果如图8-234所示。

8.3.10　赋予镜头前面的光束材质

①创建光束模型。方法：在"对象"面板中选择"镜头"，然后按住【Ctrl】键，创建一个与镜头同轴心的圆柱，再在圆柱属性面板中将圆柱的"半径"设置为30 cm，"高度"设置

图8-233　将"粗糙度"的"数值"　　　　图8-234　渲染效果
　　　　　加大为0.1

为 80 cm，"高度分段"设置为 1，"旋转分段"设置为 60，接着进入"封顶"选项卡，取消选中"封顶"复选框，再在视图中将圆柱沿 Y 轴向外移动一段距离，如图 8-235 所示。

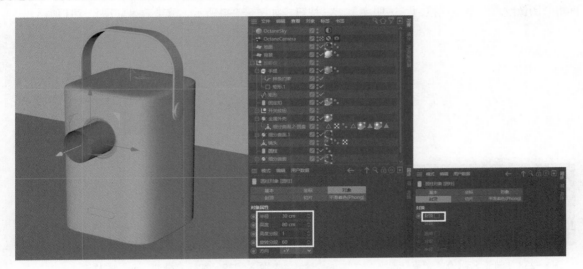

图 8-235　创建圆柱

②在编辑模式工具栏中单击 （转为可编辑对象）按钮（快捷键是【C】），将圆柱转为可编辑对象。

③进入 （点模式），框选圆柱前面的所有顶点，利用 （缩放工具），将它们放大的同时，按住【Shift】键，将它们放大为原来的 200%，如图 8-236 所示，渲染效果如图 8-237 所示。

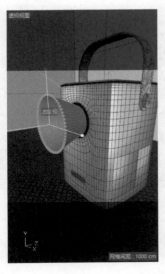

图 8-236　将选中的顶点放大为 200%

图 8-237　渲染效果

④为了便于区分，将"对象"面板中的"圆柱"重命名为"光束"。

⑤赋予光束模型光束材质。方法：在"Octane 实时渲染窗口"中执行菜单中的"材质|创建|Octane漫射材质"命令，创建一个漫射材质，并将其名称重命名为"光束"，如图 8-238 所示，然后将该材质拖到"Octane 实时渲染窗口"中光束模型上。

⑥在材质栏中双击"光束"材质，进入材质编辑器，然后在左侧单击"节点编辑器"按钮，打

开"Octane节点编辑器"窗口，从左侧将"图像纹理"节点拖出来，再在弹出的对话框中选择配套资源中的"源文件\第9章　投影仪展示场景\tex\渐变.jpg"图片，如图8-239所示，单击"打开"按钮，再将"图像纹理"节点连接到"透明度"上，按钮，如图8-240所示，渲染效果如图8-241所示。

图8-238　创建名称为"光束"
的漫射材质

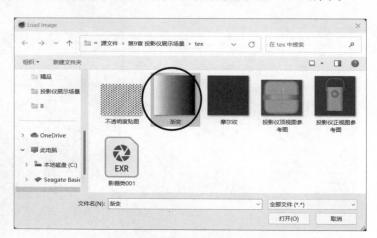

图8-239　选择"渐变.jpg"图片

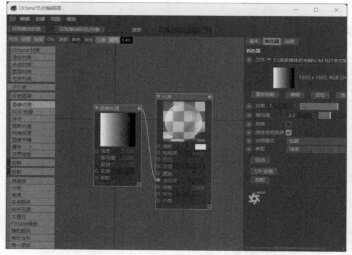

图8-240　将"图像纹理"节点连接到"透明度"上

图8-241　渲染效果

⑦此时渐变贴图的方向是错误的，在属性面板中单击 UV 变换 按钮，选择"变换"节点，再在属性面板中将"Z轴旋转"设置为90°，如图8-242所示，渲染效果如图8-243所示，此时光束渐变方向就正确了。

⑧制作光束的彩色效果。方法：在"Octane节点编辑器"窗口中选择"光束"材质，在属性面板中进入"发光"选项卡，单击 纹理发光 按钮，如图8-244所示，然后从左侧将"渐变"节点拖出来，再将其连接到"纹理发光"节点上，如图8-245所示，此时渲染效果如图8-246所示。

⑨在"Octane节点编辑器"窗口中选择"渐变"节点，然后在右侧属性面板中单击"渐变"右侧的 ▶ 按钮，展开"渐变"参数，接着单击 载入预置 按钮，如图8-247所示，再在弹出的预置面板中选择"Full Colors"，如图8-248所示，即可载入该预置，如图8-249所示，此时渲染效果如图8-250所示。

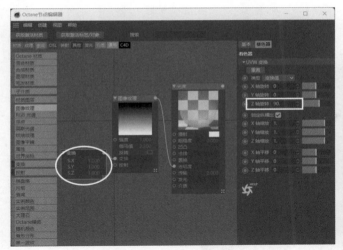

图 8-242　将 "Z 轴旋转" 设置为 90°

图 8-243　渲染效果

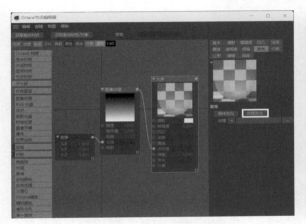

图 8-244　单击 纹理发光 按钮

图 8-245　将 "渐变" 节点连接到 "纹理发光" 节点上

图 8-246　渲染效果

图 8-247　单击 载入预置... 按钮

图 8-248　选择 "Full Colors"

⑩此时光束的颜色是黄色的，而不是彩色的，在属性面板中单击 线性 按钮，如图 8-251 所示，渲染效果如图 8-252 所示，此时光束颜色就变为了彩色效果。

图 8-249　载入"Full Colors"预置

图 8-250　渲染效果

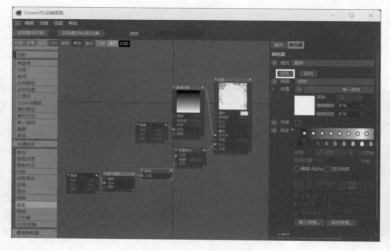

图 8-251　单击 线性 按钮

图 8-252　渲染效果

⑪此时光束显示范围是错误的，在"Octane节点编辑器"窗口中选择"纹理发光"节点，然后在右侧属性面板中选中"双面"复选框，接着将"功率"减小为1，如图8-253所示，渲染效果如图8-254所示。

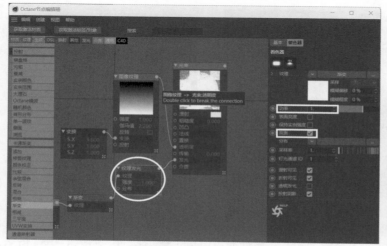

图 8-253　选中"双面"复选框，并将"功率"减小为1

图 8-254　渲染效果

⑫此时光束的颜色不够鲜亮，下面将"渐变"节点连接到"漫射"上，如图8-255所示，渲染效果如图8-256所示，此时光束的颜色就鲜亮了。

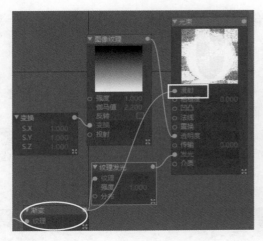

图8-255　将"渐变"节点连接到"漫射"上

图8-256　渲染效果

⑬关闭"Octane节点编辑器"和"材质编辑器"窗口。

8.3.11　添加遮光板去除多余的反光

此时从渲染效果可以看出投影仪上方转角处反射过于强烈，下面通过添加遮光板去除多余的反光。

①在"对象"面板中按住【Ctrl】键复制出一个"地面1"，利用 ✛（移动工具）将其沿Y轴向上移动一段距离，如图8-257所示，渲染效果如图8-258所示，此时投影仪上方转角处的反射效果就自然了。

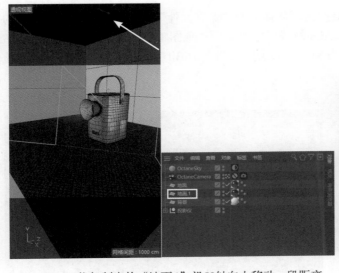

图8-257　将复制出的"地面1"沿Y轴向上移动一段距离

图8-258　渲染效果

②至此，投影仪展示场景制作完毕，执行菜单中的"文件|保存工程（包含资源）"命令，将文件保存打包。

8.4 OC 渲染输出

①在"Octane实时渲染窗口"中单击工具栏中的 ■ (设置)按钮,在弹出的"OC设置"对话框将"最大采样率"设置为3 000,如图8-259所示,再关闭"OC设置"对话框。

提示

前面将"最大采样率"的数值设置为800,是为了加快渲染速度,从而便于预览。此时将"最大采样率"的数值设置为3 000的目的是为了保证最终输出图的质量。

②在工具栏中单击 ■ (编辑渲染设置)按钮,然后在弹出的"渲染设置"对话框中将"渲染器"设置为"Octane渲染器",再在左侧选择"Octane渲染器",接着在右侧进入"渲染AOV组"选项卡,选中"启用"复选框,如图8-260所示。

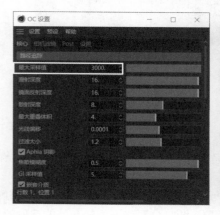

图8-259 将"最大采样率"的数值
设置为3 000

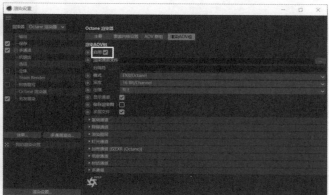

图8-260 选中"启用"复选框

③单击"渲染通道文件"右侧的 ■ 按钮,从弹出的"保存文件"对话框中指定文件保存的位置,并将要保持的文件名设置为"投影仪展示场景(处理前)",如图8-261所示,单击 保存(S) 按钮。

④将要保存的文件"格式"设置为"PSD","深度"设置为16Bit/Channerl,并选中"保存渲染图"复选框,如图8-262所示。

图8-261 设置文件保存的位置和名称

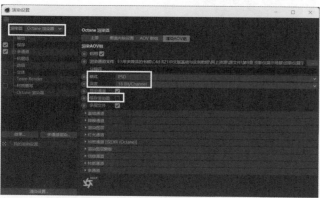

图8-262 将"格式"设置为"PSD","深度"设置为16Bit/
Channerl,并选中"保存渲染图"复选框

⑤展开"基础通道"选项卡，选中"反射"复选框。然后展开"信息通道"选项卡，选中"材质 ID"复选框，如图 8-263 所示，接着关闭"渲染设置"对话框。

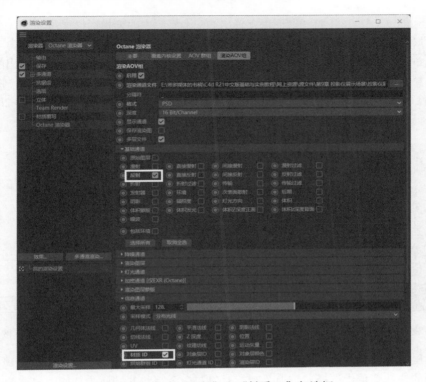

图 8-263　选中"反射"和"材质 ID"复选框

⑥在工具栏中单击 按钮，打开"图片查看器"窗口，即可进行渲染，当渲染完成后效果如图 8-264 所示，此时图片会自动保存到前面指定好的位置。

图 8-264　渲染的最终效果

8.5　利用 Photoshop 进行后期处理

①在 Photoshop CC 2018 中打开前面保存输出的配套资源中的"投影仪展示场景（处理前）.psd"文件，在"图层"面板中将 Beauty 层移动到最上层，如图 8-265 所示。

②执行菜单中的"图像|模式|Lab 颜色"命令，将图像转为 Lab 模式，然后在弹出的图 8-266 所示的对话框中单击 <u>不合并(D)</u> 按钮。接着执行菜单中的"图像|模式|8 位／通道"命令，将当前 16 位图像转为 8 位图像，最后执行菜单中的"图像|模式|RGB 颜色"命令，再在弹出的图 8-266 所示的对话框中单击 <u>不合并(D)</u> 按钮，从而将 Lab 图像转为 RGB 图像。

图 8-265　将 Beauty 层移动到最上层

图 8-266　单击 不合并(D) 按钮

③在"图层"面板中选择 Beauty 层，按【Ctrl+J】组合键，复制出一个"Beauty 拷贝"层。然后右击，从弹出的快捷菜单中选择"转换为智能对象"命令，将其转换为智能图层，此时图层分布如图 8-267 所示。

④执行菜单中的"滤镜|Camera Raw 滤镜"命令，在弹出的对话框中调整参数如图 8-268 所示，单击"确定"按钮。

图 8-267　图层分布

图 8-268　调整 Camera Raw 滤镜参数

⑤此时可以通过单击"Beauty 拷贝"前面的 ● 图标，如图 8-269 所示，来查看执行"Camera Raw

滤镜"前后的效果对比。然后执行菜单中的"文件|存储为"命令，将文件保存为"投影仪展示场景（处理后）.psd"。

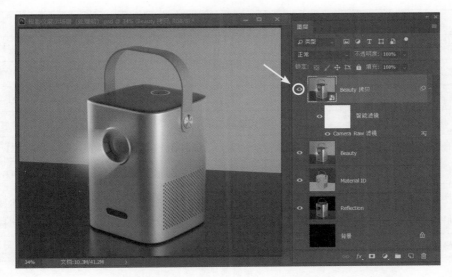

图 8-269　通过单击 图标来查看执行"Camera Raw 滤镜"前后的效果对比

⑥至此，投影仪展示场景效果图制作完毕。

课后练习

制作图 8-270 所示的投影仪效果。

图 8-270　投影仪效果

附录A　常用快捷键

文件			
命令	对应快捷键	命令	对应快捷键
新建文件	【Ctrl+N】	打开文件	【Ctrl+O】
保存文件	【Ctrl+S】	退出C4D	【Alt+F4】
视图显示和操作			
透视视图最大化显示	【F1】	顶视图最大化显示	【F2】
右视图最大化显示	【F3】	正视图最大化显示	【F4】
四视图显示	【F5】	旋转视图	【Alt】+鼠标左键
移动视图	【Alt】+鼠标中键	缩放视图	【Alt】+鼠标右键
全局/对象坐标系统切换	【W】		
对象显示方式			
光影着色	【N+A】	光影着色（线条）	【N+B】
选择对象和常用操作			
框选	数字键【0】	实体选择	数字键【9】
移动对象	【E】	旋转对象	【R】
缩放对象	【T】	最大化显示所选对象	【O】
最大化显示场景所有对象	【H】	加选对象	按住【Shift】键点击对象
减选对象	按住【Ctrl】键点击对象	复制对象	按住【Ctrl】键移动对象
群组对象	【Alt+G】	展开群组	【Shift+G】
新对象作为父级	【Alt】+创建新对象	新对象作为子级	【Shift】+创建新对象
可编辑对象的常用操作			
将参数对象转为可编辑对象	【C】	全选	【Ctrl+A】
环状选择	【U+B】	循环选择	【U+L】
反选	【U+I】	填充选择	【U+F】
循环/路径切割	【K+L】	线性切割	【K+K】
内部挤压	【I】	挤压	【D】
倒角	【M+S】	插入点	【M+A】
焊接	【M+Q】	滑动	【M+O】
消除	【M+N】	切割边	【M+F】
优化	【U+O】		

多边形画笔画笔常用操作			
多边形画笔	【M+E】	桥接点、边	按住【Ctrl】键拖动点、边
挤出并旋转边、面	按住【Ctrl】键拖动边、面的同时按住【Shift】键	将选择的面沿法线移动	同时按住【Ctrl+Shift】组合键拖动面
在边上添加点	按住【Shift】在要添加点的边上单击即可添加点	细分边	在多边形画笔的点或边模式（面模式无效）下按住【Alt】键在要细分的边上拖动鼠标
将边凸出为弧形	在多边形画笔的点或边模式（面模式无效）下按住【Ctrl+Shift】组合键在要凸出的边以外的位置单击即可将边凸出为弧形	将边凸出为半圆	在多边形画笔的点或边模式（面模式无效）下，勾选"创建半圆"复选框，然后按住【Ctrl+Shift】键在要凸出为半圆的边以外的位置单击即可将边凸出为半圆
封洞	在多边形画笔的点模式下，在要封洞的位置点击相应的两个点（必须取消勾选"带状四边形模式"复选框）	去除点、边、多边形	按住【Ctrl】单击要去除的点、边、多边形

其余常用命令快捷键			
在视图中指定背景图像作为背景	【Shift+V】	工程设置	【Ctrl+D】
内容浏览器	【Shift+F8】	播放／暂停播放动画	【F8】
自定义命令	【Shift+F12】	切换到上一次使用的工具	空格键
移除N-gons	【U+E】	每次以0.1为单位调整参数	【Alt】键＋左键单击属性参数
每次以10为单位调整参数	【Shift】键＋左键单击属性参数	图片查看器	【Shift+F6】
分裂	【U+P】	选择平滑着色断开	【U+N】